工程地震勘探

单娜琳　程志平　刘云祯　编著

北　京
冶 金 工 业 出 版 社
2014

内容简介

全书共分8章，系统地论述了地震波形成和传播的基本理论，详细讨论了折射波法、反射波法、面波法和地震映像法的基本理论、野外工作方法、数据处理方法和实际应用。本书偏重于工程地震勘探解决工程、水文、地质灾害和质量检测等工程问题的讨论和研究，注重理论联系实际，对读者掌握地震勘探理论，进行野外工作有一定的指导作用。

本书可作为高等学校勘查技术与工程专业物探方向本科生的教材，也适用于从事工程勘查、质量检测等行业的工程技术人员参考。

图书在版编目(CIP)数据

工程地震勘探/单娜琳等编著. —北京：冶金工业出版社，2006.2（2014.3重印）
ISBN 978-7-5024-3885-2

Ⅰ.工… Ⅱ.单… Ⅲ.工程地质—地震勘探
Ⅳ.P315.9

中国版本图书馆CIP数据核字（2005）第139449号

出版人 谭学余
地　址 北京北河沿大街嵩祝院北巷39号，邮编100009
电　话 (010)64027926 电子信箱 yjcbs@cnmip.com.cn
责任编辑 王之光 美术编辑 李 新
责任校对 栾雅谦 李文彦 责任印制 李玉山
ISBN 978-7-5024-3885-2
冶金工业出版社出版发行；各地新华书店经销；北京百善印刷厂印刷
2006年2月第1版，2014年3月第3次印刷
787mm×1092mm 1/16；12印张；286千字；180页
22.00元

冶金工业出版社投稿电话:(010)64027932 投稿信箱:tougao@cnmip.com.cn
冶金工业出版社发行部 电话:(010)64044283 传真:(010)64027893
冶金书店 地址:北京东四西大街46号(100010) 电话:(010)65289081(兼传真)
（本书如有印装质量问题，本社发行部负责退换）

前　言

工程地震勘探（浅层地震勘探）是应用地球物理学中地震勘探方法的一个分支，探测目标物的深度一般不超过100m，主要解决在这个深度范围内的各类工程地基基础勘察、环境与灾害工程地质调查以及水资源调查等问题，同时还广泛应用于工程效果评价、混凝土构件质量检测等建筑工程中。因为应用范围主要与各种工程勘察与检测目的有关，为了与能源勘探中以石油、煤田及天然气等资源为目标的地震勘探区别，特别定名为工程地震勘探。

为了适合勘查技术与工程专业教学需要，结合当前工程地震勘探的现状和发展趋势，总结编者多年来科研、教学等方面的成果，在桂林工学院《工程地震勘探》教学讲义的基础上，编写了本书。

《工程地震勘探》一书共分8章，系统地论述了地震波形成和传播的基本理论，详细讨论了折射波法、反射波法、面波法和地震映像法的基本理论、野外工作方法、数据处理方法和实际应用。本书偏重于工程地震勘探的讨论和研究，注重理论联系实际。

本书由桂林工学院教材建设基金和学科建设基金资助，由桂林工学院雷林源教授审阅，李泽林清绘了图件，在此表示感谢。

由于编者水平所限，书中有不妥之处，希望读者批评指正。

编　者

2005年10月于桂林

前　言

[illegible]

目　录

绪　论

一、工程地震勘探的主要任务、作用与地位

工程地震勘探，人们又称之为浅层地震勘探，尽管它与深部地震勘探在野外工作方法、室内资料处理及解释方法有相似之处，但是，深部地震勘探主要以了解地壳、岩石圈的结构和探测石油、天然气为目的。而工程地震勘探则以勘探地面以下100m范围内，有时甚至是地下几米内的地质构造、岩土结构、力学性质为目的。工程地震勘探主要为城市规划建设、工业建设、公共设施建设等提供必要的工程地质依据。因此工程地震勘探往往具有激发能量较小，勘查范围较窄，勘查网度较密，勘探精度较高等特点。随着我国建设事业的发展，新兴的工业城市、港口城市、经济开发区等不断发展，老城市的现代化改造也在迅速进行。诸如高层建筑、大型厂房、地下铁道、高速公路、桥梁、隧道、港口、机场、水坝、核电站等种类繁多的新型的高标准工程建设项目日益增多。这不仅对各种工程基础的地质条件提出了更高的要求，并且也要求用较少的人力和投资，快速可靠地完成工程勘察任务。因此，作为工程勘察手段之一的地球物理学方法得到了广泛的应用，尤其是工程地震勘探占有非常重要的地位，各种地震学方法取得了令人瞩目的成效并得到推广使用。工程地震勘探在各类地基基础勘察、环境与灾害地质调查以及水资源调查等工程领域中发挥重要的作用，同时还广泛使用于工程效果评价、混凝土构件质量检测等建筑工程中。

工程地震勘探具有既快速、又准确的优点。由于方法简便并可大面积测量，各种地震学方法可以确定浅部或深部的工程地质指标，以及人们需要了解的任何范围内的土层性质。地震学方法不需要采集试样，不需要破坏岩体连续性和土层的天然结构，就可确定岩体、土层的工程地质指标。工程地震勘探各种方法的有效性，使其可以提供连续的剖面或面积性的工程设计参数、地质信息，并可节省大量工程钻探费用。这些优点使工程地震勘探在提高效率、保证质量和节约资金方面起到重大作用。也使工程地震勘探在工程地质勘察领域中具有不可取代的重要地位。

二、工程地震勘探的方法技术

工程地震勘探是一种研究人工震源（如机械敲击、可控震源、爆炸等）所激发产生的地震波在地下岩层、土壤或其他介质中传播来解决工程地质问题的方法。其基本原理是当人工震源所激发的地震波在介质中传播时，由于不同的岩层具有不同的弹性特征（如速度、密度等），当地震波通过这些岩层的分界面时，将产生反射或折射，并且有纵波、横波、面波等之分。而这些不同类型的波具有不同的传播速度、路径、频率和强度。用仪器记录各种波的传播时间和波形特征的变化规律，分析解释地震记录，可以推断出有关岩石性质、结构和几何位置等参数，从而达到勘探的目的。

工程地震勘探中，根据地震波的传播特点可以分为折射波法、反射波法和透射波法；根据波的类型不同又可分为纵波、横波和面波探测。

1. 折射波法

折射波法是工程地震勘探中应用最为广泛的，也是较为成熟的方法之一。当下层介质的速度大于上层介质时，以临界角入射的地震波沿下层介质的界面滑行，同时在上层介质中产生折射波。根据折射波资料可以可靠地确定基岩上覆盖层的厚度和速度，根据每层速度值判断地层岩性、压实程度、含水情况及地下潜水界面等等。用折射波法可获得基岩面深度，这个深度是指新鲜基岩界面的埋深。当基岩上部风化裂隙发育或风化层较厚时，新鲜基岩面给出了硬质稳定的地下岩层，从而可以减少给工程带来危险性的机会。另外，还可由界面速度值确定地层岩性。利用折射波法可以准确地勾画出低速带，指示出断层、破碎带、岩性接触带等。

2. 反射波法

反射波法同样是在工程地震勘探中广泛应用的方法。在各种有弹性差异的分界面上都会产生反射波，反射波法主要用于探测断层，确定层状大地层速度、层厚度等。折射波法的应用受到许多条件的限制，一般要求地层速度随深度的增大而增大，观测折射波必须在盲区之外等。反射波法能克服这些缺点，其应用范围更加广泛。但反射波法的野外工作方法、压制干扰技术及资料解释技术比折射波法复杂。

3. 透射波法

透射波法观测和研究通过岩层的直达波，多数在钻孔或坑道内进行，根据波的传播时间和波的动力学特征求得地震波在该岩层中的速度，并计算出岩层弹性参数。这是目前工程地震勘探中测定岩、土动力学参数的基本方法。近年来，层析成像技术（CT）的发展，使透射波法能够用于解决难度较大的工程地质问题，使其在工程勘察中的应用范围越来越广。

4. 面波法

瑞利面波勘探是近年发展起来的浅层地震勘探新方法。传统的地震勘探方法以激发和测量纵波为主，面波属于干扰波。事实上，面波传播的运动学、动力学特征同样也包含着地下介质特征的丰富信息。面波法与其他地震方法比较有以下两方面的特点：

（1）浅层分辨率高：瑞利面波在近地表一定深度内传播，主要解决浅部地层分层等地质问题。例如，在深度5m之内，只要选择合适的震源，可以利用瑞利面波探测到浅部地层中的厚度小于1m的薄层，而用其他方法，很难解决这样的地质问题。

（2）不受各地层速度关系的影响：折射波法严格要求下覆层速度大于上覆层，反射波法要求上下层具有波阻抗差异。以上两种方法要求波速和波阻抗有较大的差异，而面波法只要求波速差异达到10%时，即可进行分层。

工程地震勘探具有工作面积小、勘探深度浅，探测对象规模小以及浅部各种干扰因素复杂等特点。因此，对仪器装备、工作方法以及资料解释等方面，提出了相应的要求。例如，对工作的精度、分辨率和抗干扰能力以及仪器装备的轻便化等也提出更高的要求。

三、工程地震勘探发展简史、现状及前景

工程地震勘探是一门正在发展的新学科，许多方法技术还在不断完善和发展。20世纪30年代，地震工作者就开始把石油地震勘探中的折射波法用于民用工程勘探，到20世

纪40年代，折射波法在欧洲已成为工程勘探的一种常规方法。到了20世纪50年代，随着地震仪器的改进，无论是观测方法、资料处理技术都有很大提高。目前，折射波法仍然是工程地震勘探应用最为广泛的方法之一。

20世纪80年代初期，随着电子技术的发展，信号增强型工程地震仪的出现及微型计算机的普及，加快了浅层反射波方法技术的发展。反射波勘探应用了数字磁带记录，移植了石油地震勘探数据处理技术。在20世纪80年代短短的几年里，浅层反射法就得到迅速发展，很快进入生产应用阶段。到20世纪90年代，数字增强型工程地震仪的出现，使地震资料数字处理更加方便、快捷，浅层反射法成为工程地震勘探的常规方法。

目前，浅层反射波法正在日趋成熟，浅层高分辨率反射地震勘探方法技术已取得明显进展，它采用高频丰富的震源，以高频检波器、高采样率、宽频带接收。人们还利用“最佳窗口”技术、高密度地震映像技术、多次覆盖技术以及横波反射法来解决各种各样的工程问题。

瑞利面波的最初应用是研究天然地震震源机制和地球结构。20世纪50年代初，日本学者佐藤等研究利用人工源产生的瑞利面波测量浅部地层面波速度，用来了解岩土层的密度、场地强度等。80年代研制出稳态瑞利面波仪。90年代我国自行研制出适宜于工程勘察的地震仪、瞬态和稳态瑞利面波测量的设备，以及与之相应的野外工作方法和数据处理方法，使面波法得到迅速的发展，10年之间，面波法已经成为一种常用的岩土工程勘察方法。

随着国产工程地震仪的研制和生产，地震勘探中的各种方法都得到发展，而各种方法的相互有机结合，得到了更好的地质效果。

四、工程地震仪的发展简介

工程地震仪和其他地震仪一样由模拟光点记录发展到数字磁带记录，由单道（1～3道）发展为多道（12～48道），由动态范围较小（80～100dB）的定点放大发展到动态范围较大（100～144dB）的浮点放大。工程地震仪设计改进过程中，最重要的成就是造出了信号增强型地震仪。工程地震仪一般用锤击等机械振动作震源，它所产生的地震波的能量较小。信号增强就是把每一次锤击所得到的小能量的地震波信号贮存起来，并逐次进行叠加，经过多次激发和叠加后，就可以得到足够强度的有效波信号。在叠加过程中，相同相位的信号叠加后得到增强，而各种不规则的干扰信号具有随机性，在叠加时将会彼此抵消。现在，工程地震仪都具有信号增强能力。

随着微型计算机技术的发展，工程地震仪的发展重视在微机基础上开发数据采集系统，使其既是一种数据采集系统，又可作为计算机使用。只要配备合适的处理软件，即可在现场进行数据处理。现在已研制出动态范围较大（120～140dB）、既是地震数据采集系统又可作为计算机使用、能在现场进行数据处理的具有多种功能的工程地震仪。

目前，数字信号增强型地震仪型号种类繁多。我国生产的仪器已经赶上或达到世界先进水平，地震仪器的发展，大大推动了工程地震勘探理论、现场工作技术及资料解释技术的发展。

五、工程地震勘探的主要应用领域

工程地震勘探的应用领域非常广泛，其主要的应用有以下几个方面：

（1）工程地质勘察。确定地质构造，基岩面深度，对第四系地层分层，确定地层的厚度和弹性波传播速度，确定地基的持力层，探测地层中存在的低速带或软弱夹层，追索潜水面，水资源调查，地下空洞及掩埋物探测。

（2）研究岩土的状态及性质。纵波和横波速度测量，岩土的物理力学参数原位测试，地基加固处理效果评价，研究岩石速度的各向异性，人工改变岩土状态的评价，密实度、孔隙度的测定，饱和沙土层的液化判别。

（3）工程质量检测。公路、机场跑道质量的无损检测，大型混凝土建筑构件检测，隧道衬砌质量检测，碾（夯）实坝址质量检测。

（4）环境与灾害地质调查。滑坡体厚度及结构确定，隐伏岩溶塌陷范围调查，采空区及其影响范围调查。

（5）地震工程地质评价。建筑场地卓越周期测定，地震灾害影响程度调查，场地地震响应分析，地震小区划等。

随着国家建设事业的发展，工程建设的需求将推动地震勘探的仪器设备、现场数据采集技术及资料处理解释技术不断改进和提高，工程地震勘探工作者将开创出更广泛的应用领域。

第一章　地震波的理论基础

工程地震勘探是研究人工激发的地震波在岩、土介质中的传播规律，以探测浅部地质构造或测定岩、土力学参数的地球物理方法。研究中，通常把岩、土介质看成各向同性的弹性介质，把地震波看成弹性波。这样的假设虽然不完全符合真实情况，但和实际的岩、土介质具有很大的近似性，也是把复杂问题简化的途径之一。

第一节　弹性理论概述

一、弹性介质的概念

介质在外力作用下，其内部质点会发生相互位置的变化，使得介质的形状或体积产生变化，这就是通常所说的形变。根据形变表现出的特性，可分为弹性形变和塑性形变。

地壳中几乎所有的岩、土介质都表现出不同程度的弹性。岩、土介质在外力作用下产生形变，当外力引起的这种形变未超过某种限度时，随着外力的移去，形变将消失，这种特性称作弹性，其形变称之为弹性形变。相反，当外力引起的形变超过某一限度后，即使移去外力，形变也不能完全消失，岩、土介质将保持变形后的某种形态，这种特性称作塑性，相应的形变称作塑性形变。

弹性和塑性是介质的两种相互对立的特性。一般岩、土介质受外力作用后，既能产生弹性形变，也能产生塑性形变。这取决于岩、土介质的物理性质、外力作用的大小和特征（延续时间长短、变化快慢等），以及所处的外界条件（温度、压力等）。在作用力小、作用时间短的情况下，大部分介质以弹性形变为主，介质具有弹性体的性质。

在地震勘探中，人工激发的震源是脉冲式的，作用时间短，一般接收点距震源都有一定的距离，岩、土介质受到的作用力很小，这样就可以把岩、土假设为弹性介质，并用弹性波的理论来研究地震波的传播问题。

在研究弹性理论时，将大地假设为分层均匀的层状介质，每个岩、土层的性质分为各向同性和各向异性。只要弹性性质与空间方向没有关系则为各向同性介质，反之，则为各向异性介质（如沉积岩中薄层规则地交替出现会使地层反映出各向异性的性质）。研究表明，只要岩、土性质在各方向上差异不大，则可以将岩、土作为各向同性的弹性介质来研究，从而，使许多弹性理论问题的讨论得到简化。

二、应力和应变

1. *应力*

弹性介质受外力后发生弹性形变，由于质点间具有弹性联系，介质内部产生一种反抗形变的内力与外力抗衡，称为内应力。作用在单位面积上的内应力称为应力。设有一圆柱形杆件，长度为 L，直径为 d，横截面积为 S，如图 1-1 所示。把杆件的一端固定，在它的下端挂一个砝码，即施加了一个外加拉力 F，并设在拉力 F 的作用下，杆件的形变不超过弹性限度。这时杆件被拉长，并在杆内产生一个对抗外力使物体恢复原状的内力。设想用一个截面将杆件分成两部分，如图 1-2 所示的 A 和 B 部分，B 部分受到向下的拉力 F 和 A 部分向上的拉力 f 的作用。

B 这段直杆是静止的，它所受的合力为零：

$$\boldsymbol{F} + \boldsymbol{f} = 0$$

$$\boldsymbol{f} = -\boldsymbol{F}, \quad \boldsymbol{f} = \boldsymbol{F}$$

无论截面画在什么地方，上述分析都是成立的，即 f 这样的内弹性力在杆件的内部处处存在。作用于 S 面上的这个向上的拉力 f 如果是均匀地分布在截面 S 面上，则应力定义为：

$$\boldsymbol{\sigma} = \frac{\boldsymbol{F}}{S} \tag{1-1}$$

如果内力 f 是非均匀地分布在 S 面上，那么就可以通过任一点 M 取一小块面积 ΔS，并假设该块面积 ΔS 所传递的内力为 Δf，根据内力和外力的关系，此时面上的应力为：

$$\boldsymbol{\sigma} = \lim_{\Delta S \to 0} \frac{\Delta \boldsymbol{F}}{\Delta S} = \frac{\mathrm{d}\boldsymbol{F}}{\mathrm{d}S} \tag{1-2}$$

应力的取值与 A、B 两部分的划分有关：如所取的截面积如图 1-3 所示，应力 σ 可分解为垂直于面元的法向应力（称正应力）和平行面元 ΔS 上的切向应力（简称切应力）。

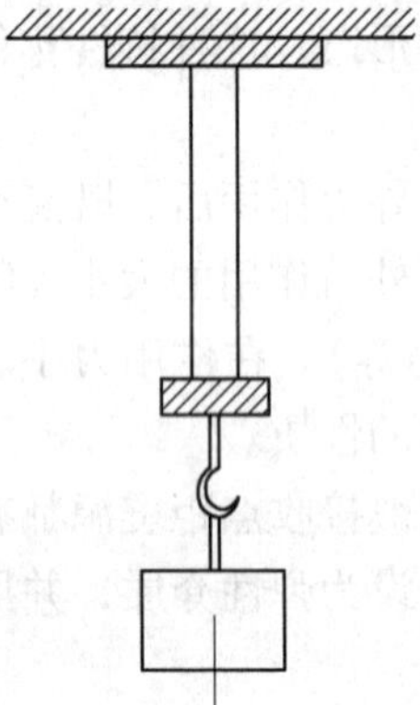

图 1-1　拉伸实验示意图

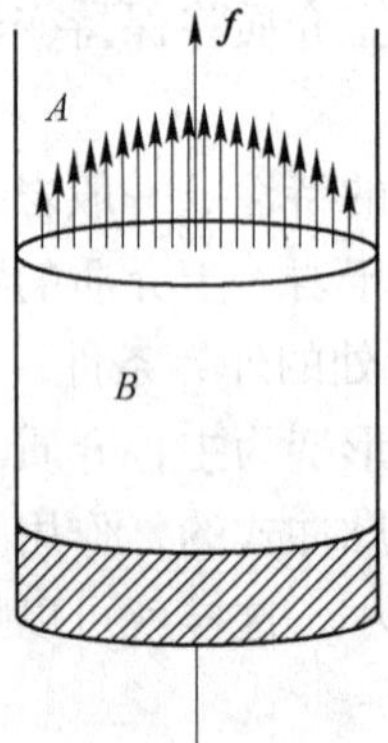

图 1-2　拉伸应力的分析

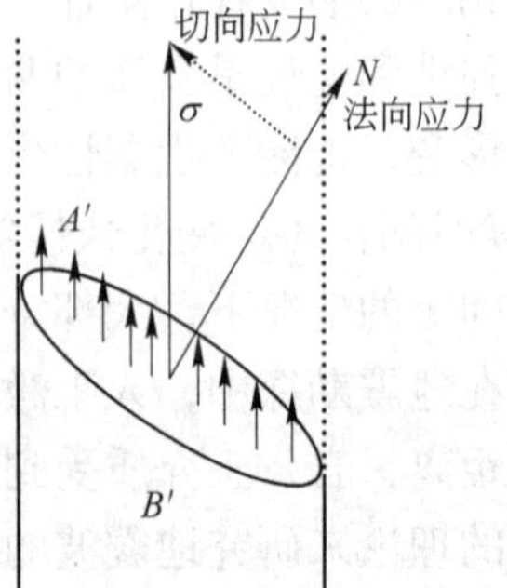

图 1-3　法向应力和切向应力

物体内部两个部分之间的相互作用力，就是物体内部的弹性力。弹性力是通过两部分之间的分界面起作用的，可以认为弹性力分布在分界面上，所以弹性力是一种面力。面力的大小、方向都和分界面的取法无关。如上所述，单位面积上的弹性力称为应力。若拉力是恒定的，而分界面可大可小，因此应力也就随着分界面的不同而不同。也就是说，弹性介质中某点的应力取决于该点处面积元的画法，其方向却不一定和那个面积元相垂直，因此，必须先把那个面积元规定好。这也正是应力这一物理量的复杂之处。

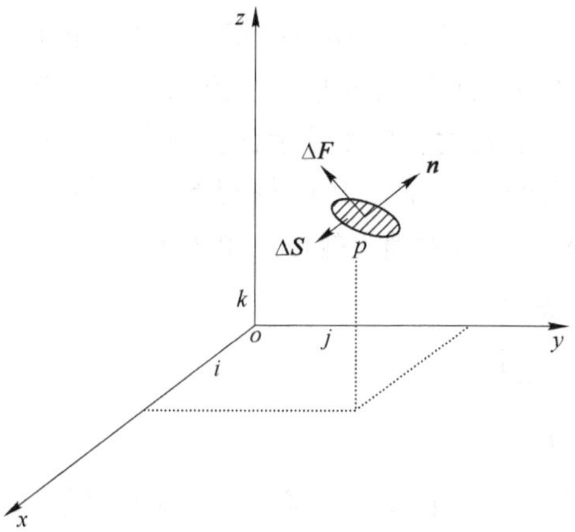

图 1-4　应力的定义

在无限弹性介质中的应力，如图 1-4 所示，在弹性介质中任取一点 P，按前面的分析，P 点取定后还不能定义该点的应力，还需要通过该点画一个面积元，这个面积元有多种画法。设从 P 点开始向任意方向画一个单位矢量 $\boldsymbol{n}$，然后垂直于这个 $\boldsymbol{n}$ 画一个无限小的面积 ΔS，这样 $\boldsymbol{n}$ 就成为 ΔS 的正法线。既然 $\boldsymbol{n}$ 的方向有无限多种画法，面积元 ΔS 也就有无限多种画法。设法线 $\boldsymbol{n}$ 所指的那一侧为 ΔS 的正面，则另一侧为 ΔS 的反面。一般说来，正面的物质和反面的物质之间会有弹性力作用。设 ΔF 代表正面的介质通过 ΔS 对反面的介质作用的力，这个力不一定垂直于 ΔS，不论垂直或不垂直，P 点处和有向面积元 $\boldsymbol{n}\Delta S$ 相对应的应力定义为：

$$\boldsymbol{\sigma}_n = \frac{\Delta \boldsymbol{F}_n}{\Delta S} \qquad \Delta S \to 0$$

下标 n 表示应力的值依赖于 $\boldsymbol{n}$ 的取法；$\boldsymbol{n}$ 的方向不同，$\boldsymbol{\sigma}_n$ 就会不同，当把 $\boldsymbol{n}$ 的方向转一个 180°角时，ΔS 的“正”、“反”面就会变换，这时 $\boldsymbol{\sigma}_n$ 也会变号。按式（1-1）的定义，$\boldsymbol{n}$ 取定以后，$\boldsymbol{\sigma}_n$ 的值也应该是确定的，而与 ΔS 的形状无关。

应力在直角坐标系中用张量表示。在弹性介质中建立直角坐标系，并在 P 点附近取一个长方形的体积元，来研究这个体积元的壁面上的应力。如图 1-5 所示，设这个体积元的棱长分别是 Δx，Δy，Δz，这个体积元共有 6 个壁面，但只有 3 个面交于 P 点。为简便起见，规定这 3 个壁面上的正法线 $\boldsymbol{n}$ 分别平行于 3 个坐标轴。对于体积元 ΔV 来说，这样的法线不是外向法线而是内向法线。因此，这样定义的应力表示体积元的内部介质对外部介质作用的弹性力。

垂直于 x 轴的小平面 $PEDC$，它的面积为 $\Delta S_1 = \Delta y \cdot \Delta z$。对应于这个面积元可以确定一个应力值 $\boldsymbol{\sigma}_1$；当面积元足够小时，这个应力值可以认为是存在于 P 点上，其相应的弹性力为：

$$\Delta \boldsymbol{F}_1 = \boldsymbol{\sigma}_1 \cdot \Delta S = \boldsymbol{\sigma}_1 \cdot (\Delta y \cdot \Delta z)$$

$\Delta \boldsymbol{F}_1$ 是体积元内部的物质通过面积元 ΔS_1 作用在体积元外部物质上的力。

应力值 $\boldsymbol{\sigma}_1$ 是一个矢量，可以分解为三个直角坐标分量 σ_{xx}、σ_{yx}、σ_{zx}。即

$$\boldsymbol{\sigma}_1 = \sigma_{xx}\boldsymbol{i} + \sigma_{yx}\boldsymbol{j} + \sigma_{zx}\boldsymbol{k} \quad (1\text{-}3)$$

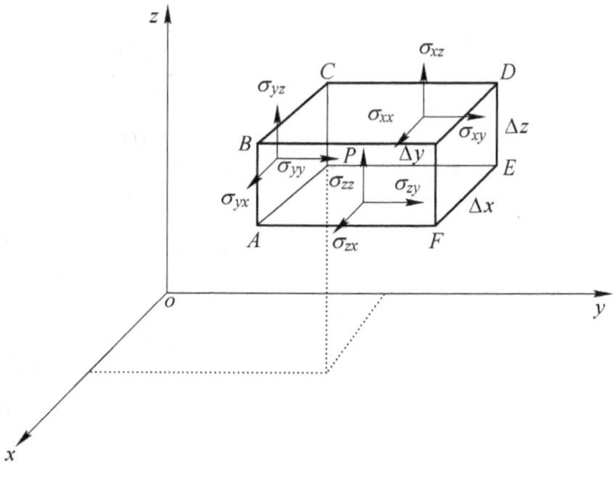

图 1-5　应力分量示意图

上式中每个分量有两个下标。第 1 个下标表示该分量平行于哪一个坐标

轴，即力的作用方向。第2个下标 x 表示 σ_1 是在垂直于 x 轴的面积元上定义的应力；有两个相同下标的分量，例如 σ_{xx} 和所考虑的面积元相垂直，是那个面积元上的法向应力；有两个不同下标的分量，例如 σ_{yx} 和所考虑的那个面积元平行，是那个面积元上的切向应力。当法向应力为正时，它所代表的弹性力为张力；反之，它所代表的弹性力为压力。

用同样的方法考虑面积元 $PCBA$ 和 $PAFE$ 上的应力值，又可得到6个分量，与式(1-3)一起，总共9个分量，称为应力张量。这9个分量习惯上排成一个矩阵：

$$\begin{bmatrix} \sigma_{xx} & \sigma_{xy} & \sigma_{xz} \\ \sigma_{yx} & \sigma_{yy} & \sigma_{yz} \\ \sigma_{zx} & \sigma_{zy} & \sigma_{zz} \end{bmatrix} \tag{1-4}$$

所有这9个分量，一般都是坐标的函数，在非稳条件下，它们还是时间变量 t 的函数。当介质处于平衡状态，应力必定互相抵消，对于一个无旋的均衡应力体，在这9个分量中应有 $\sigma_{ab}=\sigma_{ba}$，据此特性，可将相互独立的应力分量减为6个，这6个独立的应力分量足以确定一个点的应力状态。

如果选择一个平面系统，使得面元的法线都和法向应力重合，该问题就可以进一步简化，在这种面上剪切应力为零，从而只剩下 σ_{xx}，σ_{yy}，σ_{zz} 3个分量来决定应力系统。没有剪切应力的面称为过该点的主平面。可以证明在过一点的所有截面中，存在着3个互相垂直的、没有剪切力的主平面。

2. 应变

所谓应变是指某一物体受到应力作用时，它的大小和形状的相对改变量。在外力作用下，物体发生位移时，若物体内任意两点间的相对位移不变，那么，物体就没有发生形变，如图1-6a 所示。只有当一个点的位移与相邻点的位移不相同时，才有应变发生。应变取决于位移分量对选定坐标系 x,y,z 的导数。图1-6b 表示出相邻两点位移不同产生应变的情形。

设 M' 点的位移分量为 D_x,D_y,D_z，相邻点 N' 的位移为 $D_x+\mathrm{d}D_x$，$D_y+\mathrm{d}D_y$，$D_z+\mathrm{d}D_z$，则应变分量可由泰勒展开式给出，6个独立的应变分量 e_{ab} 的表达式为：

$$\left.\begin{aligned} e_{xx} &= \frac{\partial D_x}{\partial x} \\ e_{yy} &= \frac{\partial D_y}{\partial y} \\ e_{zz} &= \frac{\partial D_z}{\partial z} \\ e_{xy} &= e_{yx} = \frac{1}{2}\left(\frac{\partial D_x}{\partial y}+\frac{\partial D_y}{\partial x}\right) \\ e_{xz} &= e_{zx} = \frac{1}{2}\left(\frac{\partial D_x}{\partial z}+\frac{\partial D_z}{\partial x}\right) \\ e_{yz} &= e_{zy} = \frac{1}{2}\left(\frac{\partial D_y}{\partial z}+\frac{\partial D_z}{\partial y}\right) \end{aligned}\right\} \tag{1-5}$$

由式（1-5）可知，有两种类型的应变分量，前三式是一种类型的应变，e_{xx}，e_{yy}，e_{zz}

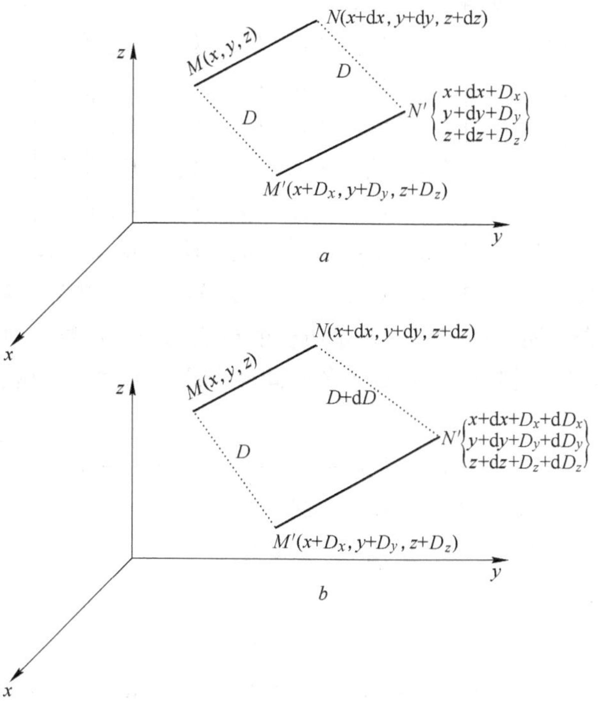

图 1-6　应力体内两个相邻点的位移

用来表示单向的线位移，即表示压缩和拉伸应变；而后三式表示的是另一种类型的应变，即表示方向变化着的扭转位移，称之为剪切应变，简称剪应变。可用下列矩阵

$$\begin{bmatrix} e_{xx} & e_{xy} & e_{xz} \\ e_{yx} & e_{yy} & e_{yz} \\ e_{zx} & e_{zy} & e_{zz} \end{bmatrix} \tag{1-6}$$

表示 M 点处的应变张量。由于上列矩阵的对称性，只有 6 个应变分量是独立的。在弹性理论中可以证明，通过 M 点有一组特别的正交轴，相对于这组轴应变的切向应力等于零，这组轴称为应变主轴。

物体之所以有两类形变，是由于作用力不同而产生的结果。一般说来，胀缩力使物体发生体变；剪切力使物体发生切变。事实上，任何复杂的形变皆可看成由体变和切变组合而成。这两种形变能够同时存在，但可以独立进行研究。

3. 应力与应变的关系

通常，任何受外力作用的物体均要产生形变，形变的程度取决于施加的外力和物体本身的物理性质。若应力与应变呈正比关系的物体，就称之为完全弹性体。

虎克定律表示了应力与应变之间的线性关系，即在弹性限度以内，物体在应力的作用下，应力与应变成正比。若超过这个限度，物体仍可能是弹性体，但是应力与应变已经不成正比关系了。

对于各向异性的介质，为了完全地确定物体的应力和应变系统，就需要 6 个应力分量和 6 个应变分量来描述，而且固体内任一点的 6 个应力分量中的每一个应力分量都是 6 个应变分量的线性函数，可用数学形式表示如下：

$$\begin{bmatrix}\sigma_{xx}\\ \sigma_{yy}\\ \sigma_{zz}\\ \sigma_{yz}\\ \sigma_{xz}\\ \sigma_{xy}\end{bmatrix}=\begin{bmatrix}C_{11} & C_{12} & C_{13} & C_{14} & C_{15} & C_{16}\\ C_{21} & C_{22} & C_{23} & C_{24} & C_{25} & C_{26}\\ C_{31} & C_{32} & C_{33} & C_{34} & C_{35} & C_{36}\\ C_{41} & C_{42} & C_{43} & C_{44} & C_{45} & C_{46}\\ C_{51} & C_{52} & C_{53} & C_{54} & C_{55} & C_{56}\\ C_{61} & C_{62} & C_{63} & C_{64} & C_{65} & C_{66}\end{bmatrix}\begin{bmatrix}e_{xx}\\ e_{yy}\\ e_{zz}\\ e_{yz}\\ e_{xz}\\ e_{xy}\end{bmatrix} \tag{1-7}$$

式中系数 C_{ij}（角标 i 和 $j=1, 2, 3, 4, 5, 6$）表示与弹性体有关的弹性常数。该方程组共有 36 个系数。勒夫证明，由于弹性能是应变的单值函数，系数 C_{ij} 等于系数 C_{ji}，于是上述 36 个弹性常数可以减少到 21 个。对于各向同性介质，弹性常数仅剩下两个，把它表示成拉梅常数，即

$$\left.\begin{aligned}&C_{12}=C_{13}=C_{21}=C_{23}=C_{31}=C_{32}=\lambda\\ &C_{44}=C_{55}=C_{66}=2G\\ &C_{11}=C_{22}=C_{33}=\lambda+2G\end{aligned}\right\} \tag{1-8}$$

其余的 24 个系数都等于零。于是式（1-7）的方程组可以简化成如下形式：

$$\left.\begin{aligned}\sigma_{xx}&=\lambda(e_{xx}+e_{yy}+e_{zz})+2Ge_{xx}\\ \sigma_{yy}&=\lambda(e_{xx}+e_{yy}+e_{zz})+2Ge_{yy}\\ \sigma_{zz}&=\lambda(e_{xx}+e_{yy}+e_{zz})+2Ge_{zz}\\ \sigma_{xy}&=2Ge_{xy}\\ \sigma_{xz}&=2Ge_{xz}\\ \sigma_{yz}&=2Ge_{yz}\end{aligned}\right\} \tag{1-9}$$

由此可知，均匀各向同性的弹性介质是最简单的介质类型，只需要常数 λ 和 G 就可以确定弹性性质。

三、弹性参数的定义

拉梅常数（λ 和 G）表示弹性体应力和应变之间的关系，它们表示弹性介质的弹性性质。除了 λ 和 G 外，还经常用到杨氏模量（弹性模量）、泊松比和体变模量等弹性参数。

1. 杨氏模量（弹性模量 E）

虎克定律指出，对于均匀的完全弹性的各向同性介质，作用的应力和发生的应变成正比。以圆杆为例（图 1-7），圆柱体顶、底两面的拉力和重力为 F。设未施力前的重物长为 L，直径为 d，在力 $\boldsymbol{F}$ 的作用下，重物的大小和长度发生了变化。它伸长一个 ΔL 的量，同时它的直径却减小了 Δd。根据虎克定律，作用于重物横截面的应力值 $\boldsymbol{\sigma}$ 为：

$$\boldsymbol{\sigma}=\frac{\boldsymbol{F}}{S}=\frac{4\boldsymbol{F}}{\pi d^2} \tag{1-10}$$

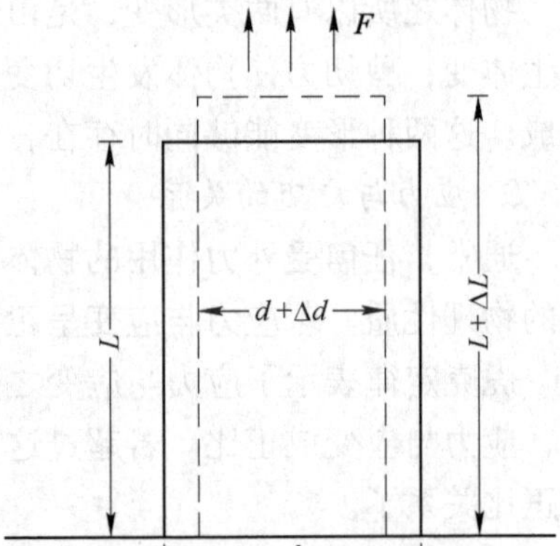

图 1-7　杆件受拉力作用

其形变值为

$$\left.\begin{aligned}\Delta L &= a\sigma \\ \Delta d &= b\sigma\end{aligned}\right\} \tag{1-11}$$

式中，a、b 为比例系数，其值不仅与物质的性质有关，而且与弹性体的大小有关。为了使比例常数只表示物质的弹性性质。引入纵向应变 δL 和横向应变 δd 的概念：

$$\left.\begin{aligned}\delta L &= \frac{\Delta L}{L} \\ \delta d &= \frac{\Delta d}{d}\end{aligned}\right\} \tag{1-12}$$

于是杨氏模量 E 定义为

$$E = \frac{\sigma}{\delta L} = \frac{\dfrac{F}{S}}{\dfrac{\Delta L}{L}} \tag{1-13}$$

即杨氏模量 E 定义为应力值 σ 与纵向应变 δL 之比。

杨氏模量 E 也可以用应力分量与应变分量之比来表示

$$E = \frac{\sigma_{xx}}{e_{xx}} \tag{1-14}$$

或

$$\sigma_{xx} = E \cdot e_{xx} \tag{1-15}$$

此时杨氏模量表示为简单的拉伸或挤压时的应力 σ_{xx} 和应变 e_{xx} 之间的比例常数，除沿 x 轴有应力分量外，其他的应力分量全都等于零。对于拉伸应力，若结果是沿 x 轴拉长，则 e_{xx} 为正数。实际上，除沿 x 轴方向有拉长外，在所有垂直 x 轴的方向上都发生了收缩。

杨氏模量可作为物质阻抗应力的量度。这样，一个固体对拉伸（或挤压）应力的阻力愈大，其杨氏模量 E 的数值也就愈大。

杨氏模量的单位在国际单位制中为 Pa。

2. 泊松比（μ）

在简单的拉伸（或挤压）应力的作用下，物体的拉伸（或收缩）总是伴随着垂直于应变方向的收缩（或膨胀），把横向应变和纵向应变之比称为泊松比。对于长为 L，直径为 d 的圆杆（见图1-7），在拉应力的作用下拉长，同时其直径缩小，其泊松比 μ（泊松比用 μ 作为标准符号）可表示为：

$$\mu = \frac{\delta d}{\delta L} = \frac{\dfrac{\Delta d}{d}}{\dfrac{\Delta L}{L}} \tag{1-16}$$

泊松比仅表示比值，因此它没有单位。

坚硬岩石的泊松比仅为 0.05，而疏松的、没有很好胶结土的泊松比却高达 0.45。一般固结岩石的泊松比 μ 为 0.25，这种介质称作泊松固体。

3. 体变模量（K）

若用 p_{h} 表示流体静压力，在此压力作用下该物体的体积变化率是 θ，则体变模量 K 可由下式决定

$$p_{\mathrm{h}} = -K\theta \tag{1-17}$$

体变模量可表示为

$$K = -\frac{p_h}{\theta} \tag{1-18}$$

式中的负号表示随着 p_h 值的增大体积反而减小，反之亦然。体变模量的单位为 Pa。

体变模量有时亦称为抗压缩系数，其倒数称为压缩系数。

4. 剪切模量（G）

物体在简单剪切应力作用下，应力与应变之间的比例常数可用剪切模量 G 来表示。此时，切应变常用切变角 φ 表示，于是有

$$\sigma_{xy} = G\varphi \tag{1-19}$$

剪切模量可表示为

$$G = \frac{\sigma_{xy}}{\varphi} \tag{1-20}$$

剪切模量定义为剪切应力与切变角之比，它的单位与应力单位相同。因液体不发生剪切应变，所以液体介质中的 G 等于零。

5. 拉梅模量（λ）

设单位正方体的物体在纵向拉应力 σ_{zz} 作用下产生的纵向应变为 e_{zz}，可以用横的拉应力 σ_{xx} 来阻止横向收缩，拉梅系数可表示为横的拉应力与纵向应变之比，即

$$\lambda = \frac{\sigma_{xx}}{e_{zz}} \tag{1-21}$$

也可以写作

$$\sigma_{xx} = \lambda \cdot e_{zz} \tag{1-22}$$

拉梅系数的单位也与应力单位相同。

E、K、G、μ、λ 这 5 个弹性参数中的任何一个，均可以用另外的两个弹性参数来表示。这就意味着用任意两个弹性参数就可以确定完全弹性、各向同性介质的弹性性质。

下面列出它们之间最常见的关系式：

$$\left.\begin{aligned}
E &= \frac{G(3\lambda + 2G)}{\lambda + G} = \frac{9KG}{3K + G} \\
K &= \frac{3\lambda + 2G}{3} = \frac{E}{3(1 - 2\mu)} \\
G &= \frac{3(K - \lambda)}{2} = \frac{E}{2(1 + \mu)} \\
\mu &= \frac{\lambda}{2(\lambda + G)} = \frac{3K - 2G}{6K + 2G} \\
\lambda &= \frac{3K - 2G}{3} \cdot \frac{\mu E}{(1 + \mu)(1 - 2\mu)}
\end{aligned}\right\} \tag{1-23}$$

四、波动方程

若应力体内两个相邻点的应力相同，则它们之间没有相对的运动，弹性介质处于静态

平衡状态。若二者之间有应力差，则会发生波动。所谓“波动”是指弹性体由相邻质点间的应力变化而产生质点的相对位移，当存在应力梯度时，便产生波动。

为了研究应力不平衡时的状态方程，取如图 1-8 所示的介质中的微小六面体。将作用在每一个面上的力，用作用在该面中心的应力乘上它的面积来表示，在应力不平衡的情况下，这一面到另一面的应力分量要发生变化。这些变化如图 1-8 所示。除了六面体各面的应力（面力）以外，还有如重力那样的体力 F 的作用。F 是单位质量介质受到的体力，称为力密度，它在 3 个轴上的分量分别为 F_x、F_y、F_z。据力学中的牛顿第二定律，作用于 x 轴方向的各面力和体力之和应等于六面体的质量和位移 D_x 对时间的二次导数（加速度）的乘积。图 1-8 仅考虑 6 个面上 x 轴方向上的力，有：

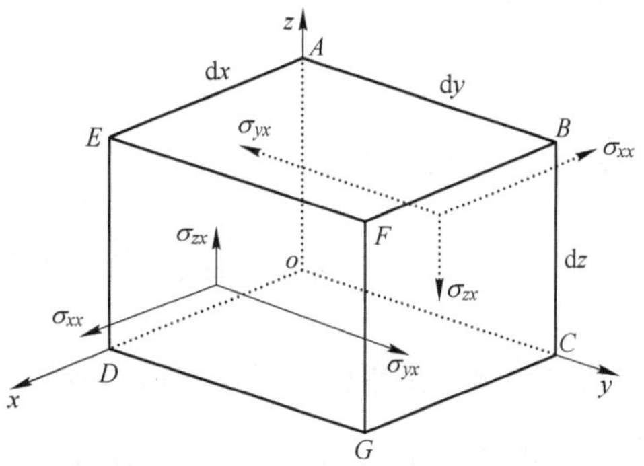

图 1-8　作用于 x 面上的力

$$\left(\sigma_{xx}+\frac{\partial\sigma_{xx}}{\partial x}\mathrm{d}x\right)\mathrm{d}y\mathrm{d}z+\left(\sigma_{xy}+\frac{\partial\sigma_{xy}}{\partial y}\mathrm{d}y\right)\mathrm{d}x\mathrm{d}z+\left(\sigma_{xz}+\frac{\partial\sigma_{zx}}{\partial z}\mathrm{d}z\right)\mathrm{d}y\mathrm{d}x$$
$$-(\sigma_{xx}\mathrm{d}y\mathrm{d}z+\sigma_{xy}\mathrm{d}x\mathrm{d}z+\sigma_{xz}\mathrm{d}y\mathrm{d}x)+F_x\cdot\rho\mathrm{d}x\mathrm{d}y\mathrm{d}z=\rho\mathrm{d}x\mathrm{d}y\mathrm{d}z\frac{\partial^2 D_x}{\partial t^2} \tag{1-24}$$

式中，$\rho\mathrm{d}x\mathrm{d}y\mathrm{d}z=m$ 表示该单元六面体的质量，ρ 为介质的密度。化简上式可得

$$\rho\frac{\partial^2 D_x}{\partial t^2}=\frac{\partial\sigma_{xx}}{\partial x}+\frac{\partial\sigma_{xy}}{\partial y}+\frac{\partial\sigma_{xz}}{\partial z}+\rho\cdot F_x \tag{1-25}$$

同理可得沿 y 轴和 z 轴波的运动方程：

$$\rho\frac{\partial^2 D_y}{\partial t^2}=\frac{\partial\sigma_{yx}}{\partial x}+\frac{\partial\sigma_{yy}}{\partial y}+\frac{\partial\sigma_{yz}}{\partial z}+\rho\cdot F_y \tag{1-26}$$

$$\rho\frac{\partial^2 D_z}{\partial t^2}=\frac{\partial\sigma_{zx}}{\partial x}+\frac{\partial\sigma_{zy}}{\partial y}+\frac{\partial\sigma_{zz}}{\partial z}+\rho\cdot F_z \tag{1-27}$$

对于均匀各向同性的完全弹性介质，λ 和 G 是常数，将式（1-9）中的 6 个应力分量值和式（1-5）中的 6 个应变分量代入上列 3 个方程便可得到均匀各向同性的完全弹性介质中波的运动方程：

$$\left.\begin{aligned}\rho\frac{\partial^2 D_x}{\partial t^2}&=(\lambda+G)\frac{\partial\theta}{\partial x}+G\nabla^2 D_x+\rho\cdot F_x\\\rho\frac{\partial^2 D_y}{\partial t^2}&=(\lambda+G)\frac{\partial\theta}{\partial y}+G\nabla^2 D_y+\rho\cdot F_y\\\rho\frac{\partial^2 D_z}{\partial t^2}&=(\lambda+G)\frac{\partial\theta}{\partial z}+G\nabla^2 D_z+\rho\cdot F_z\end{aligned}\right\} \tag{1-28}$$

式中，∇^2 称为拉普拉斯算符：

$$\nabla^2 = \frac{\partial^2}{\partial x^2} + \frac{\partial^2}{\partial y^2} + \frac{\partial^2}{\partial z^2}$$

θ 为体变系数：

$$\theta = \frac{\partial D_x}{\partial x} + \frac{\partial D_y}{\partial y} + \frac{\partial D_z}{\partial z} = e_{xx} + e_{yy} + e_{zz} = \mathrm{div}\boldsymbol{D}$$

式（1-28）是用分量形式表示的波的运动方程，可以合并为向量形式：

$$\rho \frac{\partial^2 \boldsymbol{D}}{\partial t^2} = (\lambda + G)\,\mathbf{grad}\theta + G\nabla^2 \boldsymbol{D} + \rho \boldsymbol{F} = (\lambda + G)\,\mathbf{grad} \cdot \mathrm{div}\boldsymbol{D} + G\nabla^2 \boldsymbol{D} + \rho \boldsymbol{F} \quad (1\text{-}29)$$

若对上式两边分别取散度，则由于

$$\mathrm{div} \cdot \mathbf{grad}\theta = \nabla^2 \theta$$

因此式（1-29）变为：

$$\rho \frac{\partial^2 \theta}{\partial t^2} = (\lambda + G)\nabla^2 \theta + G\nabla^2 \theta + \rho \mathrm{div}\boldsymbol{F} = (\lambda + 2G)\nabla^2 \theta + \rho \mathrm{div}\boldsymbol{F}$$

整理后可得

$$\frac{\partial^2 \theta}{\partial t^2} - \frac{(\lambda + 2G)}{\rho} \nabla^2 \theta = \mathrm{div}\boldsymbol{F} \quad (1\text{-}30)$$

同样对式（1-29）两边分别取旋度，由于

$$\mathbf{rot} \cdot \mathbf{grad}\theta \equiv 0$$

因此式（1-29）变为

$$\rho \frac{\partial^2}{\partial t^2}\mathbf{rot}\boldsymbol{D} = G\nabla^2 \mathbf{rot}\boldsymbol{D} + \rho \mathbf{rot}\boldsymbol{F}$$

令 $\boldsymbol{W} = \mathbf{rot}\boldsymbol{D}$，将上式整理后可得

$$\frac{\partial^2 \boldsymbol{W}}{\partial t^2} - \frac{G}{\rho} \nabla^2 \boldsymbol{W} = \mathbf{rot}\boldsymbol{F} \quad (1\text{-}31)$$

式（1-30）和式（1-31）分别说明，在两种不同性质的外力作用下，弹性介质产生两种不同性质的“扰动”。按照前面对于一个向量的散度和旋度在弹性介质中具体物理意义的分析，可知 div$\boldsymbol{F}$ 表示的是一种胀缩力，而 **rot**$\boldsymbol{F}$ 表示的是一种旋转力，式（1-30）表示介质在胀缩外力 div$\boldsymbol{F}$ 的作用下，介质仅产生由体变系数决定的胀缩波动。而式（1-31）表示在旋转外力 **rot**$\boldsymbol{F}$ 的作用下，介质产生由 $\boldsymbol{W} = \mathbf{rot}\boldsymbol{D}$ 决定的变形（角度转动）扰动。它们表明了两种扰动的独立存在。

上面讨论的位移 $\boldsymbol{D}$ 和外力 $\boldsymbol{F}$，从场的观点看，都是向量场。用位场理论可以证明，任何一个向量场，如果在定义域内有散度和旋度，则该向量可以用一个标量位的梯度场和一个向量位的旋度场之和来表示。如果令 φ 和 $\boldsymbol{\Phi}$ 分别表示位移场 $\boldsymbol{D}$ 的标量位和向量位，统称为位移位，令 $\psi(t)$ 和 $\boldsymbol{\Psi}(t)$ 分别表示力场 F 的标量位和向量位，统称为力位，从上

述位场理论便有：

$$\left.\begin{aligned}\boldsymbol{D} &= \boldsymbol{D}_P + \boldsymbol{D}_S = \mathbf{grad}\varphi + \mathbf{rot}\boldsymbol{\Phi} \\ \boldsymbol{F} &= \boldsymbol{F}_P + \boldsymbol{F}_S = \mathbf{grad}\psi + \mathbf{rot}\boldsymbol{\Psi}\end{aligned}\right\} \tag{1-32}$$

把上列二式分别代入式（1-30）和式（1-31），就可以得到用位函数形式表示的运动方程。先代入式（1-30）得

$$\frac{\partial^2}{\partial t^2}\mathrm{div}\cdot(\mathbf{grad}\varphi + \mathbf{rot}\boldsymbol{\Phi}) - \frac{(\lambda + 2G)}{\rho}\nabla^2\mathrm{div}\cdot(\mathbf{grad}\varphi + \mathbf{rot}\boldsymbol{\Phi}) = \mathrm{div}\cdot(\mathbf{grad}\psi + \mathbf{rot}\boldsymbol{\Psi})$$

由 $\mathrm{div}\cdot\mathbf{rot}\boldsymbol{\Phi} \equiv 0$ 和 $\mathrm{div}\cdot\mathbf{rot}\boldsymbol{\Psi} \equiv 0$，上式化简后得

$$\frac{\partial^2\varphi}{\partial t^2} - \frac{(\lambda + 2G)}{\rho}\nabla^2\varphi = \psi \tag{1-33}$$

同样代入式（1-31）得

$$\frac{\partial^2}{\partial t^2}\mathbf{rot}(\mathbf{grad}\varphi + \mathbf{rot}\boldsymbol{\Phi}) - \frac{G}{\rho}\nabla^2\mathbf{rot}(\mathbf{grad}\varphi + \mathbf{rot}\boldsymbol{\Phi}) = \mathbf{rot}(\mathbf{grad}\psi + \mathbf{rot}\boldsymbol{\Phi})$$

由 $\mathbf{rot}\cdot\mathbf{grad}\varphi \equiv 0$ 和 $\mathbf{rot}\cdot\mathbf{grad}\psi \equiv 0$，上式化简后得

$$\frac{\partial^2\boldsymbol{\Phi}}{\partial t^2} - \frac{G}{\rho}\nabla^2\boldsymbol{\Phi} = \boldsymbol{\Psi} \tag{1-34}$$

若令 $v_P^2 = \dfrac{\lambda + 2G}{\rho}$ 和 $v_S^2 = \dfrac{G}{\rho}$，式（1-33）和式（1-34）可写为

$$\left.\begin{aligned}\frac{\partial^2\varphi}{\partial t^2} - v_P^2\nabla^2\varphi &= \psi \\ \frac{\partial^2\boldsymbol{\Phi}}{\partial t^2} - v_S^2\nabla^2\boldsymbol{\Phi} &= \boldsymbol{\Psi}\end{aligned}\right\} \tag{1-35}$$

这就是用位移位和力位函数表示的弹性波波动方程式。由于目前一般采用人工激发（如爆炸或锤击），震源作用时间很短，因此在远离震源处研究波动传播时，震源作用已经全部结束，为此可认为力位函数 $\psi = 0$ 和 $\boldsymbol{\Psi} = 0$。式（1-35）的非齐次方程式可进一步简化为齐次方程式：

$$\left.\begin{aligned}\frac{\partial^2\varphi}{\partial t^2} - v_P^2\nabla^2\varphi &= 0 \\ \frac{\partial^2\boldsymbol{\Phi}}{\partial t^2} - v_S^2\nabla^2\boldsymbol{\Phi} &= 0\end{aligned}\right\} \tag{1-36}$$

此外，欲对方程式（1-35）和式（1-36）求解，还必须有初始条件和边界条件。初始条件就是在时间 $t = 0$ 时刻，在整个空间中，位移位 φ 及其对时间的偏微商$\dfrac{\partial\varphi}{\partial t}$是已知的，即

$$\varphi(x,y,z,t)\mid_{t=0} = f(x,y,z)$$

$$\left.\frac{\partial\varphi(x,y,z,t)}{\partial t}\right|_{t=0} = g(x,y,z)$$

式中，$f(x,y,z)$ 和 $g(x,y,z)$ 是已知函数。在特殊情况下，当 $t=0$ 时，$\varphi(x,y,z,0)=0$，$\frac{\partial\varphi(x,y,z,0)}{\partial t}=0$。

边界条件是当波传播到不同弹性介质的边界上时，会产生波的折射和反射，在分界面上介质不会存在突变，所以法向和切向应力以及法向和切向位移必定连续。

有了具体的上述初始条件和边界条件，就可以解波动方程式，从而可以进一步研究弹性波波动的传播特征和性质。

第二节　纵波和横波的形成及其在无限理想弹性介质中的传播

从上节分析可知，在外力 $\boldsymbol{F}$ 的作用下，弹性介质中存在两种扰动，胀缩力 div$\boldsymbol{F}$ 的扰动对应着 $\theta=\mathrm{div}\boldsymbol{D}$，介质中产生了体积应变，体积应变的传播称为纵波。旋转力 **rot**$\boldsymbol{F}$ 的扰动对应着 $\boldsymbol{W}=\mathbf{rot}\boldsymbol{D}$，介质中产生了旋转形变（切应变），切应变的传播称为横波。波动方程的解表明这两种类型的应变各自以自己的传播速度从震源向外传播。它们都属于体波。

一、纵波

假设在均匀各向同性弹性介质中有一个胀缩点震源作用，为便于研究，规定震源不仅是一个胀缩力的作用，而且把震源抽象为一个点。同时假设震源的作用时间为 Δt，即在震源作用之前和震源作用结束之后，力位函数 $\psi(t)$ 都为零，用数学公式表示为

$$\psi(t)=\begin{cases}0 & t<0\\ \psi(t) & 0\leqslant t\leqslant\Delta t\\ 0 & t>\Delta t\end{cases}\tag{1-37}$$

由于胀缩点震源作用于均匀各向同性弹性介质中，因此在时间 $0\leqslant t\leqslant\Delta t$ 内，点震源作用使其周围介质形成随时间变化的具有中心对称性的胀缩脉冲小球，如图 1-9 所示。由于它的对称性，所以只研究 r 方向上波的特征。将波动方程式（1-35）中的

$$\frac{\partial^2\varphi}{\partial t^2}-v_P^2\nabla^2\varphi=\psi(t)$$

变换成球坐标的形式。于是得到 φ 函数用球坐标系表达的波动方程为

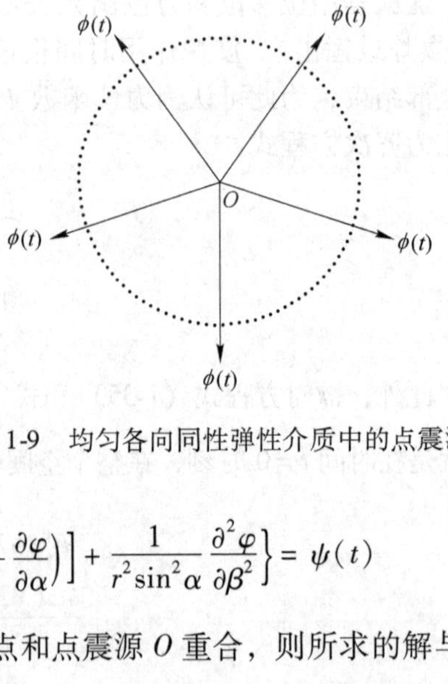

图 1-9　均匀各向同性弹性介质中的点震源

$$\frac{\partial^2\varphi}{\partial t^2}-v_P^2\left\{\frac{1}{r^2}\left[\frac{\partial}{\partial r}\left(r^2\frac{\partial\varphi}{\partial r}\right)\right]+\frac{1}{r^2\sin\alpha}\left[\frac{\partial}{\partial\alpha}\left(\sin\alpha\,\frac{1}{r}\,\frac{\partial\varphi}{\partial\alpha}\right)\right]+\frac{1}{r^2\sin^2\alpha}\frac{\partial^2\varphi}{\partial\beta^2}\right\}=\psi(t)$$

式中，r，α，β 是球坐标系的坐标变量。如果坐标原点和点震源 O 重合，则所求的解与方

向无关，即

$$\varphi = \varphi(r), \quad \frac{\partial\varphi}{\partial\alpha} = \frac{\partial\varphi}{\partial\beta} = 0$$

于是上式可以化简为

$$\frac{\partial^2\varphi}{\partial t^2} - v_P^2\left(\frac{\partial^2\varphi}{\partial r^2} + \frac{2}{r}\frac{\partial\varphi}{\partial r}\right) = \psi(t) \tag{1-38}$$

根据已经给定的初始条件，求解当 $t > \Delta t$, $\psi(t) = 0$ 时波动方程的解，此时，方程式已变为齐次方程了。必须注意，条件 $t > \Delta t$ 表明震源已经作用完毕，虽然 $\psi(t) = 0$，但作用力已转化为弹性介质内应力变化的传播，即在介质中已存在了波动。这同条件 $\Delta t < 0$ 时 $\psi(t) = 0$ 的状态不能混淆，因为那时震源根本未作用，因此介质内也就谈不上有波动的存在。

此时方程式（1-38）变成

$$\frac{\partial^2\varphi}{\partial t^2} - v_P^2\left(\frac{\partial^2\varphi}{\partial r^2} + \frac{2}{r}\frac{\partial\varphi}{\partial r}\right) = 0 \tag{1-39}$$

将上式乘以 r 得

$$\frac{\partial^2(r\varphi)}{\partial t^2} - v_P^2\frac{\partial^2(r\varphi)}{\partial r^2} = 0 \tag{1-40}$$

或者写为

$$\frac{\partial^2\varphi'}{\partial t^2} - v_P^2\frac{\partial^2\varphi'}{\partial r^2} = 0 \tag{1-41}$$

式中，$\varphi' = r\varphi$。式（1-41）是著名的弦振动方程，其解为：

$$\varphi' = r\varphi = C_1\left(t - \frac{r}{v_P}\right) + C_2\left(t + \frac{r}{v_P}\right) \tag{1-42}$$

此处，C_1和 C_2为两个任意函数。解的第一项 $C_1\left(t - \frac{r}{v_P}\right)$ 描述了波动的某一状态随着时间的增加而远离震源传播，如图 1-10 所示。要满足 $t - \frac{r}{v_P} =$ 常数，则必须在 $t_2 > t_1$ 时 $r_2 > r_1$，而波动按速度 $\frac{\mathrm{d}r}{\mathrm{d}t} = v_P$ 传播，所以 v_P表示纵波的传播速度。

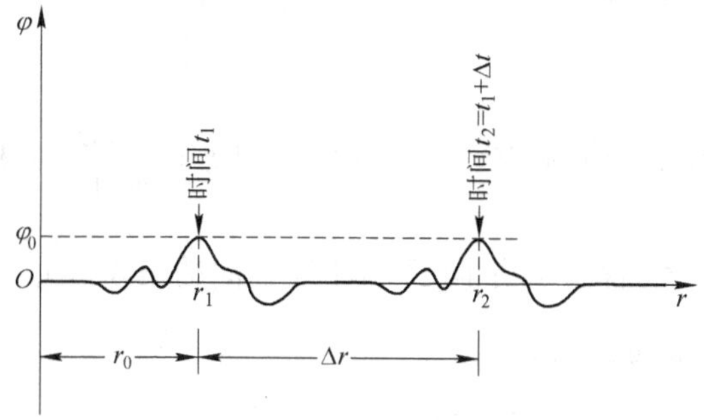

图 1-10　波动的传播

解的第二项 $C_2\left(t-\frac{r}{v_P}\right)$ 也描述了某一状态，但这种“波动”随着时间的增加而向震源方向传播，且在 $t<0$ 时总可以找到某一 r 值满足式 $t+\frac{r}{v_P}=$ 常数这样一个条件，它表明了一个与实际事实不符的情况，即在震源未作用之前（$t<0$ 时），离震源某一距离 r 处就已经存在着一个“波动”了，它显然同初始条件在 $\Delta t<0$ 时，$\psi(t)=0$ 的要求不符，因此，应舍弃 $C_2\left(t-\frac{r}{v_P}\right)$ 这个解。于是式（1-42）就变成

$$\varphi'=r\varphi=C_1\left(t-\frac{r}{v_P}\right) \tag{1-43}$$

其位移位 φ 的解为

$$\varphi=\frac{1}{r}C_1\left(t-\frac{r}{v_P}\right) \tag{1-44}$$

此解不能明确地给出波动的具体的物理图形，因为函数 C_1 是一个任意函数。从物理上进行预测，波动形状的函数 C_1 显然应该是同震源性质有关的函数，因为任何波动的形状都同激发条件有关，于是有必要研究函数 C_1 和震源函数 $\psi(t)$ 之间的关系。现对式（1-35）的非奇次方程式

$$\frac{\partial^2\varphi}{\partial t^2}-v_P^2\nabla^2\varphi=\frac{\partial^2\varphi}{\partial t^2}-v_P^2\mathrm{div}\cdot\mathbf{grad}\varphi=\psi(t)$$

进行体积分，积分范围是围绕过点震源 O、半径为 R 的小球体积 W。于是有

$$\int_W\frac{\partial^2\varphi}{\partial t^2}\mathrm{d}W-v_P^2\int_W\mathrm{div}\cdot\mathbf{grad}\varphi\mathrm{d}W=\int_W\psi(t)\mathrm{d}W \tag{1-45}$$

若令小球的半径 $R\to0$，根据式（1-44），此时 $\varphi=\frac{C_1}{R}$，且 $\int_W\mathrm{d}W=\frac{4}{3}\pi R^3$，所以式(1-45)的第一项为

$$\lim_{R\to0}\int_W\frac{\partial^2\varphi}{\partial t^2}\mathrm{d}W=\lim_{R\to0}\int_W\frac{1}{R}\frac{\partial^2C_1}{\partial t^2}\mathrm{d}W=\lim_{R\to0}\frac{1}{R}\frac{\partial^2C_1}{\partial t^2}\int_W\mathrm{d}W=\lim_{R\to0}\frac{4\pi R^2}{3}\frac{\partial^2C_1}{\partial t^2}\to0$$

可见，它趋于零，因此式（1-45）变为

$$\lim_{R\to0}\int_W\mathrm{div}\cdot\mathbf{grad}\varphi\mathrm{d}W=-\frac{1}{v_P^2}\lim_{R\to0}\int_W\psi(t)\mathrm{d}W \tag{1-46}$$

根据场论中的奥-高定理

$$\int_W\mathrm{div}\cdot\mathbf{grad}\varphi\mathrm{d}W=\int_Q\mathbf{grad}\varphi\cdot\boldsymbol{n}\mathrm{d}Q=\int_Q\frac{\mathrm{d}\varphi}{\mathrm{d}r}\cdot\boldsymbol{n}\mathrm{d}Q$$

此处 Q 是小球 W 的表面积，$\boldsymbol{n}$ 是面 Q 的法线方向的单位矢量。现令 $\lim_{R\to0}\int_W\psi(t)\mathrm{d}W=\psi_1(t)$，于是式（1-46）又可以写为

$$\lim_{R\to0}\int_Q\frac{\mathrm{d}\varphi}{\mathrm{d}r}\cdot\boldsymbol{n}\mathrm{d}Q=-\frac{1}{v_P^2}\psi_1(t) \tag{1-47}$$

考虑到式（1-47）的积分是在小球面 Q 上的函数进行积分，可以认为 $\frac{\mathrm{d}\varphi}{\mathrm{d}r}=\frac{\mathrm{d}\varphi}{\mathrm{d}R}$，而且它们的值为一个常量，所以上式的左端应为

$$\lim_{R\to 0}\int_Q \frac{\mathrm{d}\varphi}{\mathrm{d}r}\cdot \boldsymbol{n}\mathrm{d}Q=\lim_{R\to 0}\int_Q \frac{\mathrm{d}\varphi}{\mathrm{d}R}\mathrm{d}Q=\lim_{R\to 0}\left[4\pi R^2\frac{\mathrm{d}\varphi}{\mathrm{d}R}\right]=\lim_{R\to 0}\left[4\pi R^2\frac{\mathrm{d}}{\mathrm{d}R}\left(\frac{C_1}{R}\right)\right]$$

$$=\lim_{R\to 0}\left[4\pi R^2\left(\frac{C'_1R-C_1}{R^2}\right)\right]=\lim_{R\to 0}\left[4\pi(C'_1R-C_1)\right]=-4\pi C_1$$

于是式（1-47）变为

$$-4\pi C_1(t)=-\frac{1}{v_P^2}\psi_1(t)$$

或

$$C_1\left(t-\frac{r}{v_P}\right)=\frac{1}{4\pi v_P^2}\psi_1\left(t-\frac{r}{v_P}\right) \tag{1-48}$$

从而有

$$\varphi=\frac{1}{r}C_1\left(t-\frac{r}{v_P}\right)=\frac{1}{4\pi r v_P^2}\psi_1\left(t-\frac{r}{v_P}\right) \tag{1-49}$$

函数 $\psi_1(t)$ 的物理意义可以从式（1-47）看出，式中 v_P 是纵波的传播速度，对于一定的介质它是一个常数，所以 $\psi_1(t)$ 主要决定于通过球面 Q 的介质的体积，式（1-47）的左端可以表示为

$$\lim_{R\to 0}\int_Q \frac{\mathrm{d}\varphi}{\mathrm{d}R}\mathrm{d}Q=\lim_{R\to 0}\int_Q (D)_Q\cdot \mathrm{d}Q$$

式中，$(D)_Q\cdot \mathrm{d}Q$ 表示通过面积单元 $\mathrm{d}Q$ 的介质的体积。因而积分 $\int_Q (D)_Q\cdot \mathrm{d}Q$ 表示从围绕点震源 O 的区域向外部空间（或内部空间）推移介质数量的多少，所以把 $\psi_1(t)$ 称为震源强度。这样方程式（1-49）不仅反映了波动和震源之间的关系，而且有了具体的物理意义。

根据位移位式（1-49）可求得纵波的质点位移为：

$$\boldsymbol{D}_P=\mathbf{grad}\varphi=\frac{\mathrm{d}\varphi}{\mathrm{d}r}\boldsymbol{r}_0=-\frac{1}{4\pi v_P^2}\left[\frac{1}{r^2}\psi_1\left(t-\frac{r}{v_P}\right)+\frac{1}{r v_P}\psi'_1\left(t-\frac{r}{v_P}\right)\right]\boldsymbol{r}_0 \tag{1-50}$$

式中，$\boldsymbol{r}_0$ 表示单位矢量，其方向是 r 的方向。

通过建立和求解均匀各向同性介质，胀缩点震源作用下的波动方程可以了解纵波具有下列特征：

（1）纵波在介质中的传播速度为

$$v_P=\sqrt{\frac{\lambda+2G}{\rho}}=\sqrt{\frac{E}{\rho}\frac{1-\mu}{(1+\mu)(1-2\mu)}} \tag{1-51}$$

式中，E 为弹性模量；μ 为泊松比。

（2）当纵波的传播速度 v_P 一定时，质点位移的大小和震源强度函数 $\psi_1(t)$ 及其变化率 $\Psi'_1(t)$ 有关。不同的距离范围 $\Psi_1(t)$ 和 $\Psi'_1(t)$ 起的作用不同。

（3）纵波质点位移 $\boldsymbol{D}_P$ 的大小同纵波离开震源传播的距离 r 或 r^2 有关。

（4）质点位移 $\boldsymbol{D}_P$ 的方向同 r 的方向一致，因此纵波质点的振动方向同波的传播方向一致。

（5）质点在一维空间内振动的波称为线性极化波，因此纵波是线性极化波。

（6）介质中的质点均在其起始平衡位置附近来回振动，沿着纵波的传播路径会交替地出现一系列压缩带和稀疏带。

平面纵波的质点振动与传播如图 1-11a 所示。由于纵波传播速度快，在地震记录上，它总是最先被检测到。

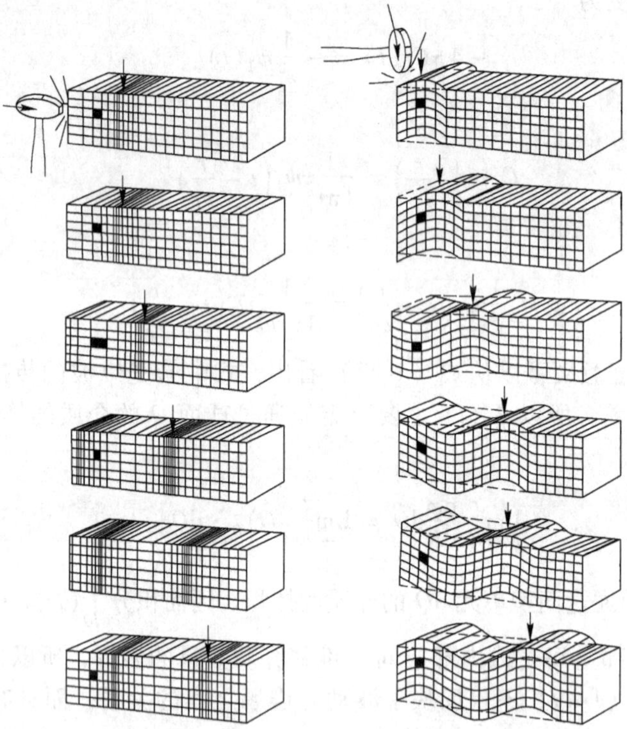

a　　　　b

图 1-11　平面纵波和横波的质点振动与传播示意图

a—纵波；b—横波

二、横波

在讨论横波时如果与上面讨论的各种假设条件均相同，仅仅是震源的性质由胀缩力变为旋转力，则从式（1-35）中的

$$\frac{\partial^2 \boldsymbol{\Phi}}{\partial t^2} - v_S^2 \nabla^2 \boldsymbol{\Phi} = \boldsymbol{\Psi}(t)$$

出发，它同式（1-35）中的另一个方程式在形式上是完全一样的，只是由旋转力位 $\boldsymbol{\Psi}(t)$ 代替了胀缩力 $\psi(t)$，由向量位 $\boldsymbol{\Phi}$ 代替了标量位 φ。由横波速度 v_S 代替了纵波速度 v_P，此时所传播的扰动是剪切应变，传播横波的介质并不经历体积的变化。因此，可以用上面完

全一样的方法对横波的传播进行讨论，最后可以得到在旋转力作用下横波位移的解

$$\boldsymbol{\Phi} = \frac{1}{4\pi r v_S^2}\boldsymbol{\Psi}_1\left(t - \frac{r}{v_S}\right) \tag{1-52}$$

横波位移位也可以用分量的形式 Φ_x、Φ_y、Φ_z 来表示。为了进一步求得球坐标系中质点位移的 3 个分量，将直角坐标系中的 Φ_x、Φ_y、Φ_z 进行坐标变换，转换成球坐标系中的 Φ_γ、Φ_α、Φ_β，其转换关系为：

$$\left.\begin{aligned}\Phi_\gamma &= \Phi_x\sin\alpha\cos\beta + \Phi_y\sin\alpha\sin\beta + \Phi_z\cos\alpha\\ \Phi_\alpha &= \Phi_x\cos\alpha\cos\beta + \Phi_y\cos\alpha\sin\beta - \Phi_z\sin\alpha\\ \Phi_\beta &= -\Phi_x\sin\alpha + \Phi_y\cos\beta\end{aligned}\right\} \tag{1-53}$$

然后根据 $\boldsymbol{D}_S = \mathbf{rot}\boldsymbol{\Phi}$，按场论球坐标系中旋度的表达式，可求得球坐标系中介质质点位移的 3 个分量的表达式为

$$\left.\begin{aligned}D_{S\gamma} &= 0\\ D_{S\alpha} &= \frac{1}{4\pi v_S^2}\left\{\frac{1}{r^2}[-\Psi_{1x}\sin\beta + \Psi_{1y}\cos\beta] + \frac{1}{r\sin\alpha v_S}[-\Psi'_{1x}\sin\beta + \Psi'_{1y}\cos\beta]\right\}\\ D_{S\beta} &= \frac{1}{4\pi v_S^2}\left\{\frac{1}{r^2}[-\Psi_{1x}\cos\alpha\cos\beta - \Psi_{1y}\cos\alpha\cos\beta + \Psi_{1z}\sin\alpha] + \right.\\ &\qquad \left.\frac{1}{r v_S}[-\Psi'_{1x}\cos\alpha\cos\beta - \Psi'_{1y}\cos\alpha\sin\beta + \Psi'_{1z}\sin\alpha]\right\}\end{aligned}\right\} \tag{1-54}$$

从波动方程的建立和分析式（1-54）可知横波有如下特征：

（1）横波传播速度为

$$v_S = \sqrt{\frac{G}{\rho}} = \sqrt{\frac{E}{2\rho(1+\mu)}} \tag{1-55}$$

（2）在横波传播的方向上，质点位移 $D_{S\gamma}$ 为零，而在垂直于传播方向的 α 及 β 方向上具有位移 $D_{S\alpha}$ 和 $D_{S\beta}$，说明横波的质点振动方向垂直于波的传播方向，质点的运动方向可能在垂直于射线路径的平面上的任何方向，这主要取决于震源的运动方向。平面横波的质点位移和传播如图 1-11*b* 所示。横波是一种垂直极化波。

（3）分析式 $D_{S\alpha}$ 和 $D_{S\beta}$，同样可以发现横波质点位移的大小亦由震源强度函数 $\Psi_1(t)$ 及其变化率 $\Psi'_1(t)$ 所决定，即横波的形式主要决定于旋转激发力的形状及其变化率。

（4）鉴于 $\Psi_1(t)$ 和 $\Psi'_1(t)$ 的前面分别都有乘数因子 $\frac{1}{r^2}$ 和 $\frac{1}{r}$，说明横波的强度亦是随着远离震源的距离 r 而变化，不同的距离范围使 $\Psi_1(t)$ 和 $\Psi'_1(t)$ 起的作用不同。

（5）根据纵波和横波的波速计算式，可求得纵波与横波的波速之比为

$$\frac{v_P}{v_S} = \sqrt{\frac{\lambda + 2G}{G}} = \sqrt{\frac{2(1-\mu)}{1-2\mu}} \tag{1-56}$$

一般岩石的泊松比约为 0.25，所以 v_P 与 v_S 之比值一般为 $\sqrt{3}$。这意味着在泊松固体介质中，纵波的波速是横波波速的 1.73 倍。

(6) 在液体介质中，切变模量 $G=0$，所以在液体中没有横波。

在实际工作中，把横波看成由两个方向的振动所组成，一个是质点振动在波传播方向的垂直平面内的横波分量，称为 SV 波；一个是质点振动在波传播方向的水平平面内的横波分量，称为 SH 波，如图 1-12 所示。

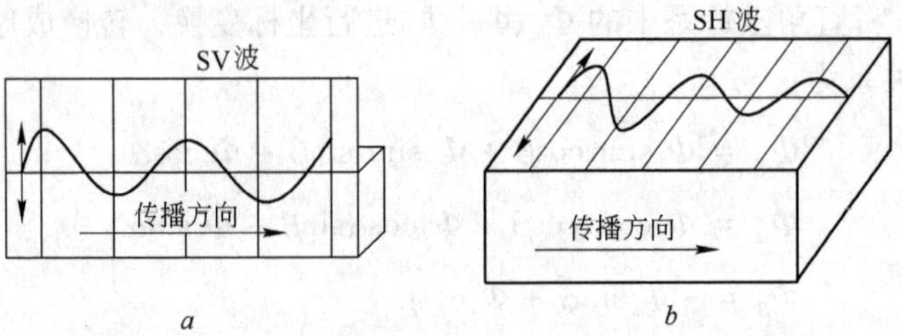

图 1-12　SV 波和 SH 波的传播

a—SV 波；*b*—SH 波

第二章　地震波的传播

第一节　地震波传播的基本原理

地震波在岩层中的传播情况与几何光学很相似，可以把光学中的原理和定律引用到地震勘探中来。

一、惠更斯-菲涅尔原理

假设地下为均匀介质，在地面 O 点激发后，地震波从 O 点向各个方向传播，如果把某时刻介质中所有刚刚开始振动的点连成曲面，该曲面称为此时刻的波前（面），如果把同一时刻介质中所有刚刚停止振动的点连成曲面，该曲面称为此时刻的波尾（面），如图2-1所示，波前和波尾之间的介质正在振动，这个区间称为振动带。

惠更斯原理的主要内容为：在弹性介质中，已知 t 时刻的同一波前面上的各点，可以把这些点看作从该时刻产生子波的新的点振源，经过任何一个 Δt 时刻后，这些子波的包络面就是原波到达 $t+\Delta t$ 时刻新的波前面。根据这个原理，可以用作图方法，由已知波前求出任意时刻的波前。在均匀介质中，已知某时刻 t 的波前 S_0，波传播速度为 v，如求 $t+\Delta t$ 时刻的波前，则在波前 S_0 上取若干点为中心，以 $\Delta r=v\Delta t$ 为半径画圆，即为各子波的波前，这些子波波前的包络面，如图 2-2 中的新波前 S，就是 $t+\Delta t$ 时刻的波传播的位置。

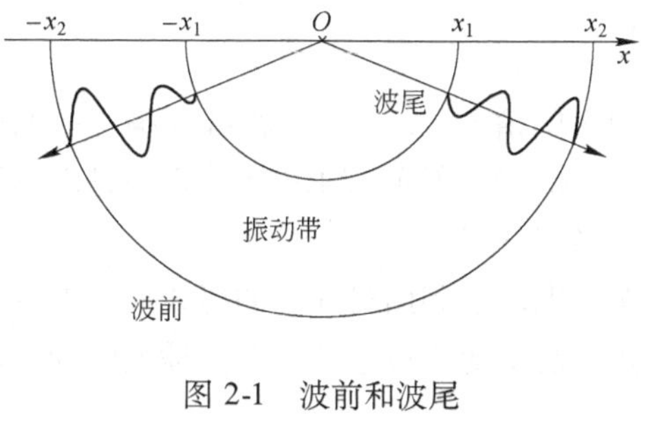

图 2-1　波前和波尾

图 2-2　球面波和平面波的波前

a—球面波的波前；b—平面波的波前

惠更斯的物理意义是：在同一波前面上的每一个质点，都从它们的平衡状态开始，基本以同一种方式振动，在其相邻的质点上，弹性力由于该波前的振动产生变化，迫使下一个波前的质点运动。因此，已知某一时刻波前的位置，利用惠更斯原理可以确定波前到达介质中任意点的时间。

惠更斯原理给出了波传播的空间几何位置，但没有涉及到波到达该位置的物理状态。

菲涅尔补充了惠更斯原理，他指出，从同一波阵面上的各点所发出的子波，经传播而在空间相遇时，可以相互叠加而产生干涉现象，因此在该点观测到的是总扰动。这就使得惠更斯原理具有更明确的物理意义。惠更斯-菲涅尔原理既可以应用于均匀介质，也可以应用于非均匀介质。

惠更斯原理是一种用来构制下一个时刻波前面位置的几何方法。应用该原理可构制反射界面、折射界面等。

显然，一个波动的传播可通过某一时刻的波前位置来确定。事实上，运动也是这样发生的，即波前上的任一点都沿垂直子波波前的方向前进，这种垂直子波波前的线称为波射线。利用波射线描述波的传播比用波前更为方便。

在均匀介质中，波射线是直线，在层状均匀介质中，波射线是折线，而在非均匀介质中，波射线是曲线，波射线总是垂直波前。

二、费马原理

费马原理又称射线原理或最小时间原理，它指出地震波总是沿地震射线传播，以保证波到达某一点所用的传播时间最少。显然，在均匀各向同性介质中，地震射线是从震源出发的直射线，因为地震波只有沿这样的地震射线方向传播到达观测点，旅行时间才是最短的。

根据费马原理及波射线的概念，可以确定波的传播时间和波前所在空间位置的关系。波前的传播时间可以表示为空间位置的函数。设弹性波在弹性介质内传播，波传播至某一点 $M(x,y,z)$ 时，该点的传播时间 t 可以看作是点 $M(x,y,z)$ 的函数，即可写成

$$t = M(x,y,z) \tag{2-1}$$

如果能确定上述函数关系，只要知道介质内任一点的坐标，就可以确定波前到这一点的时间。因而也就确定了标量场 $t = M(x,y,z)$，在地震勘探中称为时间场。例如在均匀介质中，点震源激发的地震波传播时间与坐标间的函数关系为：

$$t = \frac{1}{v}\sqrt{x^2 + y^2 + z^2} \tag{2-2}$$

地震波的波前面是球面，如果依次给出不同的时间值 t_1，t_2，…，就可以确定一系列等时面 Q_1，Q_2，…的空间位置。等时面即为某一时刻的波前面，均匀介质的等时面是同心球面，等时面与波射线呈正交关系，如图 2-3a 和图 2-3b 所示。

引入时间场的概念，可以利用时间场的等时面，也可以利用时间场的射线表示波在介质中的传播情况。波射线和等时面呈正交关系。如果已知地震波沿波射线传播的时间，就可以确定这个时间场。

时间场与波动方程在一定条件下是可以转换的。一般在解决实际问题时，不用解波动方程的方法求波前面，而是用惠更斯原理来求波前面。用时间场、波射线和波前面的关系，研究地震波的传播路径问题，这称为几何地震学。

三、视速度定理

地震波沿波射线方向传播，观测地震波的传播速度时，亦必须和波射线的方向一致，

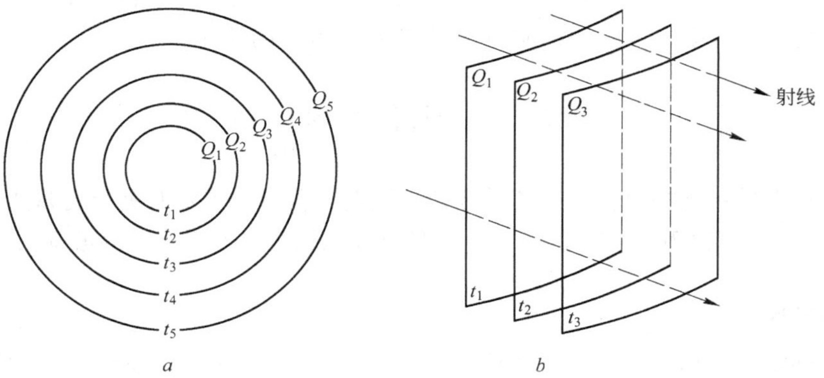

图 2-3　均匀介质中的等时面同射线的正交关系

a—均匀介质中的同心球等时面；*b*—等时面同射线的正交关系

才能测得传播速度的真值 v。但在实际工作中，观测方向往往和波射线方向不一致，测出的速度不是真速度。因而，沿观测方向测得的速度值称为**视速度**，用 v^* 表示。

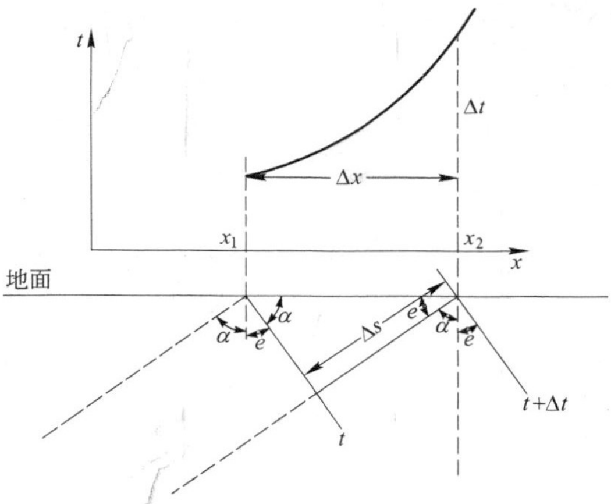

图 2-4　真速度和视速度的关系

如图 2-4 所示，设平面波波前在 t 和 $t+\Delta t$ 时刻分别到达地面上的 x_1 和 x_2 点，此时波前传播的距离为 Δs，时间差为 Δt，于是真速度为：

$$v = \frac{\Delta s}{\Delta t} \tag{2-3}$$

地面上的 x_1 和 x_2 两点间的距离为 Δx，好像波在 Δt 间内传播了 Δx 距离，于是在地面上测得的视速度为：

$$v^* = \frac{\Delta x}{\Delta t} \tag{2-4}$$

根据图 2-4，$\Delta s = \Delta x\sin\alpha = \Delta x\cos e$，因此：

$$v^* = \frac{v}{\sin\alpha} = \frac{v}{\cos e} \tag{2-5}$$

式中，α 为波射线与地面法线之间的夹角；e 为波前与地面法线之间的夹角。

因此

$$v = v^*\sin\alpha = v^*\cos e \tag{2-6}$$

式（2-6）是真速度和视速度之间的关系，称为**视速度定理**。可以看出：(1) 当 $\alpha = 90°$ 时，波沿测线方向入射到观测点，传播方向就是测线方向，$v^* = v$。此时波的视速度等于真速度。(2) 当 $\alpha = 0°$ 时，即波沿垂直测线方向传播，有 $v^* \to \infty$。此时波前同时到达地面各点，各点间没有时间差，好像波沿测线方向传播速度为无穷大一样。(3) 当 α 由

0°变到90°时，v^*则由无限大变至v。一般情况，视速度v^*大于真速度v，即$v^* > v$。(4) 若波速v不变，视速度v^*的变化反映了地震波入射角α的变化。

第二节　地震波的描述

地震波在介质中传播时，在远离震源处，质点振动情况主要取决于震源强度函数。因此，质点位移是时间t和距离x的函数，于是可以从两个坐标系来观察波动。

一、振动图

在某一确定的距离（$x = x_1$），观察该处质点位移随时间变化的图形，称为振动图。振动图用$\boldsymbol{D}$-t坐标系表示，横坐标为时间t，纵坐标表示质点位移$\boldsymbol{D}$。图2-5a表示纵波质点位移随时间的变化情况。振动图表示某一质点在振动过程中各时刻的质点位移，在地震记录中的每一个检波点接收到的波动图形就是振动图。因此，振动图又称为地震记录道。多个检波点得到的振动图，就是地震波形记录，如图2-5b所示。

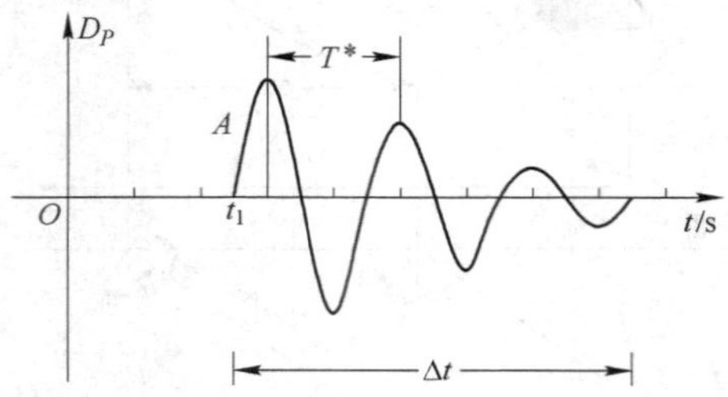

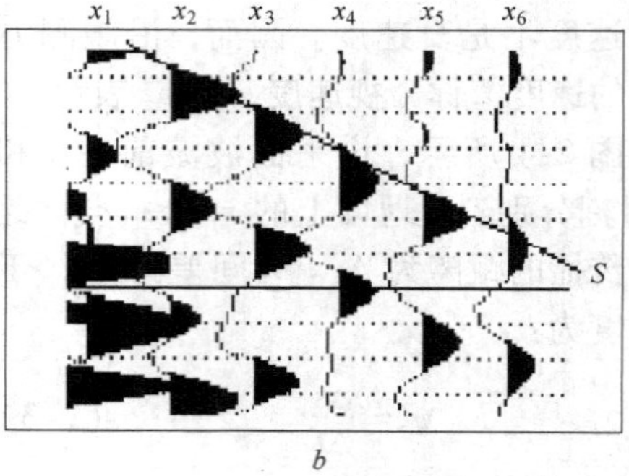

图2-5　振动图和波形记录

a—振动图；b—波形记录

地震波为非周期脉冲振动，一般用视参数来描述。

(1) 视周期和视频率。在振动图形上相邻极大值间的间隔称为视周期T^*（可见周期）。视周期的倒数称为视频率f^*（可见频率）。视周期和视频率二者互为倒数。即$T^* = 1/f^*$。

(2) 视振幅。在振动图上极值的大小称为视振幅，它表示质点离开它的平衡位置的最大位移。一般说来，振动的能量和振幅的平方成正比，振幅A愈大，表示波的能量愈强。

(3) 初至时间和延续度。在振动图上质点刚开始振动的时间称为初至时间t_1，而振动的延续时间Δt称为延续度，表示质点从开始振动到停止振动的时间间隔。延续度的大小与震源性质及传播距离等因素有关。一般浅层反射波的延续度为1～2个周期。

(4) 等相位面和同相轴，在同一时刻，介质中不同质点的位移处于不同的振动相位，其中必有某些点是处于相同相位的状态，这些相位相同的质点连接起来的面称为等相位面。不同观测点（$x_1 \sim x_6$）的振动图相同相位的连线称为同相轴。在图2-5b中，S表示相同相位的连线，即同相轴。

二、波剖面

在某一确定的时刻（$t=t_1$），观察该处质点位移随距离变化的图形，称为波剖面。波剖面用 $\boldsymbol{D}$-x 坐标系表示，横坐标为距离 x，纵坐标为质点位移 $\boldsymbol{D}$。表示纵波质点位移随距离的变化情况如图 2-6 所示。波剖面表示某一质点在振动过程中在不同距离上的质点位移。也就是说波剖面是描述同一瞬间振动随距离的变化情况，即振动与空间的关系，它是由测线上所有介质质点位移所组成的图形。

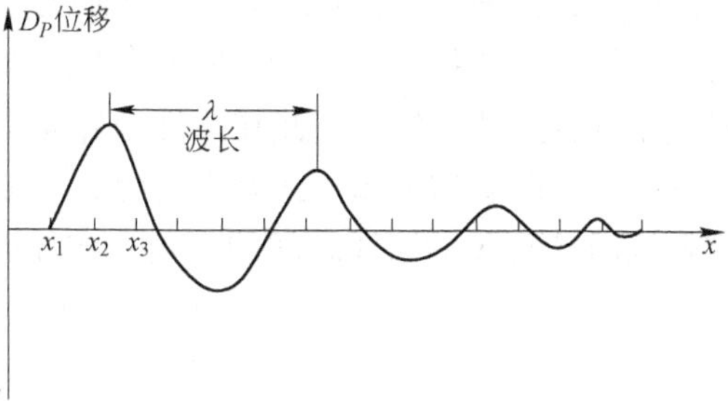

图 2-6　波剖面图

利用波剖面描述地震波的视参数主要有视波长和视波数。

（1）视波长和视波数。在波剖面中最大的正位移称为波峰，最大的负位移称为波谷。两个相邻波峰或波谷间的距离称为视波长 λ^*，它表示波在一个周期里传播的距离。视波长的倒数称为视波数 K^*。

（2）视参数间的关系。视频率 f^*，视周期 T^*、视波长 λ^*、视波数 K^* 和波的视速度 v^* 之间的关系为：

$$T^* = \frac{1}{f^*},\quad f^* = \frac{1}{T^*} \tag{2-7}$$

$$\lambda^* = \frac{1}{K^*},\quad K^* = \frac{1}{\lambda^*} \tag{2-8}$$

$$\lambda^* = v^* T^*,\quad v^* = \frac{\lambda^*}{T^*} = \frac{K^*}{f^*} \tag{2-9}$$

振动图形和波剖面二者都依赖于震源强度函数，各固定一个变量来研究质点振动随另一个变量的变化，二者关系密切，只是从不同的角度来观察地震波的振动规律。振动图形和波剖面以 $\lambda^* = v^* T^*$ 互相联系。

第三节　地震波的反射、透射和折射

一、水平层状介质模型

实际的地质剖面是由很多不同岩性、不同地质年代的岩层所组成。若把成因和岩性相同的每一层都看作是各向同性的均匀介质，那么所研究的地质剖面就可以看作是这些均匀介质层的组合。在这种层状介质中，如果各层的产状都是水平的，那就是最简单的，也是最常用的水平层状介质模型，如图 2-7 所示。对于层状介质，只要了解地震波在一个水平层状介质层间界面上的传播特点，就可以推广到所有界面。

二、斯奈尔定律

地震波在层状大地中传播，遇到岩性分界面，入射波、反射波和透射波的关系由斯奈尔定律确定，如图 2-8 所示，假设整个弹性空间由分界面 R 分成两部分，介质 W_1 的波速为 v_1，介质 W_2 波速为 v_2。如果在介质 W_1 中有一平面波，以入射角 α 投射至界面 R，由于射线是垂直于波前的，因此在弹性分界面上用射线来表示入射、反射和透射 3 个波动，显然它们满足斯奈尔定律。此时入射角 α、反射角 β 和透射波 γ 分别表示入射线、反射线和透射线同界面 R 的法线之间的夹角，在界面处产生反射和透射，各角度之间关系为：

$$\frac{\sin\alpha}{v_1} = \frac{\sin\beta}{v_1} = \frac{\sin\gamma}{v_2} = P \tag{2-10}$$

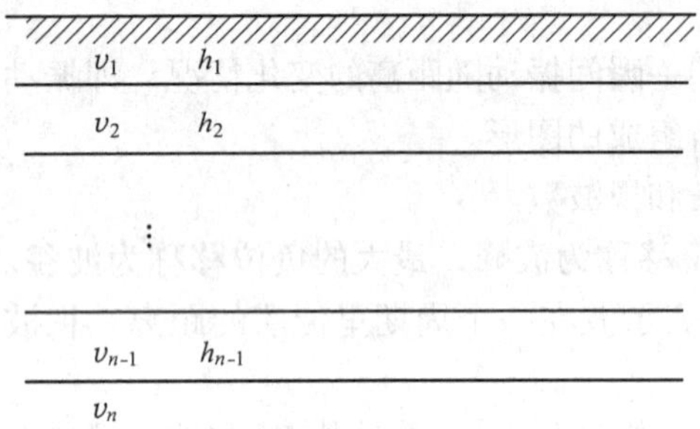

图 2-7　层状介质模型图

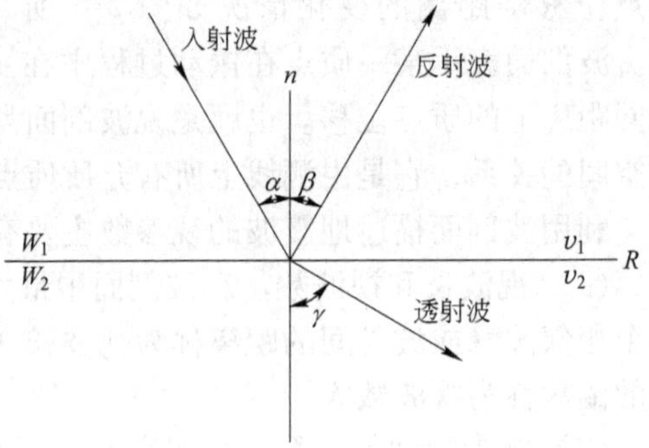

图 2-8　入射波、反射波和透射波之间的关系

这个等式反映了在弹性分界面上入射波、反射波和透射波之间的运动学关系。显然，入射角等于反射角，透射角的大小决定于介质 W_2 的波速。入射、反射和透射波都具有相同的射线参数 P，射线参数是一个常数。这个定律称为斯奈尔定律，亦称为反射和折射定律。

三、在弹性分界面上波的转换和能量分配

介质中存在纵波和横波，并以各自的波速传播。在图 2-9 中，由于弹性界面两侧的弹性模量不同，因此，在两种介质中存在着 4 种不同的波速，即

$$v_{P1} = \sqrt{\frac{\lambda_1 + 2G_1}{\rho_1}} \qquad v_{S1} = \sqrt{\frac{G_1}{\rho_1}}$$

$$v_{P2} = \sqrt{\frac{\lambda_2 + 2G_2}{\rho_2}} \qquad v_{S2} = \sqrt{\frac{G_2}{\rho_2}}$$

当纵波入射到界面时，界面上的质点振动可以分为与界面垂直和平行的两个分量。可产生 4 种子波，即反射纵波、反射横波、透射纵波和透射横波。若入射纵波 P_1 在 W_1 介质中以入射角 α 入射到界面上的 A 点，那么在 A 点处产生两种反射波，即反射纵波 P_{11} 与反射横波 P_{1S1}；两个透射波，即透射纵波 P_{12} 和透射横波 P_{1S2}。如图 2-9 所示。

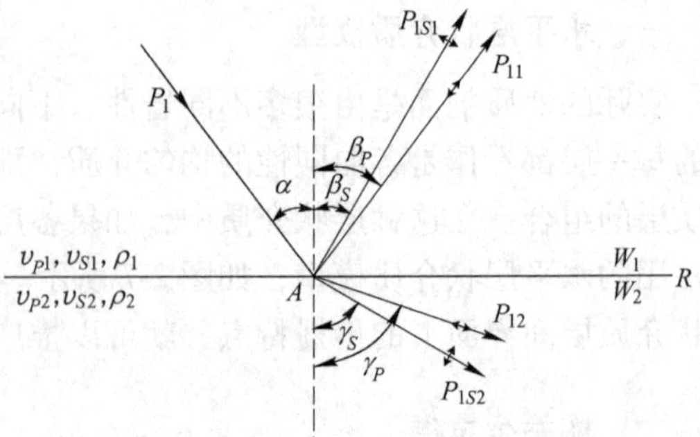

图 2-9　P 波入射时在界面上产生的同类波和转换波

换言之，包括入射纵波在内，边界上

的 A 点处共有五个波动，其中两个波动同入射纵波的波型相同，即反射纵波 P_{11} 和透射纵波 P_{12}，称为同类波；此外，另两个波动同入射纵波的波型不相同，即反射横波 P_{1S1} 和透射横波 P_{1S2}。称为转换波。根据斯奈尔定律可以很容易地写出它们之间的关系：

$$\frac{\sin\alpha}{v_{P1}} = \frac{\sin\beta_P}{v_{P1}} = \frac{\sin\beta_S}{v_{S1}} = \frac{\sin\gamma_P}{v_{P2}} = \frac{\sin\gamma_S}{v_{S2}} = P \tag{2-11}$$

由入射纵波产生的 4 种波的能量分配除取决于界面两侧介质的弹性性质差异之外，还与入射角有关。

如果设反射纵波 P_{11}、反射横波 P_{1S1} 与入射纵波 P_1 的振幅比值分别为 R_{PP} 和 R_{PS}，透射纵波 P_{12} 透射横波 P_{1S2} 与入射纵波 P_1 的振幅比值分别为 T_{PP} 和 T_{PS}，这些比值反映了同类波和转换波间的能量分配关系，称为能量系数。根据斯奈尔定律和界面上应力和位移连续的边界条件，可以推导出纵波以平面谐波的形式入射，描述各种波能量系数的方程组，其中入射角 α 等于反射纵波 P_{11} 的反射角 β_P，能量系数的方程组为：

$$\begin{aligned}
&R_{PP}\cdot\sin\beta_P + R_{PS}\cdot\cos\beta_S - T_{PP}\cdot\sin\gamma_P - T_{PS}\cdot\cos\gamma_S = -\sin\beta_P\\
&R_{PP}\cdot\cos\beta_P - R_{PS}\cdot\sin\beta_S + T_{PP}\cdot\cos\gamma_P - T_{PS}\cdot\sin\gamma_S = \cos\beta_P\\
&R_{PP}\cdot\sin2\beta_P + R_{PS}\cdot\frac{v_{P1}}{v_{S1}}\cos2\beta_S + T_{PP}\cdot\frac{\rho_2}{\rho_1}\cdot\frac{v_{S2}^2}{v_{S1}^2}\cdot\frac{v_{P1}}{v_{P2}}\sin2\gamma_P + T_{PS}\frac{\rho_2}{\rho_1}\cdot\frac{v_{P1}v_{S2}}{v_{S1}^2}\cos2\gamma_S = \sin2\beta_P\\
&R_{PP}\cdot\cos2\beta_S - R_{PS}\cdot\frac{v_{S1}}{v_{P1}}\sin2\beta_S - T_{PP}\cdot\frac{\rho_2}{\rho_1}\cdot\frac{v_{P2}}{v_{P1}}\cos2\gamma_S + T_{PS}\frac{\rho_2}{\rho_1}\cdot\frac{v_{S2}}{v_{P1}}\cos2\gamma_S = -\cos2\beta_S
\end{aligned} \tag{2-12}$$

如果已知入射角和介质参数，则可以根据式（2-11）求出同类波和转换波的角度，求解方程组（2-12）即可求出同类波和转换波的能量系数，了解在界面上的能量分配关系。

四、法线入射时的反射和透射

当入射角 $\alpha=0$，入射波垂直入射到弹性分界面上称为法线入射，这种情况对地震勘探和岩、土力学参数测试都具有重要意义。地震勘探的反射波法在野外的接收点一般都是近震源布置，因此震源至接收点之间的距离相对地面震源至较深的地下弹性界面来说，可以认为很小，这样从震源入射到弹性分界面再返回至地面，接收到的反射波是近法线的反射。在岩、土物理力学参数测试中，若是在地面激发地震波，在井中进行接收，也可以认为波垂直地通过岩层界面。

如图 2-10 所示，当地震波入射到有弹性差异的分界面时，一部分能量穿过界面继续向前传播，而另一部分反射回去，其能量重新分配。如果是纵波入射，界面上的质点振动只有与界面垂直的分量，不存在沿界面方向的振动分量，即只有反射的纵波和透射的纵波，不存在转换波。入射波、反射波和透射波都沿界面的法线方向传播。如果

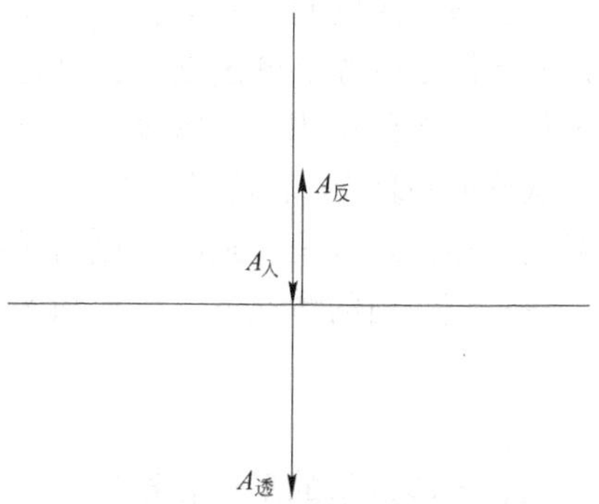

图 2-10　垂直入射时的反射和透射

入射波的振幅$A_{入}$，反射波的振幅$A_{反}$及透射波振幅$A_{透}$三者的能量之间，存在以下的关系：

$$A_{入} = A_{反} + A_{透}$$

如果$\alpha = 0$，根据斯奈尔定律可知，其他波的角度均为零，则式（2-12）将变成以下简单形式：

$$\begin{aligned} &R_{PS} - T_{PS} = 0 \\ &R_{PP} + T_{PP} = 1 \\ &R_{PS} + T_{PS}\frac{\rho_2}{\rho_1} \cdot \frac{v_{S2}}{v_{S1}} = 0 \\ &R_{PP} - T_{PP} = -1 \end{aligned} \tag{2-13}$$

从式（2-13）解出：

$$\begin{aligned} &R_{PS} = T_{PS} = 0 \\ &R_{PP} = \frac{\rho_2 v_{P2} - \rho_1 v_{P1}}{\rho_1 v_{P1} + \rho_2 v_{P2}} \\ &T_{PP} = \frac{2\rho_1 v_{P1}}{\rho_1 v_{P1} + \rho_2 v_{P2}} \end{aligned} \tag{2-14}$$

式中，$R_{PP} = A_{反}/A_{入}$称为反射系数；$T_{PP} = A_{透}/A_{入}$称为透射系数，乘积ρv称为波阻抗或声阻抗，$\rho_1 v_1$和$\rho_2 v_2$分别为界面上下方介质的波阻抗。

根据式（2-14）可以得出如下的结论：在纵波法线入射的情况下，只要

$$\rho_2 v_{P2} \neq \rho_1 v_{P1} \tag{2-15}$$

反射系数总不会是零，总会存在反射波，于是式（2-15）是法线入射条件下，反射波存在的物理条件。因反射波发生在波阻抗的分界面上，所以称波阻抗界面为反射界面。

反射系数的物理意义是在界面上被反射的能量比例。从反射系数表达式中还可看出，当$\rho_2 v_{P2} > \rho_1 v_{P1}$时，$R_{PP}$为正，按式（2-14）表示$A_{反}$和$A_{入}$同号，说明反射波的相位和入射波的相位一致。当入射波由疏介质向密介质投射时，入射波波前以压缩带到达界面，反射波波前也是压缩带。反之，当$\rho_2 v_{P2} < \rho_1 v_{P1}$时，$R_{PP}$为负，说明反射波和入射波相位反向，即当入射波由密介质向疏介质投射时，入射波波前如果是压缩带的话，则反射波波前变为膨胀带，这种现象在物理上称为半波损失。

一般覆盖层的密度和速度远小于基岩，基岩面两侧有较大的波阻抗差异，反射系数为正；而含油层的盖层的速度和密度远大于油气层，界面上有明显的波阻抗差异，但反射系数为负；一般的沉积岩层密度的差异较小，反射系数的大小主要决定于速度的差异。

从透射系数T_{PP}表达式（2-14）可以看出，透射系数总是正的，因此透射波的相位与入射波的相位永远是一致的。透射系数的物理意义是透过界面的能量的比例。

在垂直入射的情况下，反射系数和透射系数的关系为：

$$R_{PP} + T_{PP} = 1$$

五、一般入射的反射和透射

当入射角$\alpha \neq 0$时，入射波的能量分配和入射角有关。在点震源激发的情况下地震波

以球面波入射到界面，如果沿测线 x 方向观测，地震波的入射角 α 逐渐增大。球面纵波由震源 O 点出发入射至界面 R 上。在界面上入射角 α 可以从 0°变化到 90°，如图 2-11 所示。如给出入射角和介质的密度和速度参数，根据式（2-11）求出同类波和转换波的反射角和透射角，利用方程组（2-12）求出反射和透射系数。下面讨论两种常见的地质条件下的能量分配情况。

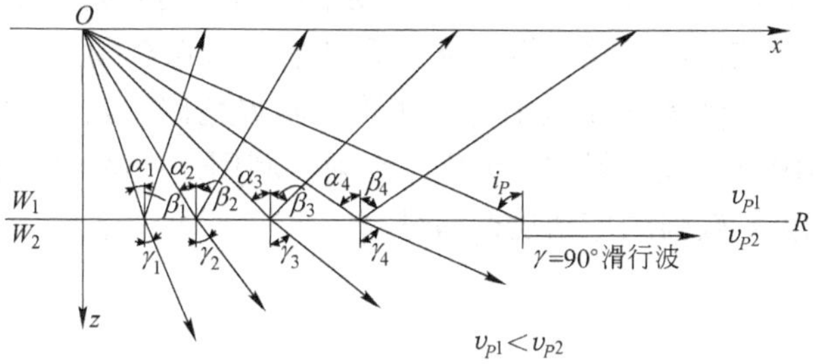

图 2-11　一般入射时的反射波

1. 纵波由高速介质入射到低速介质

图 2-12 反映了纵波由高速介质向低速介质入射时，界面上的能量分配与入射角的关系。该图的计算条件为 $v_{P2}/v_{P1}=0.5$、$\rho_2/\rho_1=0.8$、$\mu_1=0.30$、$\mu_2=0.25$。从反射系数和透射系数同入射角的关系曲线可以看出：当入射角 $\alpha<20°$时，能量主要分配在透射纵波和反射纵波上，透射和反射的 S 波基本没有能量，这同法线入射的情况是相符的。随着入射角的增加，纵波的某些能量转化为反射 S 波和透射 S 波的能量，但是主要能量还集中在纵波方面，说明在纵波入射的条件下，S 波的相对强度不是很大的。当 $\alpha=40°\sim60°$时，反射的 S 波的强度可以超过反射纵波的强度，这说明在远离震源接收或大倾角入射时，容易接收到反射的转换波。当 $\alpha\to90°$时，入射波近似与界面平行，横波消失，全部能量集中于反射纵波。

2. 纵波由低速介质入射到高速介质

图 2-13 反映了纵波由低速介质向高速介质入射时，界面上的能量分配与入射角的关系。图 2-13 的计算条件为 $v_{P2}/v_{P1}=2$、$\rho_2/\rho_1=0.5$、$\mu_1=0.30$、$\mu_2=0.25$。显然 $v_{P2}\rho_2=v_{P1}\rho_1$，此外，由低速介质入射到高速介质会产生纵波和横波折射。第一临界角 $i_P=\arcsin v_{P1}/v_{P2}$，

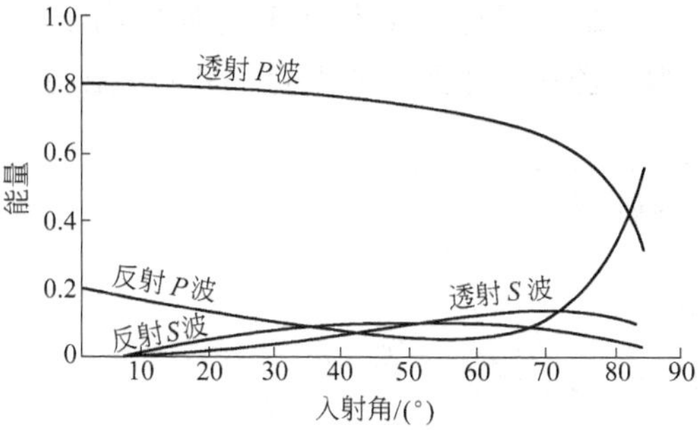

图 2-12　纵波由高速介质入射到低速介质的能量分配关系

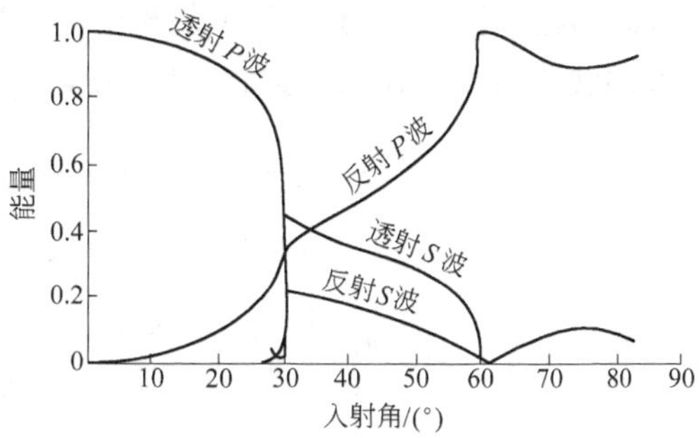

图 2-13　纵波由低速介质入射到高速介质的能量分配关系

第二临界角 $i_S = \arcsin v_{P1}/v_{S2}$。当入射角 α 远小于 i_P 时，相当于近法线入射的情况，由于波阻抗差异为零，在入射角很小的时候，纵波的反射系数基本为零，大部分能量透过界面；随入射角的增大，转换为横波的能量逐渐增加，在接近纵波的临界角（第一临界角）时，透射 P 波的能量降为零，如果入射角再增加，也不会存在透射 P 波。在逐渐接近第一临界角的过程中，反射 P 波和反射 S 波的能量都在变强；当入射角 α 大于 i_P 后，反射 P 波能量增强，而反射 S 波和透射 S 波的能量逐渐减弱。当入射角 α 等于第二临界角 i_S 时，反射 S 波和透射 S 波的能量趋于零，反射 P 波能量增强至最大。

当波从低速介质入射到高速介质中时，在第一临界角附近反射 P 波和反射横波的能量都很强。在临界角附近接收反射波称为广角反射。利用这一特点，在波阻抗差异较小的弱反射界面上，也能得到较强的广角反射信号。

六、折射波的形成

1. 折射波的形成及其传播

从图 2-11 可以看出，在 $v_{P2} > v_{P1}$ 情况下，随着入射角 α_P 的增大，透射角 γ_P 也要跟着增大，总有一条入射波的射线能使透射波的射线与界面重合，即 $\gamma_P = 90°$，透射波沿界面滑行，把这种沿界面滑行的波称为滑行波。滑行波沿界面传播的速度是下层介质的速度 v_{P2}。把波入射至界面上产生滑行波的入射角称为临界角 i_P，由斯奈尔定律：

$$\frac{\sin i_P}{v_{P1}} = \frac{\sin 90°}{v_{P2}}$$

即

$$i_P = \arcsin\left(\frac{v_{P1}}{v_{P2}}\right) \tag{2-16}$$

因波前与射线相垂直，所以滑行波的波前垂直于界面并沿界面向前传播。根据惠更斯原理，滑行波所经过的任何一点都可看成是该时刻产生子波的新的点震源，因界面两侧的质点之间存在弹性联系，滑行波的振动必然会在介质 W_1 中产生新波，并传播到地面，这种波在地震勘探中称为折射波（或称为首波）。

在图 2-14 中，透射波从 A 点沿界面向前滑行时，它所经过的每一点都可作为一个新的点震源，并向 W_1 介质发出半球面子波。假设滑行波自 A 点以波速 v_{P2} 向前传播，经 Δt 时间之后波前到达 B 点，波前传播的距离 $AB = v_{P2} \cdot \Delta t$。同时从 A 点向 W_1 介质发出子波，子波的波前面是以 A 点为圆心，以 $AC = v_{P1} \cdot \Delta t$ 为半径的半球面。从 B 点作 A 点发出子波

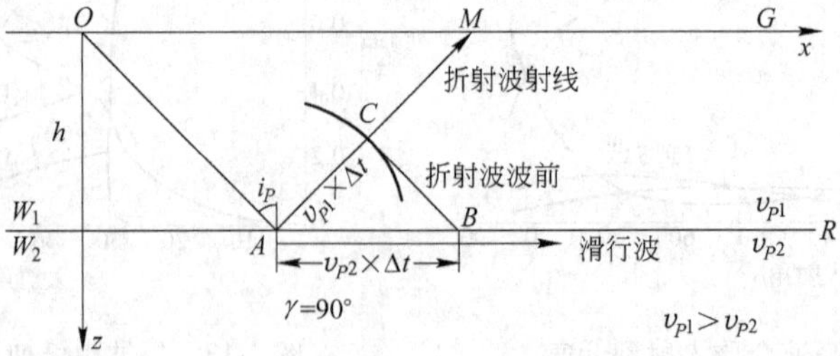

图 2-14　折射波的形成与传播

波前面的圆弧的切线 BC，它就是该时刻折射波的波前面。因波前面与射线相垂直，所以 AC 就是自 A 点发出的折射波射线。根据波射线 AC 和 AB 的几何关系，可知折射波的出射角为 i_P。当 $v_{P2} > v_{P1}$时，在临界角处透射波的能量大部分转为折射波，在临界角以后就观测不到透射波了。

无论在界面上的任何位置，折射波的射线以临界角 i_P由界面射出，因此当界面为平面和波速为常数时，在射线平面内折射波的射线彼此平行。因波的射线与波前相互垂直，所以折射波的波前为一系列彼此平行的直线，只有当介质的波速比发生了变化之后，临界角 i_P的数值才有所变化，折射波由界面射出的方向也随之改变。在三维空间，折射波的波前是圆锥台的侧面。

2. 折射波的盲区

由图 2-14 可看出，折射波存在的范围应在 OM 以外，因此不能在震源附近观测到折射波，把这种观测不到折射波的地段称为折射波的盲区。根据图 2-14 所示，沿测线方向，盲区 OM 的范围用 x_m表示：

$$x_m = 2h\tan i_P \tag{2-17}$$

在 A 点发出的波射线既为反射波的射线，又是折射波的射线，二者互相重合在一起，反射波和折射波的波前连在一起。在地面的 M 点同时接收到反射波和折射波。

在多层介质中，折射波波前更为复杂，图 2-15 是在三层介质情况下，以波前表示的地震波传播过程中最先引起地表介质质点振动的波。在沿测线的 SC 段内，以速度 v_1沿地表传播的波最先到达（从震源点出发，沿地表面传播的波称为直达波）；CG 段在 v_1/v_2界面上产生的折射波最先到达；在 G 点以外，在 v_1/v_2界面上产生的深层折射波最先到达。

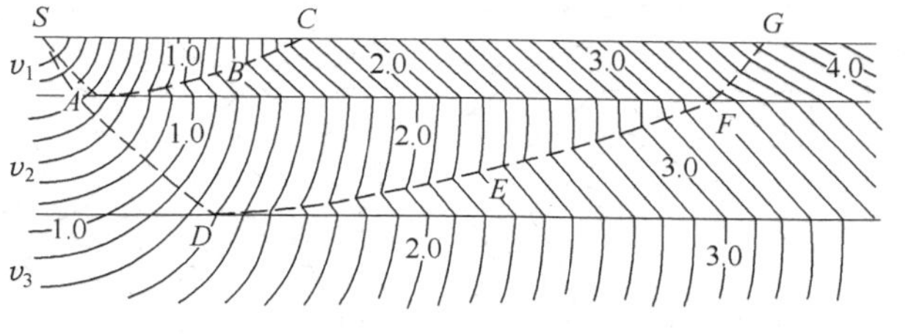

图 2-15　不同层折射波波前面的分布

3. 形成折射波的条件

同样，当横波速度满足条件 $v_{S2} > v_{S1}$时，在界面上亦会形成折射横波，其物理机制同折射纵波一样。

根据上面的讨论可知，形成折射波的条件是 $v_2 > v_1$，在多层大地上，在各界面上产生折射波的条件是 $v_n > v_{n-1} > \cdots > v_2 > v_1$。

第四节　地震波的频谱和地震子波

一、地震波的频谱

任何一个地震波可用一个波形函数即振动图 $x(t)$ 来描述，它表示地震波的振幅是随时间变化的函数，称为信号在时间域的表示形式；而 $x(t)$ 可以看作是由无穷多个频率连续变化的简谐振动相加而成，这些简谐振动的振幅和初相则随频率不同而不同，列出组成 $x(t)$ 的所有简谐振动的频率、振幅和初相，就是地震波形函数 $x(t)$ 的频谱，把信号表示为振幅和相位随频率变化的函数，称为信号在频率域的表示形式，用 $x(f)$ 表示。信号在时间域和频率域的表示是两种不同的表示方式，二者是等价的，并用傅里叶变换相联系：

$$x(t) = \int_{-\infty}^{\infty} x(f) e^{i2\pi ft} \mathrm{d}f \tag{2-18}$$

$$x(f) = \int_{-\infty}^{\infty} x(t) e^{-i2\pi ft} \mathrm{d}t$$

式（2-18）中的两个公式是一对傅里叶变换，它们之间具有互相单值对应的关系，亦即任何一个形状的地震波都单一地对应它的频谱，反之任何一个频谱都唯一的确定一个地震波形。这就是说地震波的动力学特征可以用随时间变化的波形来描述，也可以用其频谱特性来表述。前者是地震波时间域表征，后者则是其频率域表征。由于它们具有单值对应性，因此在任何域内讨论地震波都是有效的。

式（2-18）中第一个傅里叶变换式表示了一个非周期振动和周期的谐和振动之间的关系，其物理意义为任何一个非周期振动是由多个不同频率、不同振幅的谐和振动之和构成的。图 2-16 表示由 4 阶到 19 阶 16 个不同频率、不同振幅、不同起始相位的简谐振动在不同时刻构成的非周期振动 $f_1(t)$ 和 $f_2(t)$ 的示意图，说明了非周期振动的合成过程。

第二个傅里叶变换式的物理意义是已知一个非周期振动的形状可以求其频谱。第二式

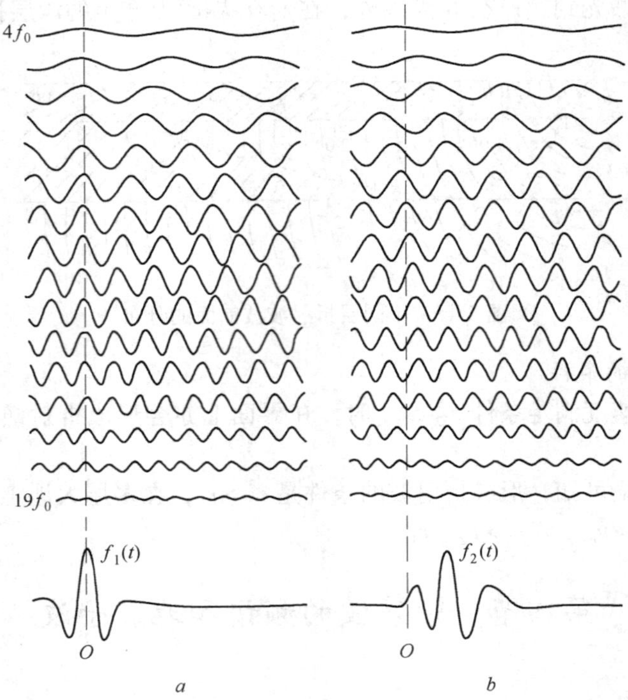

图 2-16　由 16 个简谐振动合成的一个非周期振动

（横坐标为时间 t）

的复数表示为 $x(f) = a(f) + ib(f)$，其中 $a(f)$ 和 $b(f)$ 分别为复数的实部和虚部。$x(f)$ 的模 $A(f)$ 称为振幅谱，表示每个简谐振动分量的振幅，即每个简谐振动所包含的能量。

$$A(f) = |x(f)| = \sqrt{a^2(f) + b^2(f)} \tag{2-19}$$

$x(f)$ 的幅角 $\varphi(f)$ 称为相位谱，表示每个简谐振动分量的初相位：

$$\varphi(f) = \tan^{-1}\frac{b(f)}{a(f)} \tag{2-20}$$

表示合成地震波 $f_1(t)$ 非周期脉冲的振幅谱和相位谱如图 2-17 和图 2-18 所示。其振幅谱表示不同频率谐波（$4f_0 \sim 19f_0$）所对应的能量；其相位表示不同频率谐波所对应的相位。振幅谱和相位谱合称为频谱。图中由于相邻谐波间的频率间隔为 f_0，所以频谱中的谱线是离散的。

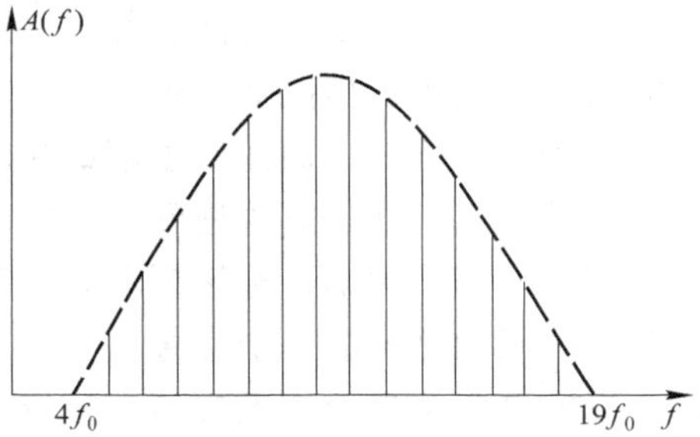

图 2-17　$f_1(t)$ 的振幅谱

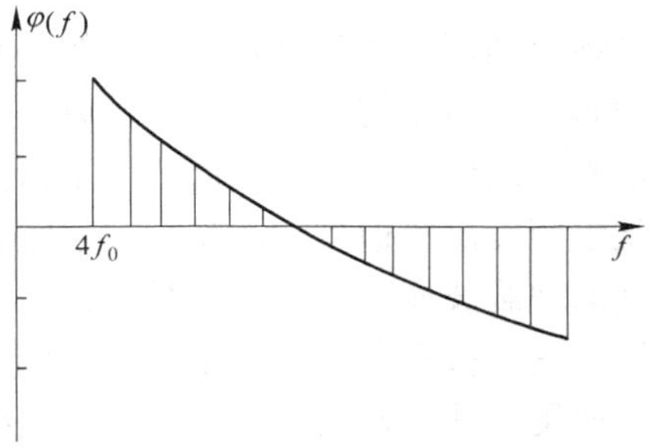

图 2-18　$f_1(t)$ 的相位谱

二、地震波频谱的表示方法及应用

地震波是非周期函数，其振幅谱为连续谱。表示一个振幅谱的特征，一般用主频和频带宽度（简称频宽）表示，如图 2-19 所示是一个反射波的振幅谱，f_0是主频，即振幅谱曲线极大值对应的频率，信号的能量大部分都集中在主频附近，以振幅谱曲线极大值 $A(f)$ 为 1，对应于 $A(f) = 0.707$ 的两个频率值 f_1 和 f_2，把 $\Delta f = f_2 - f_1$ 叫做频宽，f_1 和 f_2 的大小反映了脉冲信号的大部分能量集中在哪些频率范围，Δf 的大小给出了这个范围的宽窄。

频谱概念在地震勘探中有广泛的应用。不同种类的或来自不同界面的地震波，因其波形不同，则它们的频谱也不相同。对于某一个波形的任何“改造”，同时会改变其频谱。例如，纵波、横波和面波等有不同的频谱特征；在地震波的传播过程中，由于波动能量的扩散与介质的吸收作用，振幅逐渐减小，而且频率越高的简谐振动衰减得越快；来自深层的反射波除振幅减小外，视周期会变大。根据式(2-18)，可以计算实测地震记录的频谱。利用地震波的频谱信息，可以根据式（2-8）和式(2-9)计算视波长和视速度。图 2-20 是综合地震勘探的各种资料得到

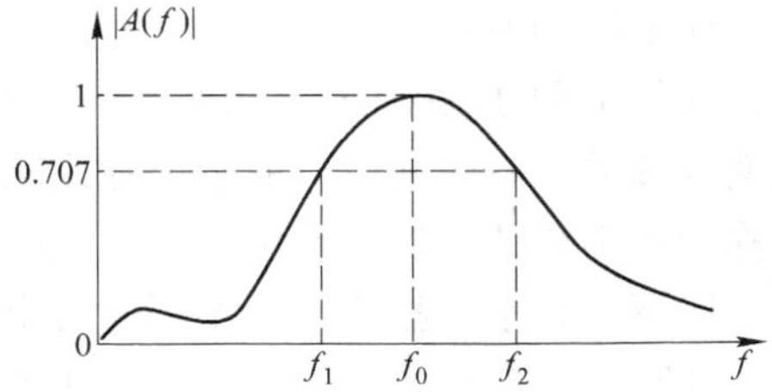

图 2-19　振幅谱的参数

的各种地震波的频谱，从中可以看出不同地震波的频谱分布特征。

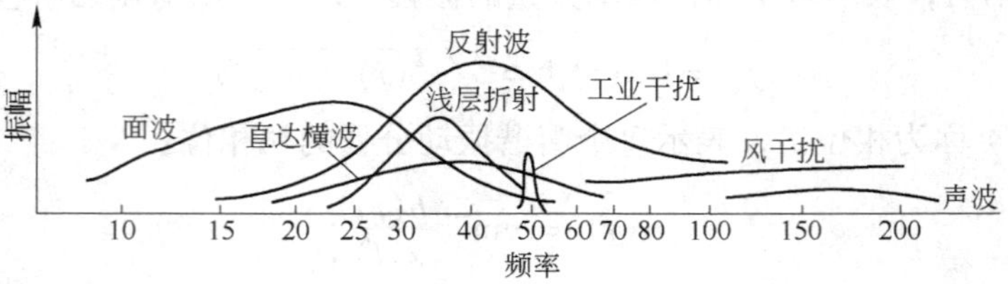

图 2-20　地震波的频率谱

三、地震子波

在第一章中，用脉冲点震源来描述纵波震源，这是理想的震源。在频率域中，单位脉冲的各个频率分量都有相同的振幅，有最宽的频谱。但实际地震震源发出的波，并不是严格的脉冲，由于使用震源的激发方式、激发强度、震源与地面的耦合情况等原因，激发出的地震波的形式也大不相同。为了研究地震波在传播过程中的变化，人们需要了解最初的刚从震源发出的地震波的特征。由震源激发、经地下传播并被人们在近震源地面或井中接收到的地震波通常是一个短脉冲振动，应用信号分析领域中的广义术语，称该振动为地震子波。它可被理解为有确定起始时间和有限能量，在很短时间内衰减的一个信号。

地震子波振动的一个基本属性是振动的非周期性。它的动力学参数用振幅谱、相位谱（或频谱）等概念来描述。地震子波在地下传播过程中的变化与地层结构、介质的弹性性质以及地震勘探的分辨率等因素有关。

一般，地震子波无法用函数的形式准确的表示。根据地震子波的特征，人们用一些函数的形式近似地描述这种非周期振动，并利用地震子波模拟地震记录。

地震子波的另一个属性是它具有确定的起始时间和有限的能量，因此振动经过很短的一段时间即衰减，它的衰减时间长短称为地震子波的延续时间长度，以后将会讨论到，它决定地震勘探的分辨能力，而且可以很容易的证明：地震子波的延续时间的长度同它的频谱的宽度是成反比的。

第五节　地震波的干涉、极化、绕射和衰减

一、地震波的干涉

如果两列波在空间某一点相遇，会相互干涉。按照叠加原理，如果两个波都是简谐波，且频率和波长一样，在相位一致的点上振幅将加强，而在相位相反的点上振幅将完全抵消或减弱。一般地说，能量增强或减弱的程度取决于各个地震波之间的相位差。这种现象称为地震波的干涉。产生干涉现象的地震波称为相干地震波，其振幅随相位差而变化。

振幅、频率、相位都不相同的几个波相干涉时，会产生很复杂的波。当它们的相位大体一致时，会产生相长干涉，相位相差较大时，会产生相消干涉。

当各个波的频率不相同时，相干波仍是周期波，但不是简谐波。相干波可以通过每一

个瞬间各个波的振幅代数相加求得。在地震记录中，不同类型的波相干涉使得地震记录复杂化，很难将它们各自区分开来。

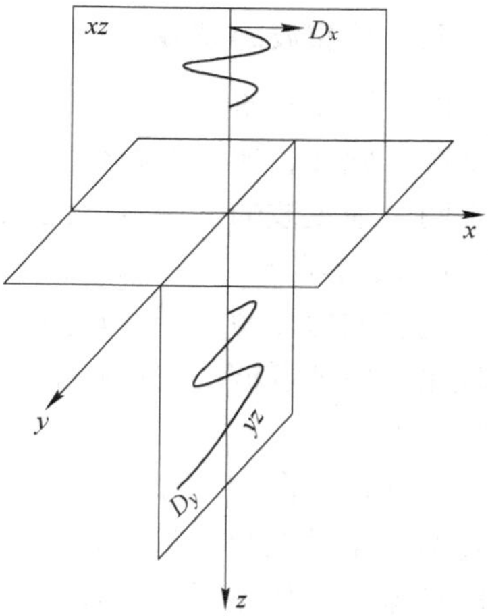

图 2-21　两个线性极化波的叠加

二、地震波的极化

使用不同性质的震源（外力）激发地震波，将产生不同方向的位移。也就是不同方向的振动，两个频率相同，但方向不同、相位也不同的振动波叠加在一起就形成了**极化波**。例如，假设在 x 和 y 方向分别有两个线性极化的振动 D_x 和 D_y，它们的扰动分别在 xz 平面和 yz 平面内。这两个振动都向 z 的正方向传播，如图 2-21 所示。如果这两个波动有相同的频率和传播速度，但相位不同，则质点的振动轨迹是 D_x 和 D_y 的矢量叠加，叠加的质点振动轨迹为椭圆。将这种叠加的振动波称为椭圆极化波。如果振幅相同，而且相位差为 90°，则叠加振动的轨迹为圆，称为圆极化。

三、地震波的绕射

当地震波通过弹性不连续的间断点，如地层的间断点、地层的尖灭点或不整合接触点以及断层的棱角点等，只要这些地质体的大小同地震波的波长大致相当，则这种不连续的间断点可以看作是一个新震源，新震源产生一种新的扰动，向弹性空间四周传播，这种波在地震勘探中称之为绕射波，这种现象称为绕射。图 2-22 表示在 O 点激发的地震波入射到地下断层棱角点产生的绕射波的情况。R 为新震源点，绕射波的波前面是球面波。

绕射波的产生反映了地下异常体的存在，是寻找断层的标志波。但绕射波和反射波在断层附近经常产生叠加或干涉，形成复杂的地震记录。在图 2-22 的 OD 段可以接收到绕射波，也能接收到反射波，在 OD 之外的 ABC 区间可接收到绕射波。

四、地震波的散射

地震波在地下岩层中传播，遇到不平滑、粗糙的分界面，界面上凸凹不平的部分的曲率半径与波长相近时，波在界面上形成向各个方向传播的波，在地震记录上形成杂乱而没有规律的反射。这种现象称为散射（或漫射），散射的结果使地震波的能量分散，振幅衰减。在岩溶地区，由于灰岩表面起伏不平，地震波的散射现象造成无法接收到规则的反射波。散射现象如图 2-23 所示。

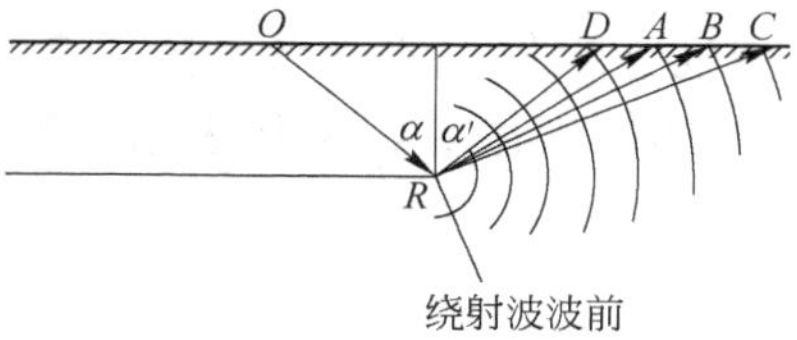

图 2-22　在断层棱角点产生的绕射波

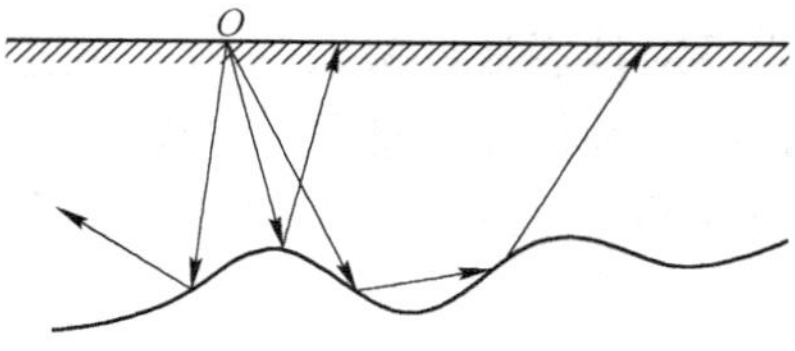

图 2-23　地震波的散射

五、地震波的衰减

地震波在介质中传播时，其能量不断地衰减，能量损失的程度是震源和介质物理性质的函数。此外，地震波在传播过程中波前的扩散也引起地震波的衰减。按照能量损失原因的不同，地震波的衰减有下面几种情况。

1. 波前扩散（球面扩散）

地震波由震源向周围传播，波前面愈来愈大，前进着的地震波的振幅也愈来愈小。这种现象是由地震波的波前扩散所引起，因为由震源形成的相同能量散布在面积不断增加的波前面上。

在均匀各向同性介质中，地震波的波前面是以震源为球心，一系列半径不断增加的同心球面，于是震源能量在介质中按球面波的形式传播。这种随传播距离增加而引起振幅减小的现象，称作球面发散效应。设某一时刻，球面波的波前面为 S，总能量为 E，单位面积上的能量为 ε，r 为球面的半径，则有：

$$\varepsilon = \frac{E}{S} = \frac{E}{4\pi r^2} \tag{2-21}$$

因为能量 E 与振幅 A 的平方成正比，则有：

$$A^2 \propto \frac{E}{4\pi r^2}$$

因而可得：

$$A = c\frac{1}{r} \tag{2-22}$$

其中，c 为 $E/4\pi$。由式（2-22）可知，在均匀介质中，反射波的振幅与传播距离成反比，按照 $1/r$ 的规律衰减，在层状介质中，深部速度增大，波前面扩散的速率比均匀介质快。而折射波的波前扩散是部分形成滑行波的能量以圆台面波前传播的，折射波本身的衰减比球面波更快。

2. 介质对地震波的吸收

至此，对各种波的讨论是建立在弹性介质基础上的，界面是上下两种不同弹性介质构成的弹性分界面，这与地震波在实际地层中传播有很大区别。实际地层并不是理想的完全弹性体，它的弹性性能有一种非常明显的特点，就是在外力作用下，出现其形变有随时间逐渐改变的现象，这种现象称之为弹性黏滞性。事实上，在波动过程中，介质的不同部分之间会出现某种“摩擦力”，称作内摩擦力或黏滞力。这种摩擦力导致了一部分机械能转化为热能。弹性能转换为热能的过程称为吸收。波动最终消失，完全是由吸收作用造成的。

岩石对地震波的吸收作用，通过解弹性黏滞性波动方程的方法（参看附录2），从理论上证明，地震波的能量（振幅）呈指数衰减。衰减的幅度用吸收系数表示，吸收系数是频率的函数。地震波振幅衰减表达式为：

$$A_r = A_0 e^{-\alpha(f)r} \tag{2-23}$$

式中，A_r 为传播距离为 r 处的振幅；A_0 为传播距离为 r_0 处的振幅；$\alpha(f)$ 为吸收系数，它的单位为1/m，表示单位距离内振幅的衰减率，有时它的单位是分贝/波长（dB/λ），表示单位波长振幅衰减的分贝数。

介质吸收系数的大小与介质的弹性性质有关，对某一种岩石，在相同的频率下，吸收系数为常数；吸收系数的大小与频率有关，频率越高，吸收系数越大。因此，地震波随着传播距离的增大，高频成分很快被吸收，而只保留较低的频率成分。这样，地震波在实际介质中传播时，介质相当于一个低通滤波器，滤去了较高的频谱成分而保留了较低的频率成分。这种作用又称为大地的滤波作用。由于大地的滤波作用，使得浅层地震勘探（包括反射和折射波）的地震波的视频率较高，而深层地震波的频率较低，这也是浅层和深层地震勘探的较大的区别之一。

3. 透射损失

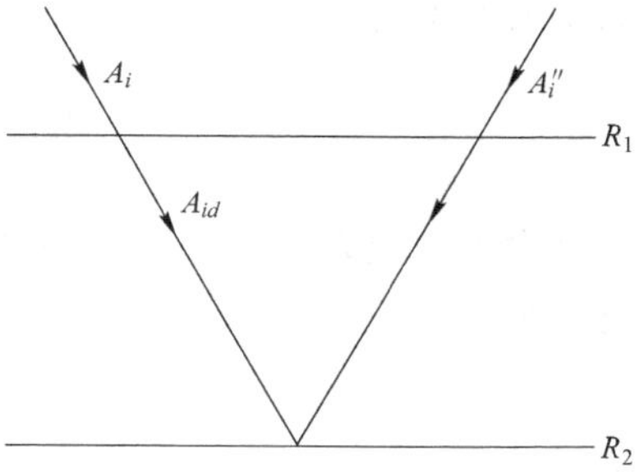

图 2-24　透射损失

透射损失是地震波在地层中传播，透过界面所发生的能量损失。如图2-24所示的两个水平界面，反射系数分别为 R_1 和 R_2，在入射波以振幅 A_i 近法线入射到第一界面时（分别为入射波和反射波，图中用斜线表示垂直入射和反射），产生透射波 A_{id}，透射系数为 $T=1-R_1$，波投射到第二个界面后，发生反射，并由下向上第二次透射第一个界面，这时 R_1 变为负值，透射系数为 $T'=1+R_1$，波两次透过这个界面，人们把 T 与 T' 的乘积称作双程透射系数，写为

$$T_d = TT' = (1-R_1)(1+R_1) = 1-R_1^2$$

其定义域为 $0 \leqslant T_d \leqslant 1$。

正因为双程透射系数总小于1，表示反射波的振幅总因透射损失而减弱。当波由上向下第一次透过界面时，其振幅为 $A_i(1-R_1)$，当波由下向上时，透射波振幅（不考虑 R_2 的影响）A_i'' 为

$$A_i(1-R_1^2) = A_i - A_iR_1^2$$

由此可见，地震波两次透过一个界面，损失掉的振幅成分为 $A_iR_1^2$。

4. 反射系数

反射系数是影响振幅的主要因素，它直接反映了反射地震波能量的比例。前面讨论了波垂直入射和倾斜入射时，反射系数随入射角的变化。即在不同的接收距离上，界面反射回去的能量也不相同。

5. 反射波记录道的形成

综上所述，地震波在传播过程中的衰减主要表现为地震波振幅和频率的变化。从震源发出的地震子波受到波前扩散、透射损失、吸收衰减，反射系数作用，振幅逐渐减小；由于吸收衰减的影响，高频成分逐渐消失，地震波的延续时间增大。在地面接收到的反射波是这些作用的综合反映。

设大地为层状均匀介质，地下存在 N 个反射界面，如图2-25所示，地面可接收到每一个界面的反射波，于是一个实际地震道上记录了 N 个界面的反射波。为了简单起见，设地震波垂直入射（为了区分不同界面的反射波，在图2-25中用斜线表示），每个反射波

的子波波形，决定于激发震源的波形和介质对它们的“滤波”改造作用，即每一个反射子波的振幅和波形由波前扩散、介质吸收、透射损失及反射系数等因素决定。如果用 A_0 表示入射波振幅，α 表示吸收系数（为简单起见，假设各层的 α 相同），r 表示波的双程传播距离，$R_1, R_2, \cdots, R_{N-1}, R_N$ 表示各界面的反射系数，$\varphi(t)$ 表示子波，则在地表下第一个界面产生的反射波 $W_1(t)$ 可写为：

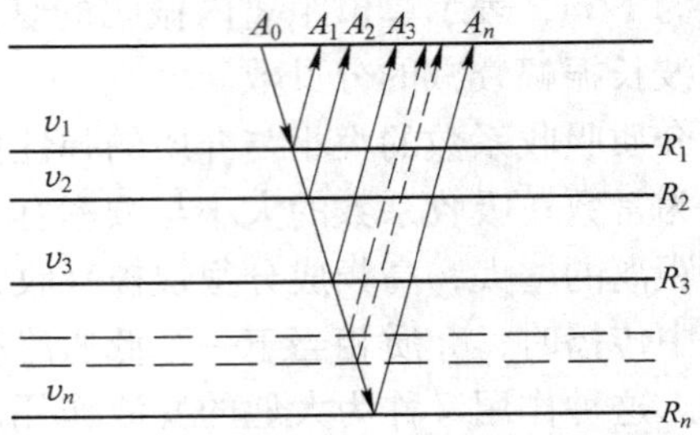

图 2-25　反射界面及其在界面上产生的反射波

$$W_1(t) = \frac{A_0}{r_1} e^{-\alpha r_1} R_1 \varphi\left(t - \frac{r_1}{v_p}\right)$$

其中 $1/r_1$ 项表示波前扩散，$e^{-\alpha r_1}$ 项表示介质吸收，R_1 为反射系数。第二个界面的反射波可写为：

$$W_2(t) = \frac{A_0}{r_2} e^{-\alpha r_2}(1 - R_1^2) R_2 \varphi\left(t - \frac{r_2}{v_p}\right)$$

其中 $1 - R_1^2$ 项表示反射波两次通过界面时的透射损失因子。第 n 个界面的反射波可写为：

$$W_n(t) = \frac{A_0}{r_n} e^{-\alpha r_n}(1 - R_1^2)(1 - R_2^2)\cdots(1 - R_{n-1}^2) R_n \varphi\left(t - \frac{r_n}{v_p}\right) \tag{2-24}$$

设

$$A_n = \frac{A_0}{r_n} e^{-\alpha r_n}(1 - R_1^2)(1 - R_2^2)\cdots(1 - R_{n-1}^2) = \frac{A_0}{r} e^{-\alpha r}\left\{\prod_{i=1}^{n-1}(1 - R_i^2)\right\} \tag{2-25}$$

则在地面接收到的第 n 个界面的反射波可写为

$$W_n(t) = A_n R_n \varphi\left(t - \frac{r_n}{v_p}\right) \tag{2-26}$$

考虑到一方面反射波的到达时间越晚，A_n 越小；另一方面，反射波的到达时间越晚，地震仪的放大倍数越大。综合考虑这两方面的影响，忽略介质吸收、透射损失等因素，可近似认为第 n 个界面的反射波为

$$W_n(t) = R_n \varphi\left(t - \frac{r_n}{v_p}\right) \tag{2-27}$$

它实际上表达了第 n 个界面的反射系数和地震子波 $\varphi(t)$ 的褶积

$$W_n(t) = R_n(t) * \varphi(t) \tag{2-28}$$

这样，在地面接收到的 N 个界面反射波总和的记录道 $x(t)$ 可表示为：

$$x(t) = \sum_{n=1}^{N} W_n(t) = \sum_{n=1}^{N} R_n(t) * \varphi(t) = R(t) * \varphi(t) \tag{2-29}$$

也就是说，一个反射记录道是地层反射系数序列 $R(t)$ 和地震子波 $\varphi(t)$ 的褶积结果。这就是所谓的地震道褶积模型。地震道褶积模型是简化了的反射记录道模型，虽然它忽略了介

质吸收、透射损失等诸多因素，但是它具有一定的实用性。

图 2-26 表示一个反射波记录道的模拟过程，图中 a 为一个水平层状地质剖面，各层具有各自的速度和厚度；b 表示随深度变化的层速度曲线；c 是利用波阻抗计算的反射系数 $R_n(h)$，n 为反射界面和反射系数的序号。在本例中假设介质的密度相等，仅用速度就可以计算反射系数，这些系数有正有负，并是深度的函数；d 是将 c 中作为深度的函数的反射系数 $R_n(h)$ 变换为时间的函数 $R_n(t)$，其中，时间 t 是根据每层的厚度和速度计算的双程垂直传播时间；e 为选择的地震子波，它可以根据反射波的主频用函数计算，也可以在实际地震记录上提取。在每一个界面都会产生一个反射回来的子波，如在第一个界面上为 $W_1(t)$，在第九个界面上为 $W_9(t)$。如式（2-29）所述，在地面接收到的记录 $x(t)$ 是各界面产生的反射子波的总和；图 2-26f 将这些子波按时间依次排列后加在一起，便形成了地震记录；g 在上一步的基础上对深部信号放大，可以得到深部和浅部的反射波振幅大致均匀的、与实际地震记录形式一样的一道地震记录。

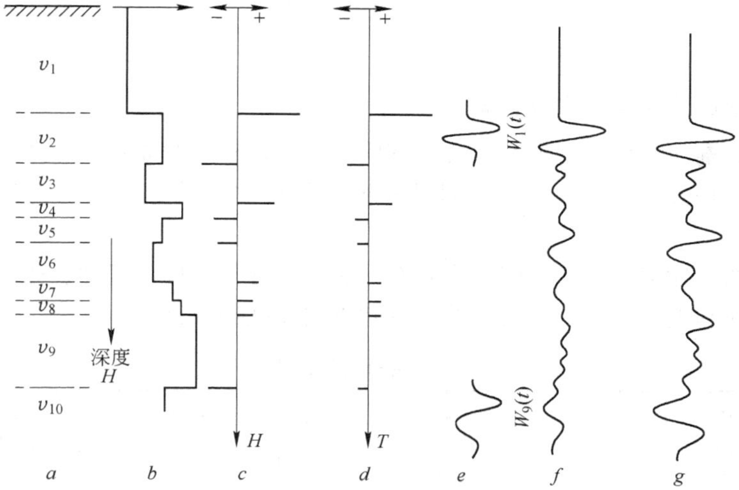

图 2-26　制作一个地震道的理论反射记录示意图

第三章　工程地震勘探的地质基础

自然界中，不同的岩石具有不同的物理性质，即使是同一种类型的岩石，由于存在的环境条件和构造条件不同也会呈现出不同的弹性特征。地震勘探是利用勘探对象与围岩之间存在的弹性差异解决地质问题的。地震勘探的地质效果主要受两种条件的限制，一是地震勘探本身的技术装备，二是受地表及地下地质构造复杂程度的限制。研究岩性、地下和地表岩层的结构和构造对地震勘探的影响，是地震勘探地质基础的问题。

第一节　影响地震波速度的因素

一、影响地震波速度的主要因素

实际的地质剖面是由不同地质年代、不同成因、不同物质成分与结构的岩层所组成。所谓地震界面（或速度界面）是弹性性质不同的岩层之间的分界面。速度是地震勘探中最基本的参数。

决定地震波传播速度的主要因素为岩石的矿物成分与结构、密度、孔隙度以及孔隙中流体的物理性质和饱和度，一般岩石的密度和纵波速度参数见表3-1。

表3-1　一般岩石的纵波速度参数

序号	介质或岩石名称	密度 ρ /g·cm^{-3}	速度 /m·s^{-1}	序号	介质或岩石名称	密度 ρ /g·cm^{-3}	速度 /m·s^{-1}
1	空气	0.0013	340	15	石灰岩	2.58~2.80	3400~7000
2	石油	0.6~0.9	1300~1400	16	白云岩	2.75~2.85	3500~6900
3	水	0.98~1.01	1430~1590	17	大理岩	2.75	3750~6940
4	冰	0.97~1.01	3100~4200	18	片麻岩	2.6~2.73	3500~7500
5	砂	1.6~1.9	600~1850	19	花岗岩	2.52~2.82	4750~6000
6	堆石	1.5~2.0	1000~2700	20	闪长岩	2.67~2.78	4600~4880
7	泥岩	1.5~2.5	1100~2500	21	凝灰岩	1.83~2.01	2870~3560
8	白垩	1.94~2.23	2100~4200	22	玄武岩	2.70~3.30	5500~6300
9	泥灰岩	2.25~2.86	2000~3500	23	辉绿岩	2.80~3.11	5800~6600
10	砂岩	2.15~2.70	2100~4500	24	辉长岩	2.85~2.92	6450~6700
11	页岩	2.41~2.81	2700~4800	25	橄榄岩	3.15~3.28	7800~8400
12	石膏	2.31~2.33	2000~3500	26	纯橄榄岩	3.20~3.31	7500~8100
13	盐岩	2.14~2.18	4200~5500	27	铝	2.70	6300~7100
14	硬石膏	2.82~2.93	3500~5500	28	铜	8.96	4820~5960

从表3-1可以看出，不同的介质或岩石有不同的速度，这与岩石本身的成分和结构有关。一般岩浆岩的速度比较高，如花岗岩等侵入岩；但喷发岩如多孔隙的凝灰岩等的速度

相对较低，低孔隙的玄武岩的速度高达6300m/s；在高温和高压下形成的变质岩，由于发生重结晶而变得致密，所以变质岩的速度一般大于沉积岩；沉积岩的结构复杂，速度一般低于岩浆岩和变质岩，但变化范围最大，即使是同一种岩石，速度也因岩石的沉积环境或岩石组分含量的变化而有很大的差异。

从表3-1也可以看出各种岩石的速度变化范围非常宽，不同的岩石速度范围互相重叠，一般来说不能仅考虑速度信息来区别岩性。

各种不同的介质或岩石的密度有很大的差异，地震波的速度随密度的增大而增加。从第一章中的纵波和横波的速度表达式中，似乎有速度与密度成反比的表面现象，实际上，由于岩石密度 ρ 的增加，弹性模量 E 增加得更快。

孔隙度影响介质的密度，也影响其他弹性参数，所以孔隙度是影响地震波速度的重要参数。大部分岩石是由呈颗粒状的各种矿物组成的，这种颗粒状的岩石可以看成是由许多不同性质的小球堆积而成，小球与小球之间有空隙，一般粗颗粒结构构成的岩石孔隙大一些，如砂岩；而细粒结构的岩石孔隙小一些，如灰岩。因此，一切固体岩石从结构上可以看成是由两部分组成的，一部分是矿物颗粒本身，为多孔岩石骨架，另一部分是由气体或流体充填的孔隙。地震波在这种双相介质中传播时，实际上相当于波在岩石骨架和孔隙介质中传播。孔隙介质中充填的气体或液体的地震波速度一般小于岩石骨架的地震波速度。因而，波在双相介质中的传播速度与孔隙度成反比。最简单的表示孔隙度和纵波速度的关系公式（或简便计算双相介质速度公式），称为时间平均方程。

$$\frac{1}{v} = \frac{1-\phi}{v_m} + \frac{\phi}{v_l} \tag{3-1}$$

式中，v 为岩石中纵波传播的速度；ϕ 为岩石的孔隙度；v_m 为岩石骨架中纵波传播的速度；v_l 为孔隙中流体的纵波速度。

这个方程说明地震纵波在岩石中的传播时间，是岩石骨架中和充填介质中波传播所用时间的总和，这个公式适用条件是岩层孔隙中只有油、气或水一种流体，而且流体的压力和岩石的压力相等。根据该公式做出某些岩石的理论关系曲线，如图3-1所示，当孔隙度从3%增加到30%时，速度变化可达60%，这说明孔隙度是影响速度变化的主要因素，从图3-1可以看出随着孔隙度的增加，速度反比例变小，而孔隙度的变化意味着岩石密度的变化，它同密度呈线形反比关系。

孔隙中充填物对地震波速度的影响与充填物的性质有关，如果孔隙中充填气体时，地震波速度最低，油其次，水相对较高。当岩层含气或含水时会形成明显的反射界面，形成较强的反射波。在浅层地震勘探工作中，未固结物质中的潜水面和含水层会形成明显的反射或折射界面。

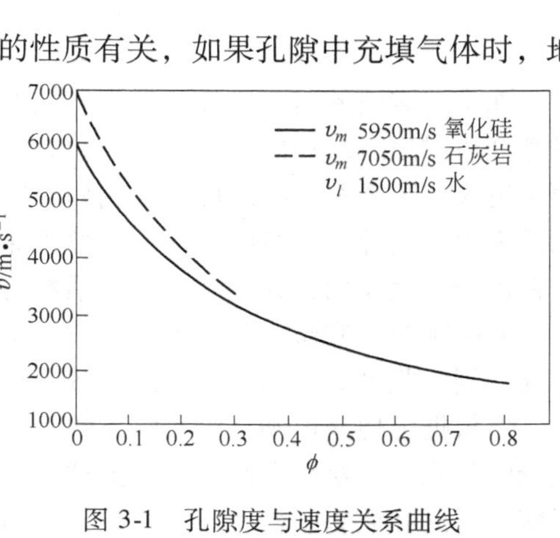

图3-1　孔隙度与速度关系曲线

除上面提到的影响因素外，岩、土层的地震波速度还受沉积岩的胶结物质的性质及其弹性特征、压力（亦称地压）、温度、成岩历史、岩石年代等因素的影响。实质上是这些因素使孔隙度和密度的改变，影响了地震波的速度。

二、沉积岩的一般波速特征

工程地震勘探主要在沉积岩地区或者在未固结的沉积层地区进行，速度差异很大。同样类型沉积岩的速度特征，主要取决于胶结作用、压力和年龄。几种典型的沉积岩、土层的波速见表3-2，固结岩石和未成岩的沉积物速度差异可达数十倍。

表 3-2　沉积岩、土层的速度

岩石名称	速度/m·s^{-1}	岩石名称	速度/m·s^{-1}
风化带	200～600	疏松砂岩	1500～2500
干砂、砾石	200～600	致密砂岩	1800～4300
泥	500～1900	泥灰岩	2000～4700
湿砂、砾石	300～2000	泥质片岩	2700～4800
黏土	1200～2800	煤	1600～1900

胶结作用对于速度的影响由胶结物质的数量和种类所确定。由石英胶结形成的砂岩，速度明显高于其他类型的砂岩。

对于同一种岩相和地层，速度一般随着压力的增加，亦即随着深度的增加而明显地递增。速度随深度的递增往往非常接近于一种线性规律。

沉积物的年代也起着很大的作用。岩石越老，其组成的颗粒随着时间的推移也将胶结更好和压得更实，因而地震波速度也就越大。沉积的间断，常常反映为明显的速度突变，这种突变越大，引起的反射波振幅就越强。因此，较老的即所谓“基底”地层，在地震勘探中较容易探测。

成层沉积的岩层有时具有速度各向异性的特征，沿地层传播的地震波速度大于沿垂直方向传播的地震波。

风化程度对沉积岩的速度影响很大，风化使岩体矿物变异，原生结构破坏，岩体的波速随风化程度增加而减小。

第二节　岩、土层的吸收特征

除了地震波的速度以外，吸收系数也是岩石的一种特征参数。吸收系数表示了弹性黏滞性介质对地震波动的响应。一种介质的弹性黏滞性既决定于外力的作用大小和时间长短，也决定于岩石本身的性质，例如疏松岩石一般比致密的岩石黏滞性能要明显。在地震勘探中由于震源作用时间短，地震波传播时产生的应力也很小，因此主要是岩石的黏滞性对弹性波产生作用，并表现为吸收系数的大小。

实际观测和实验表明，吸收系数除了和岩石性质有关外，还和频率有关，一般介质频率高，则吸收系数大（衰减快）。按照胶结摩擦理论，认为吸收系数和频率的平方成正比，但根据弹性理论则认为吸收系数和频率是线性关系。对于致密坚固的岩石适合于弹性理论的关系，疏松介质则符合摩擦理论关系。研究吸收现象，测定岩石的吸收系数，对于了解岩石的性质和结构有一定的意义。因此，人们在野外和实验室对吸收系数与岩石的性质，如密度、结构、孔隙度，成分及外界压力等的关系做了许多研究，以了解吸收系数与地质条件之间的关系，并利用吸收系数判断岩石的性质。

吸收系数的测定比较困难，因为有多种因素造成地震波能量衰减，所以，很难在地震波的衰减测定中把吸收作用分离出来。另外，吸收系数还随着频率而变化，只有通过严格的测量才能精确地确定振幅和频率的观测值与吸收系数的关系。

一般沉积岩的吸收系数为0.5dB/λ；疏松、胶结较差的岩石吸收系数为1dB/λ；风化层的吸收系数可以达到10dB/λ以上。

在实际浅层地震勘探工作中，岩、土层的吸收特征如下：

（1）疏松、破碎岩层的吸收系数大于致密、固结岩层；

（2）吸收系数随深度的增大而减小；

（3）吸收系数在风化层和断裂带内特别大，使地震波的振幅和频谱发生变化，研究地震波的这些动力学特征，可以确定断裂破碎带的位置。

（4）吸收系数在沼泽地区或覆盖着冰渍的丘陵地带表现明显，地震波能量迅速衰减，地震记录质量变差；

（5）在干旱地区，例如在沙漠和草原，同样会发生强烈的吸收。因此，为了加强有效信号，需要采用炸药作为震源。

（6）实际观测和实验表明纵波的吸收系数和横波的吸收系数两者是不等的。特别是在一些风化岩石和疏松层中，一般横波的吸收系数比纵波大，横波的衰减比纵波要快。

总之，吸收系数和速度、密度参数一样，同样是岩、土层的特征参数。研究吸收系数与密度、结构、孔隙度等岩层参数的关系，并利用地震波的动力学特征，有助于地震资料的地质解释。

第三节　工程地震地质条件

一、速度界面与地质界面

1. 岩、土介质的速度结构

在一般情况下，地震波速度是从钻孔波速测量或者反射、折射或面波测量而获得的。有了速度值就能根据地震记录正确地描绘界面的深度。这种用地震方法描绘深度所确定的界面称为地震界面或速度界面，它们并不总是与地质界面相一致。关于这一点，已经从大量的钻孔中得到了证实。根据地震波在岩层中传播的速度与深度的关系，把实际的岩、土层假设为均匀层状介质或连续介质。均匀层状介质的速度随深度呈层状分布，在每一个层中，速度是不变的；连续介质的速度随岩层的埋藏深度的增大而连续逐渐增加。在很多沉积岩地区通过大量的观测，可近似地认为速度随深度是线性增加的，可表示为：

$$v(H) = v_0(1 + \beta H) \tag{3-2}$$

式中，$v(H)$ 为深度 H 处的地震波速度；v_0 为初始速度，是常数；β 为速度随深度变化的系数，是常数或随深度变化的变量。

这种连续介质可能从地表开始速度逐渐增加至某一稳定值，也可能在某一岩层中速度逐渐增加。

2. 速度界面和地质界面的关系

在浅层地震工作中，地震速度界面与地质界面往往是不能对应的。以风化层为例，它构成地层的最上部，地质上定义的风化带指未风化基岩以上的所有岩层，它包括了风化作用而形成的全、强、弱风化等几种情况下的地层；这与地震方法确定的低速带并不一致。首先，当风化层内的潜水面很高时，含空气和含水的物质之间将出现一个明显的速度突变，但是它们仍然都在地质的风化带之内。风化和沉积作用往往形成不同粒径含量的岩土层，每层的地震波速度有很大的差异，同样它们仍然都在地质的风化带之内。因此，在浅层地震勘探中确定的速度界面，经常与地质意义上的界面不一致，这构成了地震资料地质解释的难度。

在多数的情况下，地震上容易追踪的第一个界面往往是潜水面或基岩面。这样，地震的概念与地质或者水文地质的概念就一致起来了。

对于较深的界面，地质和地震反映有时也并不一致。举例来说，假若较老的坚硬沉积层位于基岩之上，两者常常具有接近的速度，它们的分界面就难以用地震方法确定。与此相反，如果具有相变或不整合的地层上面沉积了较新的地层，那么地震法一般都能很好地查明它们。因此，获得测区内的地质资料和井中速度测量的资料是非常重要的，在这些资料的基础上，制作合成地震记录，与实测结果进行对比，有利于正确地进行资料解释。

二、地表低速层的特征

地表附近的岩层，由于长期遭受风化作用而变得比较疏松，地震波在这种岩层中传播，速度很低，因此，称为低速带或风化带。

地震勘探效果好与坏，在很大程度上取决于工作地区是否具备应用地震勘探的前提，也就是工区的地震地质条件。工程勘察往往是对地下几米至几十米地层的探测和研究，工作的目的层经常在低速风化层中，因此需要了解浅部低速层的特征。浅层地震地质条件主要是指地表附近和浅部的地质条件及影响因素，主要有以下几个方面。

1. 低速特征

地表附近的岩石和土层等，由于长期受到风吹、日晒、雨淋等风化作用，变得比较疏松，孔隙率高。地震波在该层中的传播速度比其下部未风化的岩石的速度要小得多。低速带的速度随岩层的风化程度、含水率等因素变化。低速带一般是未成岩的现代沉积，当它们非常干燥时，波速可能低于声波速度。部分土层的地震纵波速度见表 3-2。

影响低速带速度的因素主要是岩层的含水率，构成低速带的未固结的土层孔隙度很高，孔隙中的充填物一般是空气或水，由于空气和水的速度差异很大（参见表 3-1），因此岩、土层的含水率是影响地震波纵波速度的重要因素，如湿砂的速度高于干燥的砂层，饱和水砂砾层的速度可达 2000m/s 以上。第四系地层的纵波速度随含水率增大，这是利用地震勘探寻找潜水面的重要依据。由于液体无剪切应变，所以第四系地层的横波速度与含水率无关。

2. 强吸收特征

低速介质对地震波有较强的吸收作用，造成地震波能量的迅速衰减，高频成分损失，使得有用信号的能量发生强烈衰减和畸变，在低速层很厚的情况下，能量大部分被吸收，下传的能量很少，并由于地震波频率变低，造成分辨率降低。

3. 横向不均匀特征

低速介质形成的土层（地层最上部的风化层）横向不均匀性较大，如果在检波排列范围内层厚度发生变化，会对排列中的检波器产生不同的影响，使各有效信号的传播时间发生无规律的滞后，而导致错误的解释。

4. 高泊松比、多面波特征

在低速层内泊松比的数值会非常高，有时能够达到0.47。与此相反，未风化岩石的泊松比一般在0.25左右。在这种疏松的低速层中产生的高振幅的面波，对反射波勘探造成干扰；

5. 多次反射特征

由于地面和低速层下部的潜水面或基岩面，都和低速层有明显的波阻抗差异，有较大的反射系数，因而在低速介质内产生多次反射波。多次反射波的存在干扰浅层有效的震波的识别。

低速层的存在使深部传播上来的地震射线，按斯奈尔定律向界面法线方向偏移，因此在地表附近，纵波所引起的质点位移几乎垂直于地面，有利于地震纵波的接收。

地表低速层的这些特征是影响浅层地震勘探效果的主要因素，在每一个测区都需要认真研究。在浅层地震勘探中，低速带从多方面影响了地震记录的面貌，增加了地震波场的复杂性，增加了浅层地震勘探的难度。

三、工程地震地质条件

从工程地震勘探主要的应用领域看，工程地震主要解决地质分层的问题，如确定基岩面深度；岩、土层的厚度；纵、横波速度；地层中的软弱薄层厚度；滑坡面、潜水面深度等。这类分层问题在探测目的层和上下岩、土层有一定的速度、密度差异，并具有一定的厚度情况下，可以采用反射波法、折射波法或面波法进行探测。

例如，由于低速层的存在，往往使得地表覆盖层和基岩之间形成一个明显的速度界面，下部基岩的波速大于覆盖层的波速，是一个良好的弹性差异明显的界面，纵波、横波和面波的波速都有差异。如果风化层中存在低速软弱薄层，即使在潜水面以下，它与上下岩、土层的横波或面波速度有差异。潜水面上下速度差异很大，一般是较好的纵波折射界面。

实际上，工程地震对地质情况研究还包括研究地层的横向变化以及工程勘察中的各种特殊要求，如岩溶塌陷，基岩中的溶洞，土层中的隐伏土洞探测，人工土壤改良和加固效果评价等问题。研究这些问题的前提仍然是这些地质体与围岩是否有速度、密度或吸收系数等差异，并根据具体的情况采用反射波法、透射波法或面波法。

由于地表低速层的复杂性，工程地震地质条件的分析是能否准确地选择工作方法技术，较好地解决工程地质问题的关键。

第四章 折射波法

折射波法是工程地震勘探中常用的方法，在解决工程、水文地质问题中常用于探测地层的厚度、基岩起伏，断层位置、潜水面深度等。当下伏岩、土层的速度高于上部地层时，地面人工震源产生的一部分能量沿折射路径返回地面，在地面接收折射波，分析和解释时距曲线，了解地下的地质情况。

第一节 折射波时距方程及理论时距曲线

折射波时距方程及理论时距曲线研究折射波传播时间、传播路径和传播速度间的关系。根据速度模型，沿地震波的传播路径，研究传播时间和距离关系的方法称为射线追踪法。在简单和复杂的情况下都可以用这种方法求解地震波传播的时距方程，并绘出时距曲线。

一、直达波时距方程及理论时距曲线

直达波是地震波从震源出发，直接到达地面各接收点的地震波。如图 4-1*a* 所示，设地震波从 *O* 点沿测线传播，在 x_1、x_2、x_3、x_4 等点上接收，各点直达波的振动记录如图 4-1*a*所示，直达波到接收点的时间（实际的波至时间为 t'_1，为醒目标注在波峰上）分别为 t_1、t_2、t_3、t_4，在直角坐标系中这些点的位置如图 4-1*b*。直达波到达任意一点 *x* 的传播时间 *t* 为：

$$t = \frac{x}{v} \tag{4-1}$$

式（4-1）为直达波时距方程，它是过原点的直线，如图 4-1*b* 所示。直线斜率为 $1/v$，

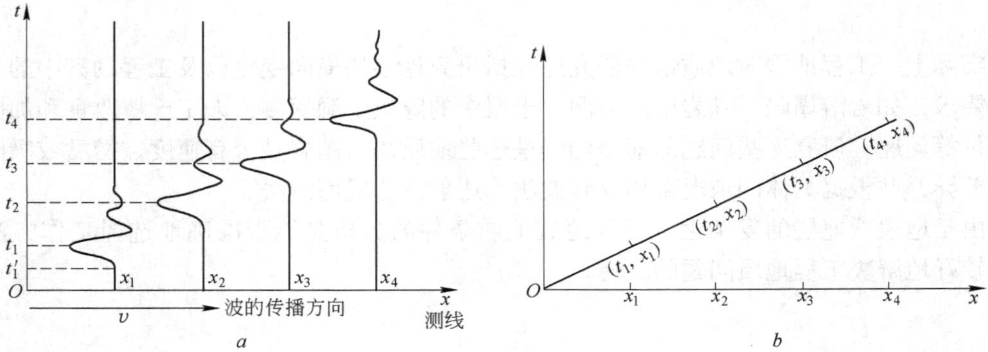

图 4-1 直达波时距曲线

a—直达波振动记录及波至时间；*b*—直达波时距曲线

它的倒数为地震波沿测线传播的速度，即为表层速度。

二、水平层状介质的折射波时距方程及理论时距曲线

1. 二层结构

水平二层结构地质模型如图 4-2 所示，水平界面深度为 h，界面上下的地震波速度分别为 v_1 和 v_2，且 $v_2 > v_1$，沿激发点 O 至地面某一点 D 的距离为 x，折射波的传播路径为 OK、KE 和 ED 之和，总的传播时间为：

$$t = \frac{OK}{v_1} + \frac{KE}{v_2} + \frac{ED}{v_1}$$

$$\frac{OK}{v_1} = \frac{ED}{v_1} = \frac{h}{v_1 \cos i}$$

$$\frac{KE}{v_2} = \frac{x}{v_2} - \frac{2h\tan i}{v_2}$$

$$t = \frac{2h}{v_1 \cos i} + \frac{x}{v_2} - \frac{2h\sin i}{v_2 \cos i} \tag{4-2}$$

为将式（4-2）简化，代入 $\sin i = v_1/v_2$，则有：

$$t = \frac{x}{v_2} + \frac{2h\cos i}{v_1} \tag{4-3}$$

式（4-3）为水平二层结构大地的折射波时距方程，其时距曲线是直线，直线斜率的倒数为 v_2，如图 4-2 中 S_2 所示。直线在 t 轴上的截距时间 t_0 为：

$$t_0 = \frac{2h\cos i}{v_1} = \frac{2h\sqrt{v_2^2 - v_1^2}}{v_2 v_1} \tag{4-4}$$

则

$$h = \frac{t_0 v_1}{\cos i} = \frac{t_0}{2}\frac{v_1 v_2}{\sqrt{v_2^2 - v_1^2}} \tag{4-5}$$

根据直达波和折射波时距曲线的斜率可求出 v_1、v_2 和 t_0 时间，按式（4-5）计算出震源点下方界面深度 h。

在测线上无法接收到折射波的范围称为盲区（见图 4-2 中的 $O \sim x_m$ 点之间的区域），盲区的大小为：

$$x_m = 2h\tan i \tag{4-6}$$

在图 4-2 中，可以看到直达波和折射波两直线存在交点，交点位置称为临界距离 x_c。

联立式（4-1）和式（4-3）可解出：

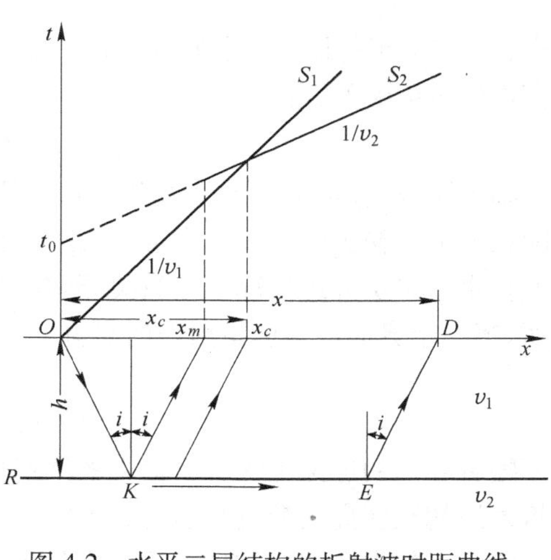

图 4-2　水平二层结构的折射波时距曲线

$$x_c = 2h\sqrt{\frac{v_2 + v_1}{v_2 - v_1}} \tag{4-7}$$

当 $x > x_c$ 时，折射波先于直达波到达接收点，这样的地段称为折射波的初至区。在初至区接收到的折射波称为初至折射波。在记录地震波时，初至折射波在平静的背景上出现，不受其他地震波的干扰，信噪比高，因此能够准确判断折射波的波至时间。这是折射波法最大的优点之一。

2. *三层结构*

三层结构水平层状大地如图 4-3 所示，两层介质的层厚度分别为 h_1 和 h_2。三层介质地震波速度关系为 $v_3 > v_2 > v_1$。在 R_2 界面上产生的折射波路径如图 4-3 所示。根据斯奈尔定律，图中透过 R_1 界面的角度 i_{13} 和 R_2 界面的临界角 i_{23} 间的关系为：

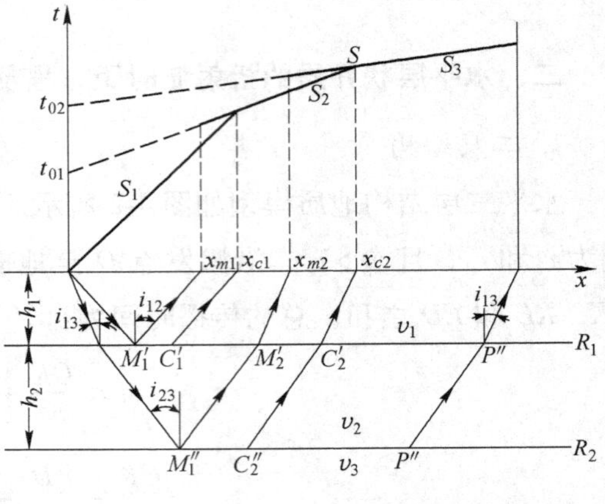

图 4-3　三层水平结构折射波的时距曲线

$$\frac{\sin i_{13}}{v_1} = \frac{\sin i_{23}}{v_2} = \frac{\sin 90^\circ}{v_3}$$

设来自 R_2 界面的折射波传播时间为 t_3，类似于二层结构的求解过程得到：

$$t_3 = \frac{x}{v_3} + \frac{2h_1\sqrt{v_3^2 - v_1^2}}{v_3 v_1} + \frac{2h_2\sqrt{v_3^2 - v_2^2}}{v_3 v_2} \tag{4-8}$$

其时距方程仍然是直线方程，直线斜率的倒数为 v_3。其截距时间 t_{02} 为

$$t_{02} = \frac{2h_1\sqrt{v_3^2 - v_1^2}}{v_3 v_1} + \frac{2h_2\sqrt{v_3^2 - v_2^2}}{v_3 v_2} \tag{4-9}$$

则

$$h_2 = \frac{1}{2}\left(t_{02} - 2h_1\frac{\sqrt{v_3^2 - v_1^2}}{v_3 v_1}\right)\frac{v_3 v_2}{\sqrt{v_3^2 - v_2^2}} \tag{4-10}$$

式中，h_1 可以根据图 4-3 中的 S_1、S_2、t_{01}，并利用式（4-5）求出。从图 4-3 可以看到 R_2 界面产生折射波的盲区 x_{m2} 为：

$$x_{m2} = 2h_1\tan i_{13} + 2h_2\tan i_{23}$$

临界距离 x_{c2} 为 S_2 和 S_3 直线的交点。从时距曲线图上可以看出界面深度增大，临界距离随之增加，初至区远离激发点。因此，界面越深，需要的震源能量越大。

在水平多层大地情况下，只要能够满足 $v_n > v_{n-1} >, \cdots, > v_2 > v_1$，就有 $n-1$ 个折射界面。第 n 个界面产生的折射波时距方程为：

$$t_n = \frac{x}{v_n} + 2\sum_{i=1}^{n-1}\frac{h_i\cos i_n}{v_i}$$

随着界面的逐渐加深，界面上的波速也逐渐增大，时距曲线的斜率也逐渐减小，各界面折射波初至区离震源越来越远，即需要更大能量的震源。在理论上，可以有任意多个界面，实际工作中，四层结构大地经常是折射波法的限制。

三、倾斜界面折射波的时距方程及理论时距曲线

倾斜二层结构地质模型如图 4-4 所示，设 $v_2 > v_1$，界面倾角为 φ，在 O_1 点激发，在测线下倾方向（从激发点至接收点，折射界面逐渐下降）距离为 x 处的 O_2 点接收，O_1 和 O_2 处界面的法线深度分别为 h_1 和 h_2。在下倾方向接收时，折射波的传播路径为 O_1ABO_2，传播时间为：

$$t_{下} = \frac{EF}{v_2} + \frac{h_1\cos i}{v_1} + \frac{h_2\cos i}{v_1} \tag{4-11}$$

从图 4-4 可见

$$EF = x\cos\varphi, \quad h_2 = h_1 + x\sin\varphi,$$

且

$$v_2 = \frac{v_1}{\sin i}$$

则：

$$t_{下} = \frac{x\cos\varphi\sin i}{v_1} + \frac{2h_1\cos i}{v_1} + \frac{x\sin\varphi\cos i}{v_1} = \frac{x\sin(i+\varphi)}{v_1} + \frac{2h_1\cos i}{v_1} \tag{4-12}$$

同样，在 O_2 点激发，在测线的上倾方向（从激发点至接收点，折射界面逐渐上升）接收，其传播时间为：

$$t_{上} = \frac{x\sin(i-\varphi)}{v_1} + \frac{2h_2\cos i}{v_1} \tag{4-13}$$

从同一接收范围的上倾方向和下倾方向的时距曲线图 4-4 可以看出：

（1）倾斜界面上的时距曲线仍然是直线，但直线斜率的倒数不等于 v_2，斜率的倒数为 $v^* = \Delta x/\Delta t$，称之为**视速度**。在倾斜界面情况下，在上倾、下倾方向接收到的两支时距曲线斜率不等，下倾方向斜率为 $\sin(i+\varphi)/v_1$，与上倾方向相比，斜率大视速度小；上倾方向斜率为 $\sin(i-\varphi)/v_1$，与下倾方向相比，斜率小视速度大。

（2）倾斜界面上折射波的盲区和临界距离与界面的深度有关，因此在上倾方向和下倾方向接收时，初至折射波的接收范围也有差异。

（3）倾斜界面倾角 φ 较大时，可能出现 $i+\varphi \geqslant 90°$ 的情况，若在下倾方向接收，折射波将无法返回地面，因为盲区为无限大，如图 4-5 所示。如在上倾方向接收，入射角总是小于临界角，无法形成折射波。野外工作中应改变测线方向使界面视倾角与临界角之和小于 90°。

（4）倾斜界面情况下，在上倾方向接收，当 $i > \varphi$ 时，v^* 为正；当 $i = \varphi$ 时，v^* 趋于

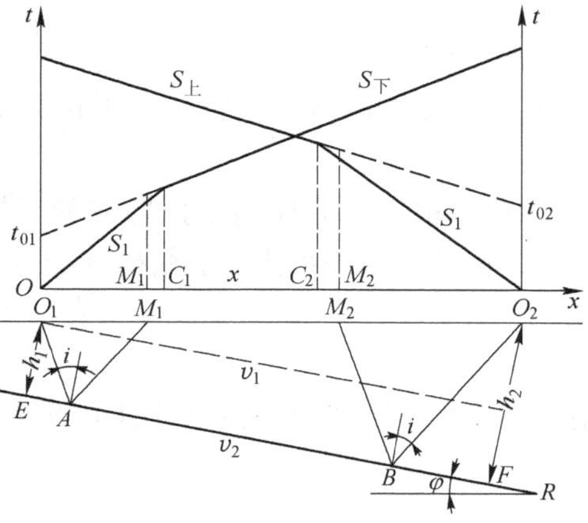

图 4-4　二层倾斜界面折射波的传播路径和时距曲线

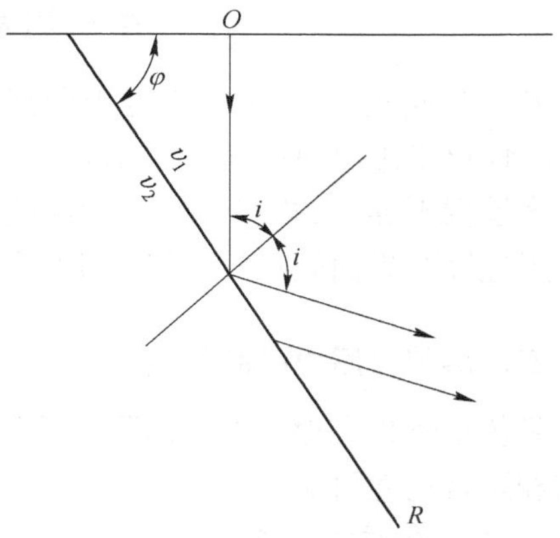

图 4-5　当 $i+\varphi \geqslant 90°$ 时折射波的传播路径

无穷大，即时距曲线为水平状，其斜率为零，如图 4-6a 所示，这说明远路径的折射波和近路径的折射波同时到达；当 $i<\varphi$ 时，时距曲线斜率为负，v^* 为负，如图 4-6b 所示，这说明较远路径的折射波先于近路径的折射波到达，这是因为界面速度高于覆盖层的速度，远接收点处的折射波的传播时间小于近接收点。

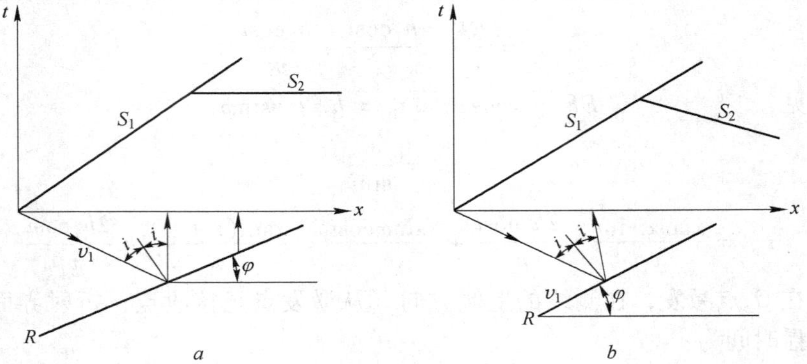

图 4-6　在上倾方向接收，当 i 和 φ 关系变化时的折射波的传播路径和时距曲线

a—$i=\varphi$，b—$i<\varphi$

（5）界面倾角 φ 和临界角 i 的计算。根据式（4-12）和式（4-13）可以分别计算出上、下倾方向折射波时距曲线的斜率即视速度的倒数：

$$\frac{1}{v_{上}^{*}}=\frac{\sin(i-\varphi)}{v_1} \tag{4-14}$$

$$\frac{1}{v_{下}^{*}}=\frac{\sin(i+\varphi)}{v_1} \tag{4-15}$$

由式（4-14）和式（4-15）解出：

$$i=\frac{1}{2}\left(\arcsin\frac{v_1}{v_{下}^{*}}+\arcsin\frac{v_1}{v_{上}^{*}}\right) \tag{4-16}$$

$$\varphi=\frac{1}{2}\left(\arcsin\frac{v_1}{v_{下}^{*}}-\arcsin\frac{v_1}{v_{上}^{*}}\right) \tag{4-17}$$

利用从折射波、直达波时距曲线求出的视速度，表层速度，根据式（4-16）和式（4-17）即可求出界面倾角 φ 和临界角 i。

多层倾斜界面的时距方程也可以利用射线追踪法，根据地质模型中折射波的传播路径、层速度及界面倾角等类似的几何关系推导出来，但其几何关系比二层结构复杂得多。

四、层状介质中的隐伏层

隐伏层是指在地面上观测不到其顶界面折射波的岩层。隐伏层的情况有以下两种：低速层和正常速度薄层。

1. *层状介质中的低速层*

根据折射波产生条件可知，只有下部岩层的波速大于上覆岩层，才会在界面上产生滑行波，并产生折射波返回地面。但如果速度条件不满足折射波产生的条件，地层中存在低速层，在地面观测不到此低速层顶界面产生的折射波，因而成为隐伏层。在图4-7所示的地质模型中，由于 $v_2 < v_1$，在此界面上不能产生折射波，在地面只能观测到直达波和 v_2 与 v_3 界面产生的折射波，在这样的情况下，只能得到二层结构大地的时距曲线。存在低速层时，如果按二层结构大地模型进行解释，则会造成地质结构和深度解释错误。如果存在局部低速介质，则在低速介质存在的范围内影响折射波的波至时间。

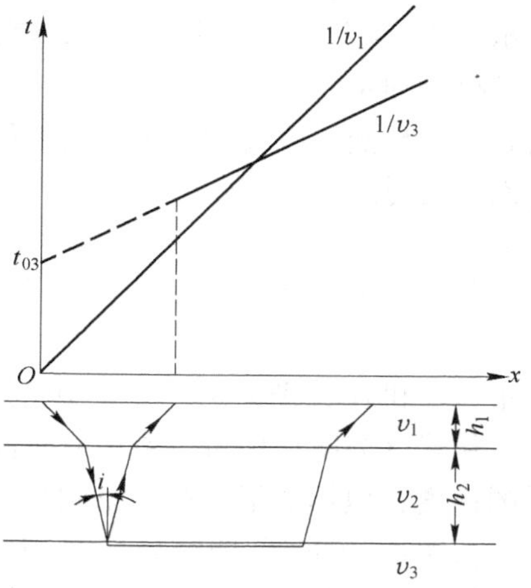

图 4-7　低速层存在时折射波时距曲线

2. 正常速度的薄层

这种情况是指各层的速度满足折射波产生的条件，但其中某一层的厚度较小，层面上产生的折射波的到达时间晚于下伏岩层折射波的到达时间，结果其产生的折射波不能在初至区出现。如图4-8所示的三层大地模型，由于第二层较薄，v_2 与 v_3 界面上产生的折射波先于 v_1 与 v_2 界面的折射波到达接收点。因此，在仅利用初至折射波时，也只能得到二层结构大地的折射波时距曲线。在这样的情况下，按二层大地模型解释，也会造成解释失误。

在进行折射波法勘探时，应收集波速测井和钻孔地质资料，综合解释折射波数据，减少以上两种隐伏层存在造成的误差。另外，可能有正常速度薄层存在时，应注意时距曲线的细节变化，提取和利用续至波帮助解释。

五、直立界面的折射波时距曲线

直立界面地质模型如图4-9所示。直立界面两侧的介质速度分别为 v_1 与 v_2，覆盖层的

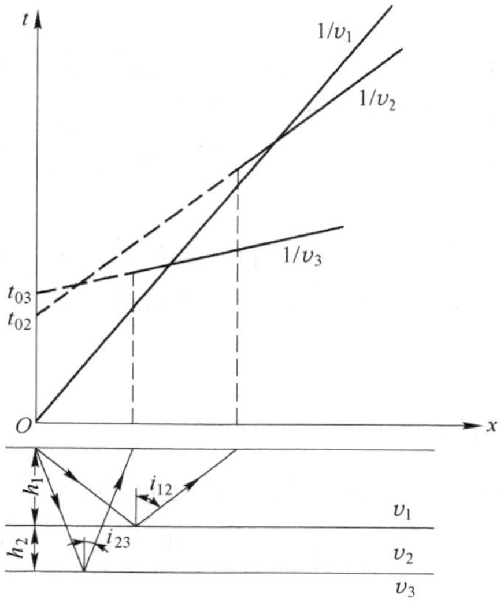

图 4-8　薄层存在时折射波路径及时距曲线

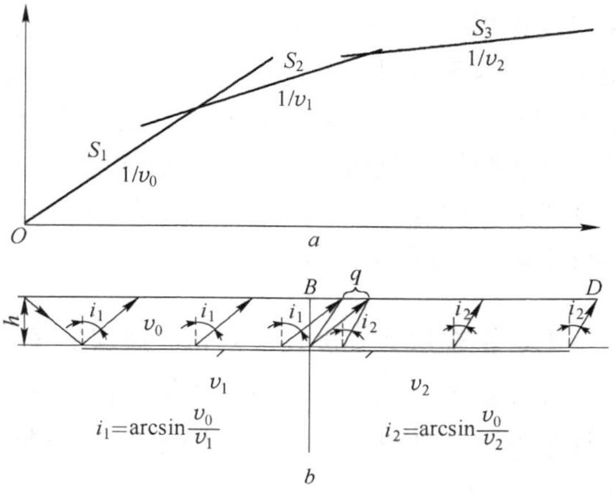

图 4-9　直立界面存在时折射波路径及时距曲线

水平层厚度为 h，波速为 v_0。B 点为直立界面在地面的投影点，折射波的传播路径如图4-9所示，当 $x<B$ 时，时距曲线与二层结构大地相同，当 $x>B$ 时，在 x 点接收，折射波的传播路径如图 4-9 所示，沿 v_0 与 v_1 界面的滑行波在直立界面端点产生绕射，绕射波中一定有沿 v_0 与 v_2 界面、以速度 v_2 传播的滑行波，这种滑行波导致上层介质中产生折射波，并返回地面。其时距方程为：

$$t = \frac{x}{v_2} + \overline{OB}\left(\frac{1}{v_1} - \frac{1}{v_2}\right) + \frac{h}{v_0}(\cos i_1 + \cos i_2) \qquad (x \geqslant \overline{OB} + h\tan i_2) \tag{4-18}$$

式中，i_1 和 i_2 分别为两种介质中折射波的临界角；OB 为震源点至 B 点的距离。

从式（4-18）中可以看出时距曲线的斜率为 $1/v_2$，因此根据时距曲线仍可以计算 v_2 介质的速度；但不能根据截距时间法计算 v_2 介质上覆盖层的厚度。

从图 4-9 的时距曲线可以看到由于直立界面存在，在两种介质上的时距曲线斜率不同，斜率的变化与直立界面两侧的速度有关；在斜率变化处可能出现折射波的空白带（$v_1>v_2$）或交叉带如图 4-9 中的 q 段（$v_1<v_2$）；有时可能出现绕射波。同时，可以看到二层结构、有直立界面存在时的时距曲线与三层结构大地上的时距曲线特征完全相同。如何根据时距曲线判断地质结构，是野外工作和资料解释中需要注意的问题。

六、断层附近的折射波时距曲线

在断层附近折射波时距曲线较为复杂，在断层的上盘或下盘激发，折射波的传播路径有很大的差异。设有断层存在的地质模型如图 4-10 所示，在 O 点激发，在 Ox 段接收，在 OF 段会接收到断层上盘的折射波，在 Hx 段会接收到沿 $OA'CH$ 路径，在断层下盘产生的折射波。在断层的端点会产生绕射，在图4-10中的 FH 段会接收到经 OAB 路径在 B 点产生的绕射波，设接收点为 x，绕射波的时距方程为：

$$t_R = \frac{OA}{v_1} + \frac{AB}{v_2} + \frac{1}{v_1}[h^2 + (x-L)^2]^{1/2} \tag{4-19}$$

式中，L 为断层端点在地面的投影点。

根据式（4-19），绕射波的时距曲线为双曲线，顶点在断层端点 B 处，而且双曲线的左半支在断层上盘的折射波之后到达，不是初至波，因此以初至波出现的绕射波存在于断层上、下盘无折射波的范围内。从图 4-10 上可以看出断层上下盘的时距曲线是平行的，它们在 t 轴上截距时间差为 Δt，Δt 的大小与断距的大小有关。

如在断层下盘激发，在 $O'N$ 段接收到断层下盘的折射波，当距离大于 N 时，接收到 B 点产生绕射波。在 Rx 段，接收到经 $O'DC$ 路径传播在 C 点产生的透过界面传播到地面的绕射波，如图 4-11 所示。

七、覆盖层为速度连续变化介质层的折射波的时距曲线

在自然界中除均匀层状介质外，还有速度随深度连续变化的介质。如风化程度或湿度随深度渐变的情况。最简单的情况是速度随深度的变化规律呈线性关系，如式（3-2）所示。

在速度连续变化层中，地震波的传播方式和特征与均匀介质不同，由于波速是空间的

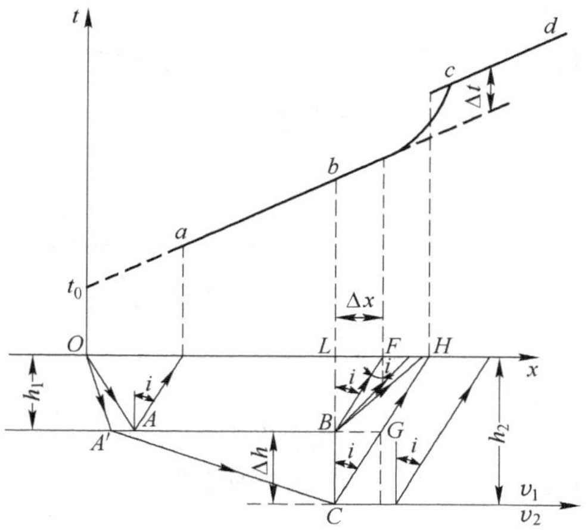

图 4-10　在断层上盘激发时的折射波路径及时距曲线

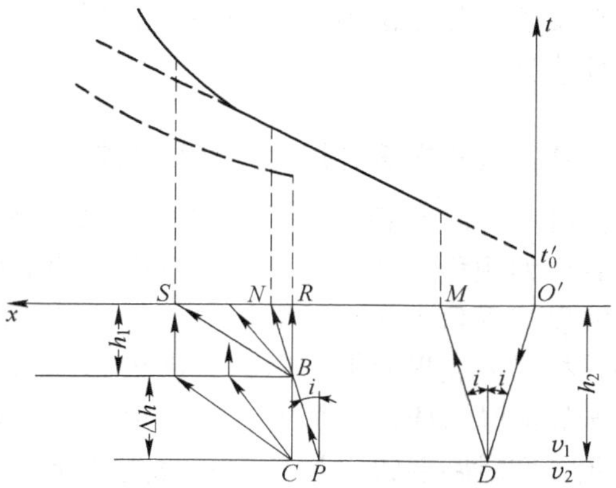

图 4-11　在断层下盘激发时的折射波路径及时距曲线

连续函数，可以把连续介质看成由无限多个薄层组成，每层波速递增的层状结构大地波在各层的入射角是递增的，地震波在速度连续介质中的传播如图 4-12 所示。当速度连续介质的厚度很大时，地震波入射角达到 90°后，按弯曲路径返回地面。将这种波称之为潜射波，潜射波的射线路径和时距曲线如图 4-13 所示。

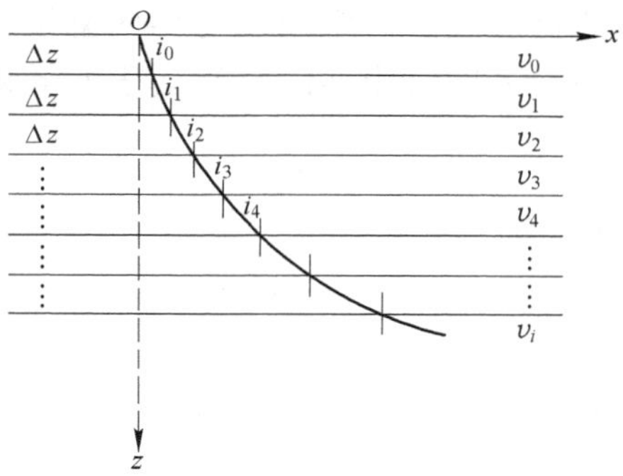

图 4-12　地震波在速度连续介质中的传播路径示意图

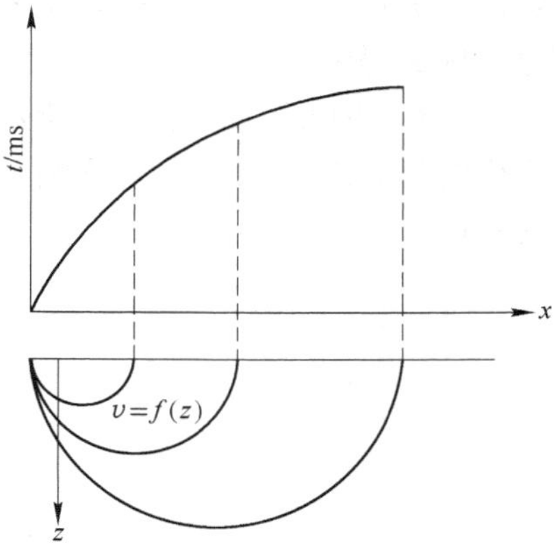

图 4-13　潜射波的传播方式及时距曲线

如果对地质情况和变速层不了解，则会将其作为二层大地时距曲线来解释。如果潜射波能够穿透变速层，就会在下伏界面（均匀介质）上产生折射波，并以曲线路径返回地面。时距曲线如图 4-14 所示，折射波的斜率仍然是 $1/v_2$。如果地震波不能穿透变速层，即使下面有高速度的地层存在，在地面上也接收不到折射波，其地震波传播路径和时距曲线仍然如图 4-13 所示。与速度均匀层的直达波相比，这时潜射波的时距曲线的斜率不再是 $1/v_1$。

如覆盖层速度均匀，而下伏岩层为速度连续变化层时，由于潜射作用，地震波不再是沿界面传播的折射波，而是在地层中传播。这种时距曲线与弧形界面的情况相似，可用追逐时距曲线区别这两种情况。

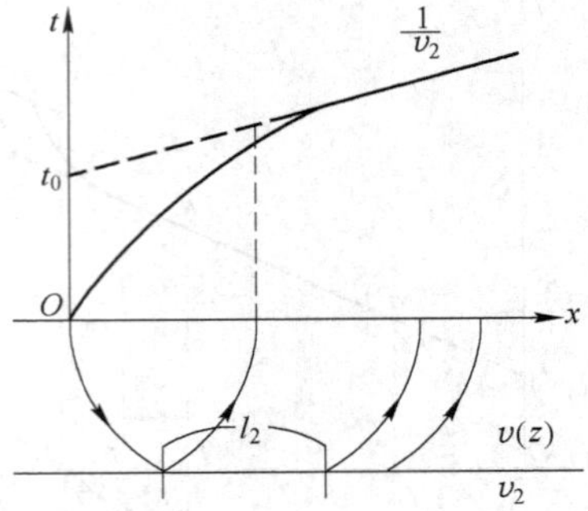

图 4-14　覆盖层为速度连续变化层时的折射波时距曲线

八、弯曲界面的折射波的时距曲线

弯曲界面包括向上凸起和向下凹的弧形界面，在界面的倾角不大（界面起伏较小）的情况下，入射波以临界角入射到界面上，滑行波沿弯曲界面传播，折射波在界面上出射的角度仍然是临界角，但由于界面是弯曲的，折射波到达地面的入射角发生变化，即时距曲线（视速度）发生变化，斜率的表达式为：

$$p = \frac{\mathrm{d}t}{\mathrm{d}x} \tag{4-20}$$

根据视速度定理：

$$\frac{\mathrm{d}t}{\mathrm{d}x} = \frac{1}{v^*} = \frac{\sin\alpha}{v} \tag{4-21}$$

由式（4-21）可知：折射波时距曲线的斜率随折射波到达地面的入射角 α 增加而增大。利用这一规律，可以定性地绘制出各种形状折射界面的时距曲线。对于水平界面，到每个测点的折射波入射角都相等，时距曲线为直线，对于弯曲折射界面，界面上升时 α 随 x 增大而减小，所以斜率随 x 增大而减小；界面下降时，与此相反，斜率随 x 增大而增大。因此，如图 4-15 所示，弯曲界面的折射波的时距曲线与界面呈镜像关系，曲线的斜率随界面的形态逐渐变化。两段不同斜率的时距曲线分别代表不同倾斜方向的界面。

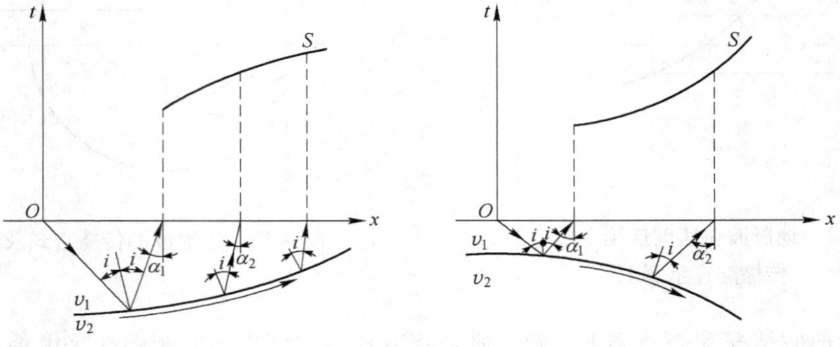

图 4-15　弯曲界面的折射波的时距曲线

第二节　折射波法的野外工作方法

在折射波法野外工作中，必须了解工区的地质、地形、地震地质条件及速度参数等情况。根据工作目的及场地情况，设计试验和施工方案。从试验结果取得适合工区具体条件的最佳工作方法，如激发条件，接收条件，观测系统，检波距，测线长度等。

一、测线的设计和道间距、激发点的选择

1. 测线设计

折射波法一般用于解决基岩面深度、地层厚度等地质问题，测线的布置根据工作任务、探测对象、地质构造和地形等条件来确定的。一般可按下列原则布置测线：

（1）测线力求为直线，尽量垂直岩层或构造的走向，便于最大限度地控制构造形态，以利于资料的整理与分析；（2）测线要尽可能与其他物探测线或钻探的勘探线一致，便于结合地质资料进行分析解释；（3）测线要均匀地分布在全测区，以利于资料的对比与综合分析。（4）当地层倾角较大时，应注意改变测线方向，避免盲区过大或接收不到折射波。

2. 排列长度、道间距

进行地震勘探工作时，需要沿测线按次序在许多点进行激发，同时在相应的地段进行接收。通常称布置检波器的接收段为接收排列。每次激发接收记录时，第一道（第一个检波器）到激发点的距离称为**偏移距**；第一道到最后一道（最后一个检波器）的距离称为**排列长度**。因此，若使用某种道数的地震仪确定之后，排列长度就决定于道间距大小。相邻两个检波器间的距离称为**道间距**，也称道距，一般用 Δx 表示，若设地震仪道数为 N，排列长度为 L，则排列长度和道间距有如下关系式：

$$L = (N - 1) \cdot \Delta x$$

道间距越大，排列长度越长，工作效率也就越高。但如道间距太大，各相邻记录道之间同一个波的相位追踪和对比往往比较困难，不利于分辨有效波。由于折射波法主要以初至波为主，道间距 Δx 的选择应根据试验工作确定，以能准确地追踪每一个折射层的初至折射波为标准。当测线很长，一个排列无法完成测量工作，需要移动排列时，要设计一个检波器的重复点，称为**互换点**。即排列的最后一个检波点是下一个新排列的第一个检波点，这样有利于波的追踪和对比。

选择排列和道间距大小时，还必须考虑到地层的倾角大小和断层等复杂情况的存在，一般来说倾角大，构造复杂时，排列和道间距取小些。

在浅层工程地震中一般采用 2 ~ 5m 的道间距，12 ~ 24 道地震仪接收。

3. 激发点位置及间距

折射波的接收地段必须在盲区范围之外，但盲区范围随折射界面的深度、倾斜情况以及临界角的大小而变化。因此，要根据试验工作设计激发点位置及激发点距离。

二层构造时情况比较简单，偏移距小于盲区，设计的排列应能够接收到直达波和折射波。激发点的间距应能够连续探测目的折射界面。

三层构造时，除与二层构造情况相同，偏移距小于盲区外，还需同时考虑来自第二层和第三层的折射波出现的范围，来自某一层的折射波在时距曲线上应有 3 ~ 4 个点的线段，能够有效地决定这一层的折射波速度。因此，在要求同时获得二个界面深度的情况下，需要在工作中根据具体情况设计激发点间距。

二、折射波法的观测系统

激发点和接收点之间或测线与测线之间的相对位置关系称为**观测系统**。当激发点和接收点在一条直线上时，称为**纵测线**。当激发点和接收点不在一条直线上时称之为**非纵测线**。用纵测线观测时，根据不同的情况可采用简单的或复杂的观测系统。

1. 单支时距曲线观测系统

这种观测系统一般用于探测地质情况简单规则平缓的界面。其优点是效率高。这种观测系统只能获得激发点处界面的深度。观测系统如图 4-16 所示，其中 O_1，O_2，…，O_n等各点的深度都可分别从两支时距曲线上算得，从而可以互相校核。因此对于起伏较大的界面或情况较为复杂时，不宜使用单支时距曲线观测系统。

2. 相遇时距曲线观测系统

当地下界面起伏较大或不甚规则时，如果只在接收地段的某一端激发，仅获得激发点处界面的深度，无法反映界面的起伏情况，造成很大的误差。为了提高解释精度，需要在观测剖面两端进行激发，从而可获得两支时距曲线。如图 4-17 所示，O_1、O_2分别为观测剖面两端的激发点，S_1和 S_2为两支相应的时距曲线，反映的界面分别为 BE 和 AC 段，其中 BC 是两支时距曲线相遇的公共段。S_1和 S_2两支时距曲线从不同的方向反映了同一地段的界面状态，根据曲线斜率的变化可以判断界面的起伏情况。因此，利用相遇时距曲线观测系统可以了解界面倾斜及起伏情况，并可以计算公共段的界面深度。

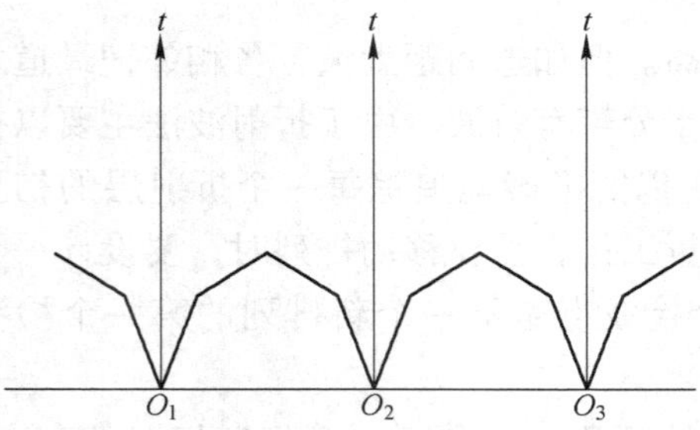

图 4-16　单支时距曲线观测系统

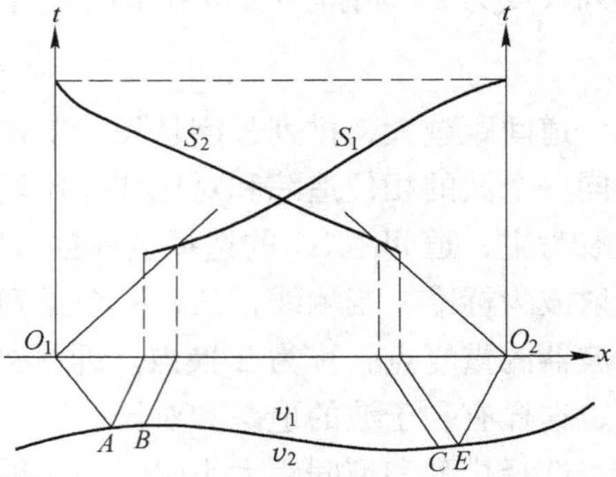

图 4-17　相遇时距曲线观测系统

3. 追逐时距曲线观测系统

追逐时距曲线观测系统一般用来了解折射界面是否有穿透现象、折射界面是否有横向速度变化或用来延长某些需要加长的时距曲线。如图 4-18 所示，当凸形界面曲率半径较小的情况下，地震波不是沿着折射界面传播，而是穿过 v_2介质再折射回地面，使时距曲线发生畸变，这种现象称为地震波的“穿透现象”。

所谓追逐时距曲线是在剖面上测得一段时距曲线 S_1之后，将激发点沿剖面移动一定的距离再进行激发观测得到另一段时距曲线 S_2，这种互相对应的时距曲线就称为“追逐”时距曲线。如图 4-18 所示，当没有穿透现象时，两条时距曲线是平行的。这时，折射波时距曲线的形态和界面的形状及速度值 v_1和 v_2有关，而与激发点的位置无关。对于沿界面滑行的折射波来说，不管激发点的远近，射线从折射界面射出的角度是不变的，即时距曲线在该点的斜率不变，因此 S_1 和 S_2 时距曲线是平行的。

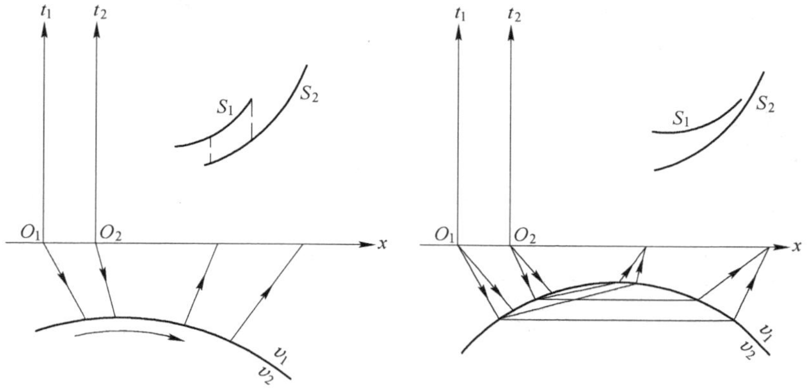

图 4-18　追逐时距曲线观测系统

当有穿透现象时，来自不同激发点的波，穿过界面之后入射角和透射角都发生了变化，因而时距曲线的斜率也发生了变化，S_1 和 S_2 时距曲线就不平行了。

追逐时距曲线观测系统还可以了解折射界面有无横向速度变化。如图 4-19 所示，水平三层大地（*a*）与有覆盖层的直立接触面（*b*）上的简单观测系统的时距曲线形态相似，无法仅根据单支时距曲线判断地下的地层结构。图 4-20 是两种地质条件下的追逐时距曲线，在只有垂向速度变化的时距曲线上，两条曲线的临界距离只有横向位置变化。而在有横向速度变化的时距曲线上，速度突变点上方的临界距离没有横向移动，只是随激发点的位置变化而出现时间上的变化，两个激发点产生的时差在曲线拐点的左边和右边相等。

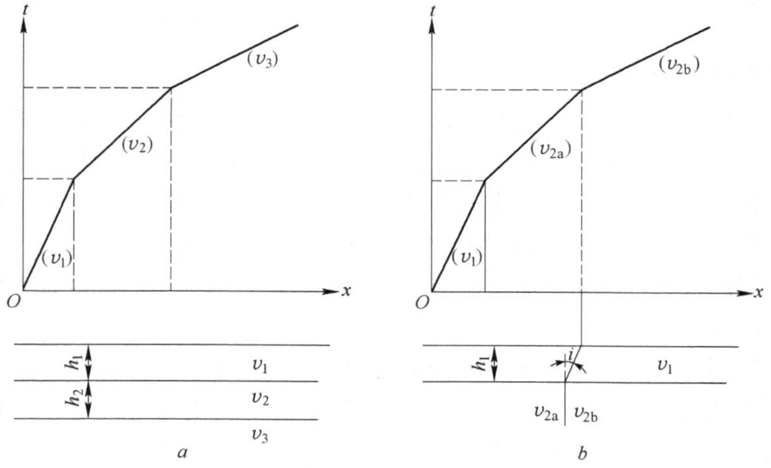

图 4-19　在三层大地和在二层大地第二层有横向变化时的时距曲线

4. 双重相遇时距曲线观测系统

在工程地震勘探中，在表层条件较复杂的情况下，有时可采用双重相遇的观测系统。

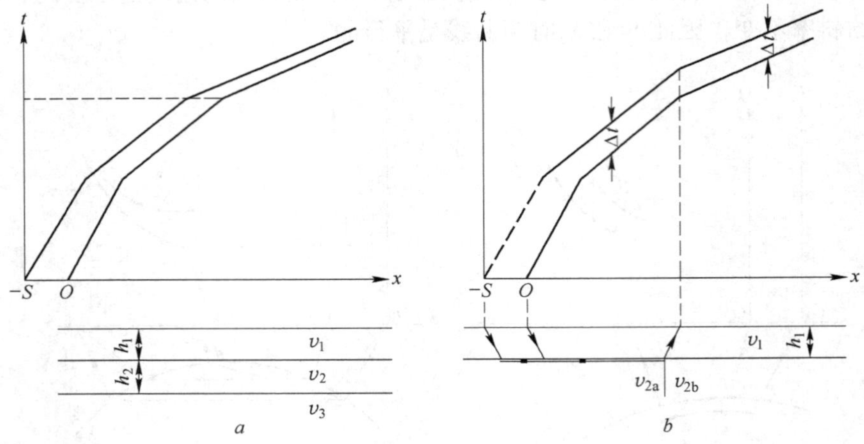

图 4-20　两种地质条件下的追逐观测系统的时距曲线

a—水平三层大地；*b*—有覆盖层的直立接触面

实际上这是相遇观测系统和追逐观测系统的综合，如图 4-21 所示。即在观测剖面的两端分别进行激发，得到一组相遇时距曲线，然后将激发点对称地各移动一段距离。再分别进行激发，又可得出一组追逐的相遇时距曲线。另外为了解表层横向速度变化可以增加一个中间激发点。这种观测系统工作效率较低，但可以利用其平行性的特点将远激发点的时距曲线平移到近激发点曲线上来，以补偿近激发点时距曲线的不足。

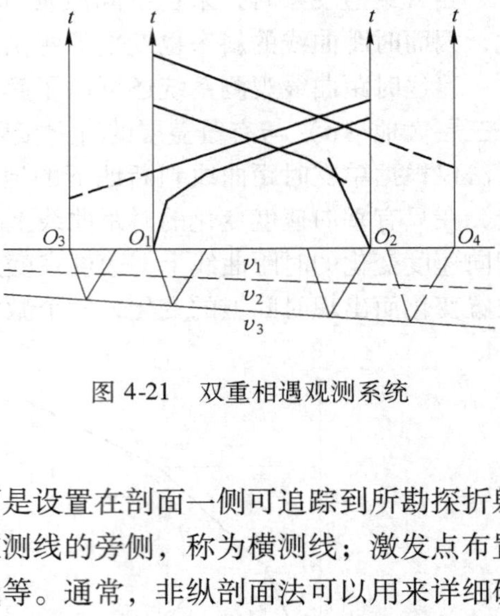

图 4-21　双重相遇观测系统

三、非纵测线观测系统

在非纵测线中，激发点不设置在剖面线上，而是设置在剖面一侧可追踪到所勘探折射界面上的初至波的一定距离上。例如激发点布置在测线的旁侧，称为横测线；激发点布置在某一点上，检波器布置在弧形线上称为弧形测线等。通常，非纵剖面法可以用来详细研究被确定的地质对象上地震记录的波形或动力学特征（波的振幅、周期等）。如在断裂破碎带、陡立地层的接触带、古河床等地质体上出现的地震波振幅的衰减；在低速局部砂岩透镜体上的时间异常等。

因此，在工程地震勘探中采用非纵剖面法的一般目的是：

（1）根据地震记录的动力学特征，划出和确定断层线或构造断裂带。此时，可采用剖面线的方向正交于预测的构造断裂走向。相邻剖面间距的选择，应能保证可靠地划分和追索这两个剖面间的断裂，归根结底，取决于具体的地震地质条件。

（2）在实际工作中，除横测线外，人们还采用环形测线或弧形测线来解决岩石、土壤的速度各向异性、确定异常体范围等特定地质问题。

采用非纵剖面法，原则上可以对所观测的时距曲线进行定量处理，画出折射界面的形态，以及确定界面速度。但其绘图的精度要比处理完整的纵剖面系统所达到的精度低。

四、激发方式和接收条件的选择

1. 激发方式

激发方式主要有炸药爆炸、敲击、夯锤以及空气枪、电火花等。这些震源各有不同的特点。在工程地震中，这几种震源均被采用。

（1）炸药震源。炸药震源一般采用井中爆炸，在井中注满水或泥浆，以促使能量向下传播并压制由于爆炸引起的各种干扰波（如面波、声波）。井中爆炸可用较少的药量得到较好的记录，但钻井费用大。有条件的地方可采用水中爆炸，在 1 ~ 3m 深的天然水池（河、湖、水塘）中进行爆炸，可用较少的药量获得较好的记录，同时可以在一点进行多次爆炸，重复性好。

（2）敲击震源。敲击震源适用于高灵敏度仪器或信号增强型地震仪进行浅层探测时使用。这种震源由大锤、金属垫板、锤击开关和连接电缆组成，用来激发纵波。激发信号由锤击开关经电缆输入记录系统，多次激发应注意金属垫板与地面的耦合状况。为了提高有效能量，应将激发点下的疏松土取掉并垫上金属板。垫板的作用是在冲击时，将冲击能分摊到一个较大的面积上，减小压强，减少塑性形变能损耗。地表疏松土壤会产生高频滤波作用，所以要将垫板下的表层土除去。采用垫板后，大锤在冲击时很快止动，使冲击的突然性增大，与此相关，有效信号初动的锋锐度和清晰度也得到提高。冲击应正对着垫板中心，否则，变换成弹性波的那部分能量就会降低。当对垫板边缘进行冲击时，相当于垫板的有效面积减小，土层的塑性应变就会增加，而当斜着冲击时，冲击强度就会降低。在坚硬岩石表面（如天然露头，露天采矿场的边坡，坑道壁等）上进行观测，大锤在冲击时将产生强烈的反弹，采用刚性较差的大锤会减小回跳能损耗。

当目的层深度较大，需要较大的能量，可采用标准贯入试验用的 63. 5kg 的落锤自由下落激发弹性波，其勘探深度可达 100m 以上。

（3）空气枪。空气枪是借助活塞放出被封闭在钢铁容器内的压缩空气的一种震源装置。一般作为水上震源。

在这些震源中，究竟采用哪一种，由测区环境及技术上的要求而定，这些震源的一般接收距离见表 4-1。

表 4-1　激发方式与有效接收距离

激发方式	有效接收距离/m	激发方式	有效接收距离/m
土　炮	300	敲　击	100
水　炮	500	夯　锤	200
井　炮	>1000	空气枪	200

使用炸药时，随着药量的增加，接收距离可以延长，而使用敲击、夯锤、空气枪作为震源时，接收距离最多为 100 ~ 200m 左右，使用信号叠加方法（采用叠加装置或信号增强装置）接收距离可以延长。

炸药多采用普通炸药或爆炸索。爆炸可在土中、水中或井中进行，一次放炮所需药量因放炮方式、地形地质条件、干扰的大小而异。药量的大致范围由离开炮点的最大接收距而定，一般与距离的平方成正比。根据大量实例，接收距离与药量的关系见表 4-2。

表 4-2　有效接收距离与炸药量的关系

炸药量/kg		0.1	0.2	0.5	1.0	2.0
有效接收距离/km	土炮	0.1 ~ 0.2	0.4 ~ 0.7			
	井炮		0.1 ~ 0.2	0.7 ~ 1.0	2.5 ~ 4.0	7 ~ 10

2. 接收条件

(1) 有效波和干扰波。在一般情况下，折射波法利用的主要是初至折射波，在地震记录中有效波为直达波和初至折射波。干扰波一般有声波、工业电、微震以及一些无规则的随机干扰等，在地震记录上形成干扰带，严重地影响了初至波的记时质量。

(2) 检波器的频率和方向特性的选择。一般根据试验确定检波器的频率，使其适应工作区内折射波主频，也可以根据探测深度来选择检波器。

检波器的方向特性，可以从两个方面讨论。第一，每种检波器都有响应最灵敏的方向，而波在传播过程中也有一定的振动方向，当检波器的最灵敏方向和波的振动方向一致时，所接收到的信号最强。例如，在接收纵波和横波时，由于纵波的振动方向和传播方向是一致的，因此，接收纵波的检波器其最灵敏方向应对准波的传播方向；而对于横波来说，其振动方向和波的传播方向互相垂直，因此，在布置检波器时，应将其最灵敏方向垂直于波的传播方向，才能接收到较强的有效信号。

(3) 地震仪滤波器的选择。工程地震仪中，大部分都装有较完善的滤波系统。例如，声波的主频段一般大于 100Hz（参见图 2-20）。而折射波的主频段为 40Hz，比声波低，可以用低通滤波装置来压制声波。工业电通过电磁感应影响地震记录，所以接收点应尽量避开干扰源，并利用仪器的滤波器压制工业电的干扰。

对于一个特定的工作地区，是否需要使用滤波器或使用什么频率段的滤波器，要通过试验来确定。

(4) 检波器的安置条件。检波器的安置对地震记录有直接关系，为减小地表疏松沉积层对波的吸收和微震干扰，要将检波器安放在 0.2m 深的浅坑中。更重要的是土壤表面和检波器的底面的接触，它们构成了检波器-土壤的振动系统，该系统的固有频率与土壤的弹性、接触的特点、检波器质量有关。

当检波器安置在刚性岩石上时，固有振动的叠加能使记录形状强烈畸变。为避免这种现象，可加深检波器坑的深度和增大检波器和土壤的接触面，把检波器埋直、埋紧以提高系统的固有频率。试验表明，检波器-土壤振动系统的频率特性与土壤的成分有关，泥炭土、沙土、黑土的固有频率在 15 ~ 80Hz 之间，黏土则在 110 ~ 170Hz 之间，石英砂、铁质角页岩、片麻岩、花岗岩则在 200 ~ 700Hz 之间。由此可见，检波器如果放在松软的表土上，谐振频率在仪器的通频带内，会使检波器-土壤系统在工作中长时间自由振动而降低分辨能力。最好的安置条件是较致密的土壤或岩石。土壤的密度和波速越大，系统的谐振频率越高；为改变系统谐振频率，可在检波器下铺 1 ~ 2cm 的薄层湿沙或黏土。在泥炭沼泽区等表面有强烈吸收的地区，可把检波器埋在低速带的底面以下。

第三节　折射波资料的整理和解释

一、资料整理

折射波资料整理的主要内容有：初至折射波波至提取、时距曲线绘制、校正等。

1. 波的对比和分析

波的对比和分析就是在地震记录上判断有规律的同相轴是哪一种类型的波，是否来自同一界面。波的对比和分析利用折射波的运动学和动力学特征，在地震记录上识别每一界面的有效波。折射波法利用的是来自各折射界面的初至折射波及沿地表面传播的直达波。

在地震波形记录上的各有效波是来自各个界面的，而来自同一界面的波是受这一界面的埋藏深度、岩性、产状、覆盖层的性质等因素影响。一般，这些因素在较小的一段距离内变化不大。因此，同一界面的有效波在相邻各道上的特点是相似的，这就是波的对比的主要依据，如图 4-22 中波形记录各道所示的初至折射波相位相同，波形十分相似，振幅随着距离的增大有规律的衰减。折射波或其他有效波对比的主要标志有：同相性、波形的相似性、振幅的变化等。

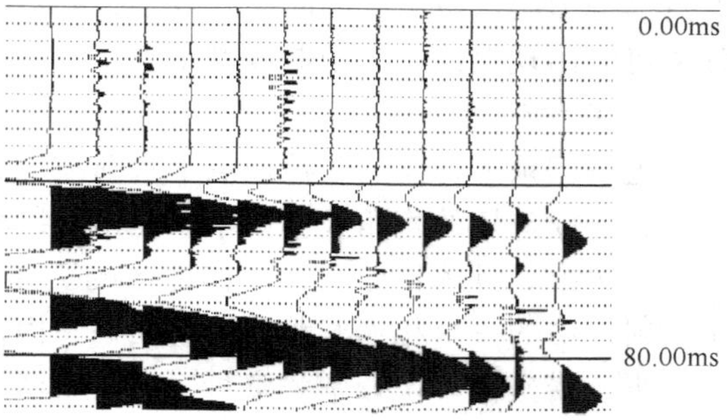

图 4-22　初至折射波记录

（1）同相性。由于同一界面的波到达相邻很近的两个接收点的路径是相似的，因而有效波的相同相位到达相邻两道的时间也很相近，在记录上这些相同相位的连线（称为同相轴）应该是平滑的，而且延伸较长。相邻相位的同相轴应是平行的。

（2）波形的相似性。来自同一界面的波，在相邻道上的振动图形是相似的，波形相似的特点反映在波形记录上为相邻道振动图的视周期、相位数、振动的强弱以及振动延续时间等保持相似关系。

（3）振幅的变化。在地震记录上，有效波出现时其能量通常大于干扰背景的能量。即振幅显著增强，而且单独的一组波与较早或较晚到达的振动常以一定的强度差异而区别开来。

初至折射波的对比较为简单，因为它最先到达检波器，波的初至比较清晰。但由于工程地震中，浅层折射波的振动频率较高，而且表层覆盖物疏松复杂，将会造成波的强烈衰减。在确定初至折射波的真实时间时，必须经常注意和认真分析波的衰减和变化，否则将会得出错误的结论。

在较长距离上追踪某一界面的折射波时，采用多张记录进行对比。这时，在两相邻排列的记录上，利用互换点上同一界面的有效波的传播时间和波形相似的特点进行对比连接。在同一个排列上分辨来自两个不同界面的折射波时，还需要考虑波至时间斜率的变化。

在工程勘察工作中，地震勘探主要目的层在风化层或第四系的地层中，折射界面较多，每层的厚度较薄，各层的速度差异不大，表层的吸收系数很大。因此，造成第一个界面的折射波急速衰减、消失，第二个或以下界面的折射波在地震记录上成为初至波；而来自各界面的折射波互相干涉，引起一些合成的波形和视速度的畸变。这些现象影响了折射波波形的对比分析和追踪。

2. 校正

在折射波法野外施工中，有时一条测线上的激发点或检波点不在同一水平面上，震源点在地下某一深度，这些因素改变了折射波的传播路径和到达时间，从而影响解释结果，因此，需要对折射波资料进行校正。折射波资料整理中进行的校正，主要包括检波点的地形校正，震源点深度校正等（见第五章第四节）。

一般在高差引起的时间差较大的情况下才进行这类校正。如果震源点的深度不大，而检波点上地形起伏所引起的时间差较小，则对时距曲线解释进行手工平滑。这是因为校正过程中可能出现误差使时距曲线畸变。

3. 时距曲线的绘制

在地震记录上，读出各检波点上折射波到达时间后，将其绘在以时间为纵坐标、以检波点位置为横坐标的直角坐标系中。在工程勘察中一般距离比例尺等于检波距，时间比例尺以清晰为准，具体根据实际工作地区的工作目的和成图要求而定。图 4-23 为某选址工程中折射波法的一个相遇时距曲线剖面，它由多个正、反方向追逐时距曲线经外延或内插而成。纵、横坐标单位分别为毫秒（ms）和米（m），图 4-23 中的 T 为实际测量获得的互换时间，是折射波资料解释中的一个重要数据。

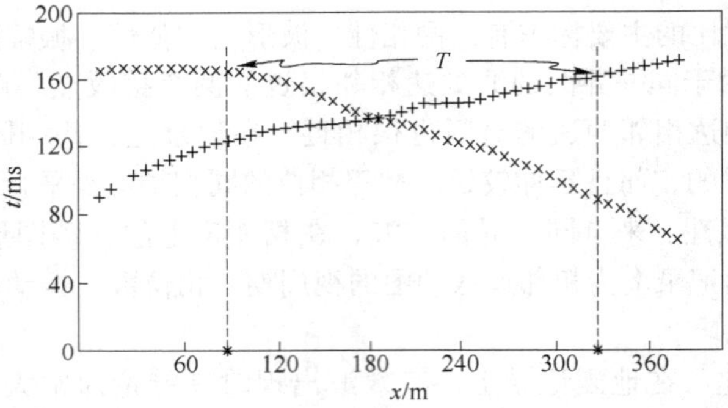

图 4-23　实测相遇时距曲线

二、截距时间法求界面深度

1. 求表层速度和界面速度

在折射界面平缓的情况下，利用直达波和折射波时距曲线的斜率求出表层速度、界面速度和激发点下界面深度。如果浅部有多个折射界面时，目的层只有一个，常用有效速度代替目的层以上多层介质速度，仍用截距时间法求折射界面深度。

2. 交点法求速度

设有若干个折射层，v_1，v_2，v_3，…，v_n 等，在地面测得的时距曲线分别为 S_1，S_2，

S_3，$\cdots S_n$等，如图4-24所示。各条时距曲线斜率的倒数分别为各对应层的层速度。如果目的层是求v_2和v_3的界面，可将v_1和v_2看成一个综合层，这个综合层的速度求取如图4-24所示，找出时距曲线S_2和S_3的交点N，从N到坐标原点O连线，此直线的斜率倒数便是该综合层的有效速度，即：

$$v_{1,2} = \frac{\Delta x}{\Delta t} \tag{4-22}$$

这是一种近似的方法，当折射界面埋深不大时，可得到精确的有效速度。界面埋深较大时，会产生较大的误差。

对于倾斜的平界面，必须用相遇时距曲线的两条曲线分别计算有效速度，然后取两者的平均值。

3. *截距时间法求界面深度*

如图4-25所示，设O_1和O_2分别为两个激发点，得到两条相遇时距曲线S_1和S_2。当此倾斜界面为平面时，S_1和S_2皆为直线段，若将S_1和S_2延长，分别和其对应的时间轴相交于t_{01}和t_{02}，根据折射波的截距时间利用式（4-5）得出h_1和h_2，以O_1和O_2为圆心，分别以h_1和h_2为半径作圆，然后作这两圆的公共切线，便得到所求的折射面。

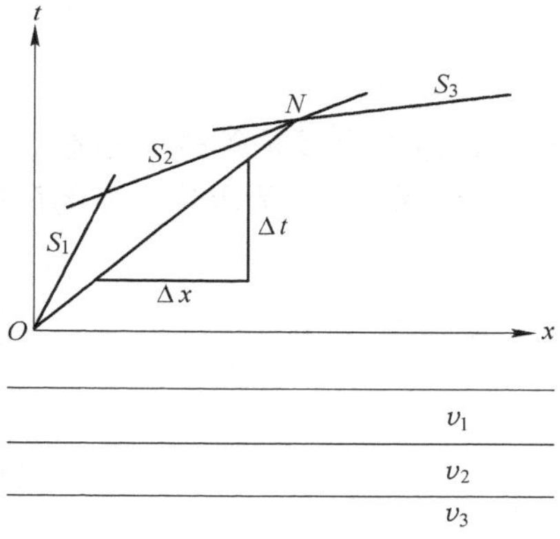

图4-24　交点法求速度

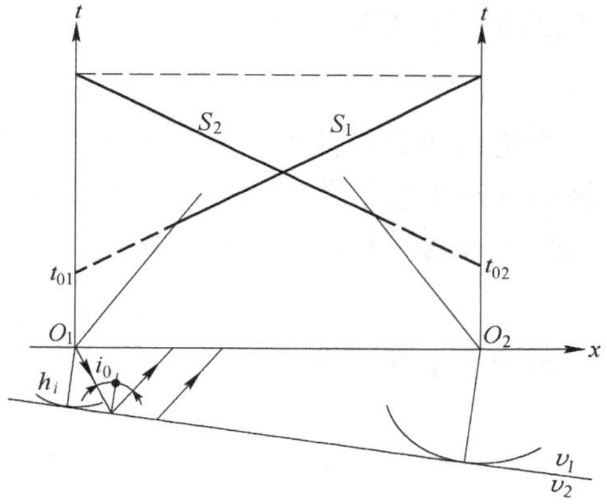

图4-25　截距时间法求界面深度

以上讨论的是倾斜界面的情况，对于水平的平界面，则更为简单。但是如果是起伏或弯曲的界面，则需要使用其他的方法来进行解释。

三、t_0、θ函数法求界面深度

这种解释方法利用相遇时距曲线观测系统获得的正、反两个方向上的数据求折射界面每个检波点处的折射界面速度和深度。

1. *t_0法求界面深度*

如图4-26a所示，设在O_1和O_2点激发，得到两条折射波时距曲线S_1和S_2，对应于测线上的点S可得到折射波传播时间，其中t_1和t_2分别表示为：

$$t_1 = t_{O_1ABS}$$

$$t_2 = t_{O_2DCS}$$

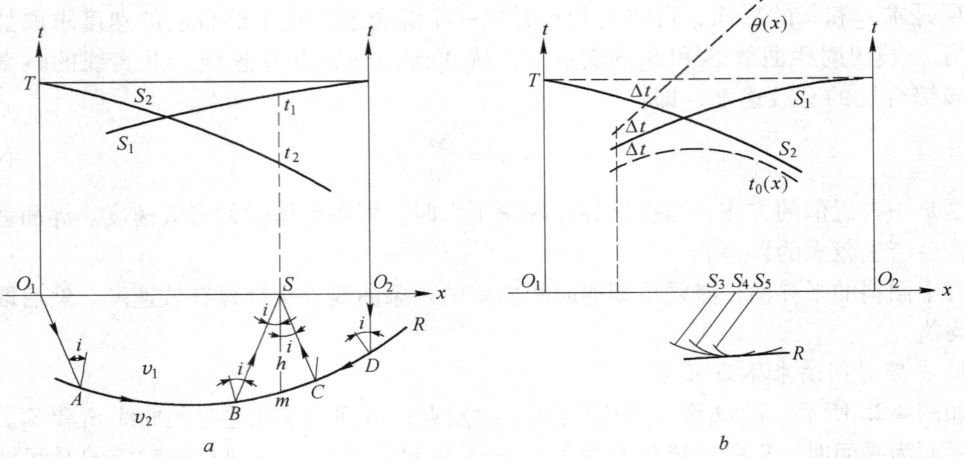

图 4-26　t_0 法原理图

在 O_1 点激发的折射波沿界面传播到达 O_2 点的时间与折射波从 O_2 沿相同路径相反方向传播到 O_1 点的时间相同，称为互换时间 T

$$T = t_{O_1AB} + t_{BC} + t_{O_2DC}$$

当折射面 R 的曲率半径比埋深大得多时，可以把 SBC 近似地看成是等腰三角形。从检波点 S 绘垂直平分线 Sm，则 Sm 等于 S 点下方折射面的法线深度 h。为求这一点的深度 h，设计 t_0 函数的表达式为：

$$t_0 = t_1 + t_2 - T = t_{BS} + t_{CS} - t_{BC} \tag{4-23}$$

根据图 4-26 可得到：

$$t_{BS} = t_{CS} = \frac{h}{v_1 \cos i} \tag{4-24}$$

$$t_{BC} = 2t_{BM} = \frac{2h\tan i}{v_2} = \frac{2h\sin^2 i}{v_1 \cos i} \tag{4-25}$$

将上式（4-24）和式（4-25）代入式（4-23），整理后得：

$$t_0 = \frac{2h}{v_1 \cos i}(1 - \sin^2 i) = \frac{2h\cos i}{v_1} \tag{4-26}$$

式（4-26）的形式和截距时间完全相同，但其表示的深度不是震源下的折射界面的深度，而是 S 点下的折射界面的法线深度。根据 S_1 和 S_2 计算出的测线上各点的 $t_0(x)$ 值如图 4-26*b* 所示。根据式（4-26），界面任意一点的深度可用下式计算，

$$h = \frac{v_1 t_0}{2\cos i} \tag{4-27}$$

利用式（4-27）求出界面上各点的深度和截距时间法式（4-5）类似。因此，此方法也称为 t_0 法。

式（4-27）中的 $\cos i$ 值需要 v_2 才能计算出来，折射界面每一点的速度值可用下面的方

法求得。

2. *差数时距曲线法求速度*

设计差数函数 θ 的表达式为：

$$\theta = t_1 - t_2 + T \tag{4-28}$$

根据 S_1 和 S_2 计算出的测线上各点的 θ（x）值如图 4-26b 所示。由于 t_2 是反向接收的时距曲线，应取负值。参考式（4-14）和式（4-15），θ 函数的斜率为：

$$\frac{\Delta\theta}{\Delta x} = \frac{\Delta t_1}{\Delta x} - \frac{\Delta t_2}{\Delta x} = \left|\frac{1}{v_{下}^*}\right| + \left|\frac{1}{v_{上}^*}\right| = \frac{\sin(i+\varphi)}{v_1} + \frac{\sin(i-\varphi)}{v_1} = \frac{2\cos\varphi\sin i}{v_1} = \frac{2\cos\varphi}{v_2} \tag{4-29}$$

由式（4-29）

$$v_2 = 2\cos\varphi\frac{\Delta x}{\Delta\theta} \tag{4-30}$$

如果折射界面倾角小于 15°，则 $\cos\varphi \approx 0$，式（4-30）为：

$$v_2 = 2\frac{\Delta x}{\Delta\theta} \tag{4-31}$$

因此，当折射面起伏不大时，用式（4-31）可以求得折射界面的速度，在 v_1 已知的条件下，根据 t_0 函数，即式（4-27）可获得测线上各点的折射界面法线深度。

绘制折射面时，以各点的 h 为半径、S 为圆心作弧，圆弧轨迹切面就是折射面的可能位置。同样地，各测点相应圆弧的包络就是所求的折射面，如图 4-26b 所示。

由式（4-31）可知，折射界面的速度是由差数时距曲线的斜率决定的，因此利用差数时距曲线斜率的变化，还可以划分出折射界面的横向速度的变化。

在实际应用中，只要 v_1 准确，t_0、θ 函数法可以不要求进行地形校正，而且无论是对水平界面或曲率不太大的弯曲界面，此法都能适用。这些优点使它成为折射波法资料解释中常用的一种方法。但由于它实质上是以测点为顶点的近似等腰三角形的高作为折射界面的深度。对于两翼坡度较大的凹界面或凸界面，解释结果将改变界面的中心地段的 h 值，前者偏小，后者偏大。这种误差必然使折射界面的起伏变得平缓。因此方法的应用前提条件是：折射面的曲率半径比其埋深要大得多；界面倾角小于 15°；地震波沿折射面滑行时没有穿透现象。

对于两层以上的 n 层结构，为求第 n 层的界面速度 v_n 与埋深 H，可用平均速度为 $\bar{v}$，厚度为 $H = h_l + h_2 + \cdots + h_{n-1}$ 的代替层，与第一至第 $n-1$ 层的介质作等效置换，使它变成二层结构，其余的步骤和二层结构完全相同。

四、广义互换时法

广义互换时法是近年来最常用的折射波资料解释方法之一。与 t_0、θ 函数法类似，广义互换时法也需要用相遇剖面解释不规则的折射界面，在地层倾角小于 20°时，误差很小。广义互换时法设计的函数与 t_0、θ 函数法的思路不同，并引入最佳 XY 距离的概念，能够更精确地解决界面深度的问题。

1. *速度分析*

描述广义互换时法原理的折射波射线路径如图4-27所示，其中A和Y分别为正方向激发点和接收点，B、X分别为反方向激发点和接收点，G为XY的中点。

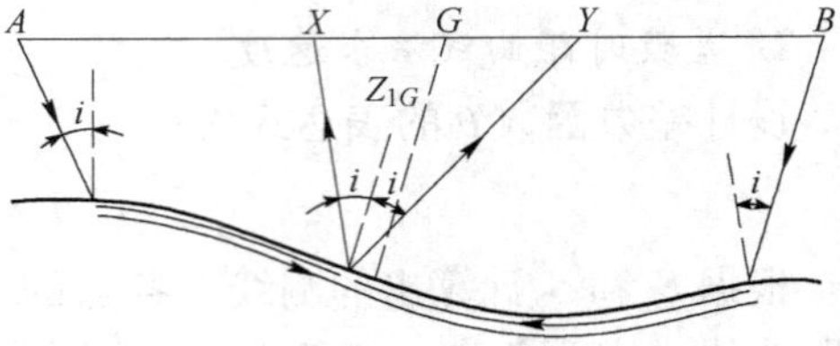

图4-27 最佳XY时的射线路径

广义互换时法求折射界面速度的方法称为速度分析，速度分析函数的表达式为：

$$t_v(AG,XY) = \frac{t_{AY} - t_{BX} + t_{AB}}{2} \tag{4-32}$$

式中，t_v为速度分析值，它是距离AG和XY的函数；t_{AY}和t_{BX}为从不同方向沿临界折射路径从一点到另一点（由下标注明）的传播时间。t_{AB}为互换时间。传播路径如图4-27所示。

如果XY的大小选择如图4-27所示，则正向和反向传播的折射波在界面上同一点向地面X或Y点出射，对应的Z_G为折射界面在G点的深度，能够使正向和反向传播的折射波在界面上同一点出射的XY距离，称为**最佳**XY。

按式（4-32）计算速度分析值t_v的记录点G置于与正向检波点Y和反向检波点X的中点位置（图4-27）。于是，以距离为横坐标，以t_v为纵坐标，也可以像绘制时距曲线一样画出速度分析值曲线。

t_v与时间的量纲相同，速度分析函数在任一位置对距离的导数（数值上等于速度分析值曲线在该点的斜率）即为折射层与该位置相应点的速度的倒数。由此可以用求导数的方法，求出测线上任一点的速度。

根据式（4-32），或从图4-27中可以看到：距离AY和BX可以分别用距离XY和AG表示成：

$$\begin{aligned} AY &= AG + \frac{XY}{2} \\ BX &= AB - AG + \frac{XY}{2} \end{aligned} \tag{4-33}$$

因此，t_v不仅是距离AG的函数，而且也是距离XY的函数。选用不同的XY值，按式（4-32）便可计算出许多不同的速度分析值曲线。其中最光滑的（或细节最不详尽的）速度分析曲线最适于用来确定折射层的速度。这样的曲线一经选出，最佳XY值也就随之而定，这个距离使正向和反向传播的折射波在界面上同一点出射。同时，最佳XY值在广义互换时法的时深函数计算中要用到。

如果XY为零，即正、反方向的折射波射线都从折射界面上同一点发出，在地面同一点被接收到。这样的情形只有在临界角为零的情况下才能成立，按斯奈尔定律这相当于下层介质的速度无限大。不过，当上下层介质存在很大的速度差异时，也可能接近上述情况。例如，当非饱和水的冲积层或土壤覆盖在未风化的完整基岩之上时，速度比可以低到0.005，临界角不超过1°（参看图4-28）。

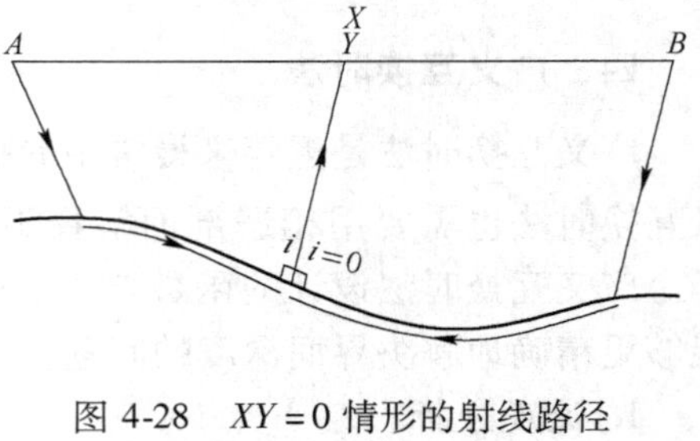

图4-28 $XY=0$情形的射线路径

2. 时深偏移

时深偏移的过程是求折射界面深度并将深度

点从检波点正下方的位置偏移到它在空间的正确位置上，称为时深偏移。

广义互换时法求折射界面深度的函数称为时深函数，其表达式为：

$$t_g(AG,XY) = \frac{t_{AY} + t_{BX} - t_{AB} - XY/v_n(AG)}{2} \tag{4-34}$$

式中，t_g为时深函数值；V_n（AG）为折射界面在每一个 G 点的速度，它可由速度分析函数求出；其余各量的意义与图 4-27 所示相同。

对于每一个 XY 值可得到一条时深曲线，其中，细节最为详尽的时深曲线所对应的 XY 值为最佳 XY 值，它与用速度分析曲线确定 $XY_{最佳}$的法则正好相反。

绘制 t_g曲线族的主要目的是进一步肯定最佳 XY 值。将两个相反的法则分别应用于速度分析函数和时深函数，应该得出相同的 XY 最佳值。

在有多个折射界面存在的情况下，在每一个 G 点，时深函数 t_g与目标折射层上部各层的厚度以及包括目标层在内的各层的速度之间的关系由下式表示：

$$t_g(AG,XY_{最佳}) = \sum_{j=1}^{n-1} Z_{jG}\left\{\frac{[v_n(AG)^2 - v_j(AG)^2]^{1/2}}{v_j(AG)v_n(AG)}\right\} \tag{4-35}$$

式中，t_g 由式(4-34)，取最佳 XY 值算出。然后用式(4-35）可求出各个 Z_{jG} 值:令 $n = 2$，求出 Z_{1G}；$n = 3$，进而得出 Z_{2G}，依此做下去，直到算出 $Z_{(n-1)G}$。同折射波的其他解释方法一样，$Z_{(n-1)G}$ 是计算点下折射界面的法线深度。以 $Z_{(n-1)G}$ 为半径作一系列圆弧，其包络线为折射界面。

广义互换时法解释折射界面的精度与 G 位置的间距有关。横向分辨率依赖于检波器间距，最佳 XY 值能否选准亦直接与检波器间距有关；深度计算过程又与最佳 XY 参数的正确选择和使用密切相关。因此，野外工作应该选择尽可能小的检波器间距，建议在长度为最佳 XY 值的区间内至少应设 3 个检波器。然而，由于工作效率和经费的限制，检波距也不能选得过小。采用较小的检波距虽然可以较为精确地选出最佳 XY 值和绘出折射界面，但随之而来的是生产费用的增高和数据采集速率的降低。

第五章　反 射 波 法

与折射波的产生不同，地震波向地下深部传播时，在两种地层的分界面上，无论界面的波阻抗增大还是减小都会产生反射信号。即使上下岩层的波速不变，只要密度发生变化，其分界面也能产生反射波。反射波法能够较直观地反映地层界面的起伏变化，而且还能探测折射波法无法探测的隐伏低速层、空洞以及其他异常物体。

在工程勘察中使用的浅层反射波法研究目标是浅层分层、确定几十米以内的较小的地质构造以及寻找局部地质体等。这就要求很高的分辨率。为了获得较高的分辨率，浅层反射波法的工作频率要比中、深层地震反射波的频率高一个数量级，一般为几百赫兹。

在浅层反射波法中还碰到了许多深层反射波法中不存在的干扰和困难，例如较强的面波干扰，折射波初至区引起的麻烦，近地表物质不均匀性，以及震源脉冲的持续振动信号使得多种波重叠、干涉等，构成了浅层反射波法本身的特点。此外，在较浅的部位，界面常常有破裂和局部的不规则变化，如逐渐变化的风化带、含水层等都会降低反射质量。

反射波法的数据采集和资料处理都比折射波法复杂得多，特别是在干扰较大的市区开展浅层或超浅层地震勘探时，复杂的外界条件加大了施工及解释的难度。近年来，在高频地震脉冲的激发和接收、数据处理、解释技术、仪器的分辨率、压制和消除各种干扰波方面都有了很大的提高和发展，反射波法已经成为工程地震中最为重要的、较成熟的方法之一。

第一节　反射波时距方程及理论时距曲线

一、水平两层介质的反射波时距曲线和正常时差的概念

设地下层状介质结构如图 5-1 所示，有一水平波阻抗界面 R，界面埋深 h，界面上部的波速为 v。在地表 O 点激发产生的地震波传播到界面 R 以后，一部分能量反射回到地面，在 D_1、D_2、D_3 等各 x 点依次接收到反射波。根据图 5-1 中反射波的传播路径，可以把从 O 点出发的反射波看成从 O^* 点（虚震源点）以速度 v 直接传播到地面接收点的波。反射波的传播时间为：

$$t = \frac{1}{v}\sqrt{(2h)^2 + x^2} \qquad (5\text{-}1)$$

式（5-1）可写为：

$$\frac{t^2}{\left(\frac{2h}{v}\right)^2} - \frac{x^2}{(2h)^2} = 1 \qquad (5\text{-}2)$$

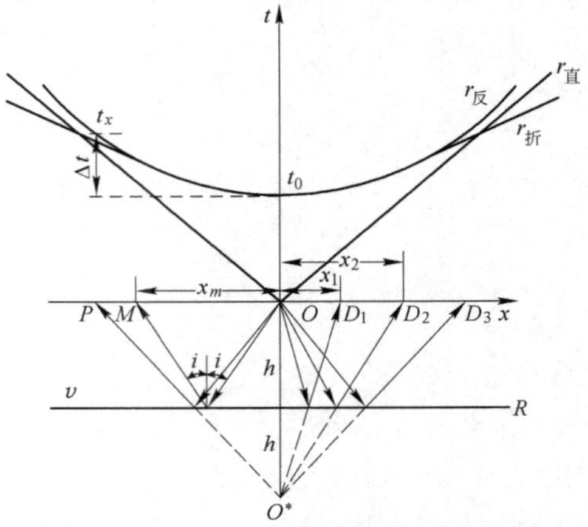

图 5-1　水平二层结构反射波路径及时距曲线

在激发点接收的反射波时间 t_0称作双程垂直时间，在式（5-1）中，令 $x=0$，得：

$$t_0 = \frac{2h}{v} \tag{5-3}$$

由此可得：

$$h = \frac{1}{2}vt_0$$

因此，根据 t_0时间可以确定水平界面的埋深。

从式（5-2）可知，双曲线的渐近线的斜率为 $1/v$。即直达波时距曲线是反射波时距曲线的渐近线。一般情况下，直达波先于反射波到达接收点。

若界面 R 还是一个折射界面，则在 x_m点接收到以临界角入射并反射的波，它既是反射波的射线，又是折射波的起始射线（参见图 5-1），所以在 x_m点反射波和折射波的时距曲线相重合。也可以说，二者在此点相切。显然，在临界点附近，反射波受到折射波的干扰。

根据反射波时距方程可求得沿测线变化的视速度

$$v^* = \frac{\mathrm{d}x}{\mathrm{d}t} = v\sqrt{1 + \left(\frac{2h}{x}\right)^2} \tag{5-4}$$

从式（5-4）可看出，在震源点附近，v^*趋于无穷大，而在离震源较远的地方，v^*趋于真速度 v。视速度变化的原因，在于反射波在反射界面各点的出射角不同。另外，从式（5-4）可知反射界面越深，时距曲线越平缓，视速度越大。

将式（5-1）两边平方得

$$t^2 = \frac{x^2}{v^2} + \frac{(2h)^2}{v^2} \tag{5-5}$$

以 x^2为横坐标，t^2为纵坐标，可得式（5-5）的 x^2-t^2分析图。在图 5-2 中，反射波时距曲线简化为一条直线。在 $x=0$ 时，可得

$$t_0^2 = \frac{(2h)^2}{v^2}$$

因此，既可以由直达波时距曲线的斜率求得表层介质的波速，也可以用 x^2-t^2分析图中直线的斜率求得反射界面上部覆盖层的速度。

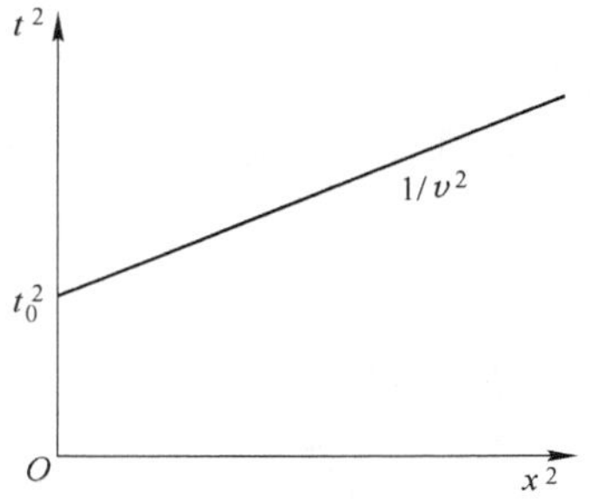

图 5-2　x^2-t^2分析图

覆盖层速度为：

$$v = \sqrt{\frac{1}{斜率}} \tag{5-6}$$

在地震反射波的识别和资料解释中经常用正常时差的概念。如图 5-1 所示，任一观测点 P 的反射波传播时间 t_x和同一反射界面的双程垂直时间 t_0的差，定义为正常时差，用 Δt 表示，它的一般表达式为：

$$\Delta t = \sqrt{\left(\frac{x}{v}\right)^2 + t_0^2} - t_0 \tag{5-7}$$

当接收点至震源的距离与深度比很小（即 $x \ll 2h$）时，可以用二项式展开式(5-1)，

形式为：

$$t = \frac{2h}{v}\left[1 + \left(\frac{x}{2h}\right)^2\right]^{\frac{1}{2}} = t_0\left[1 + \left(\frac{x}{2h}\right)^2\right]^{\frac{1}{2}}$$

$$= t_0\left[1 + \frac{1}{2}\left(\frac{x}{vt_0}\right)^2 - \frac{1}{8}\left(\frac{x}{vt_0}\right)^4 + \cdots\right]$$

舍去二次项以上的高次项，正常时差可近似地表示为：

$$\Delta t \approx \frac{x^2}{2t_0 v^2} \tag{5-8}$$

式（5-8）表明，对同一反射层而言，当 v 和 t_0 为常数时，正常时差与炮检距的平方 x^2 成正比。显然，在水平界面的情况下，正常时差是由于炮检距的不同而引起的反射波传播时间之差。炮检距相同时，不同的反射层上部地层的 v 和 t_0 都不同。正常时差与速度的平方成反比，与反射界面的深度（或双程垂直时间）成反比。

正常时差可作为判断地震记录上的同相轴是否为正常反射波的标准。采用共深度点水平叠加技术在叠加之前要消除正常时差，正常时差也是速度分析的基础。

二、倾斜界面的反射波时距曲线和倾角时差的概念

设地下有一倾斜反射界面，如图 5-3 所示。倾角为 φ，界面与地面之间为均匀介质，波速为 v。在 O 点激发，沿测线 x 进行观测，自震源 O 到达 R 点的反射波传播路径可以看成从虚源点 O^* 直接传播到 R 点。

反射波传播时间 t 为：

$$t = \frac{O^*R}{v} \tag{5-9}$$

其中 $$O^*R = \sqrt{O^*D^2 + DR^2} = \sqrt{(2h\cos\varphi)^2 + (x + 2h\sin\varphi)^2}$$

化简后代入式（5-9），则：

$$t = \frac{1}{v}\sqrt{4h^2 + x^2 + 4hx\sin\varphi} \tag{5-10}$$

经过变换可写成：

$$\frac{t^2}{\left(\frac{2h\cos\varphi}{v}\right)^2} - \frac{(x + 2h\sin\varphi)^2}{(2h\cos\varphi)^2} = 1 \tag{5-11}$$

式（5-10）和式（5-11）是倾斜界面的反射波时距曲线方程。可见，倾斜界面的反射波时距曲线仍为双曲线，极小点的坐标为

$$x_{min} = -2h\sin\varphi$$
$$t_{min} = \frac{2h\cos\varphi}{v} \tag{5-12}$$

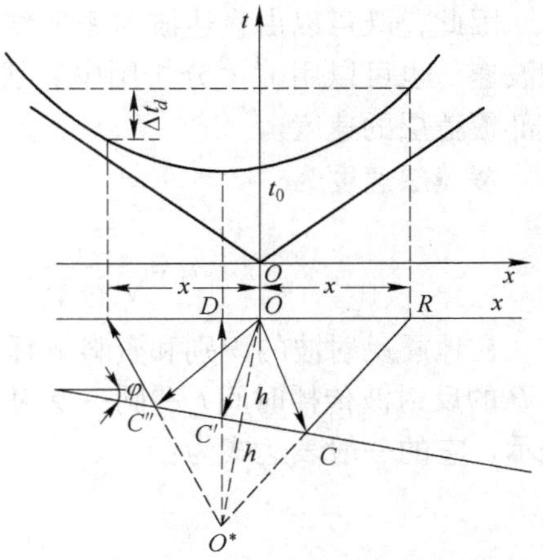

图 5-3 倾斜二层结构及反射波时距曲线

显然，极小点向界面的上升端偏移了 x_{min}，反

射波时距曲线相对于过 $x_{\min}$ 点平行于 t 轴的直线对称。式（5-10）中的界面倾角符号可以取正值，也可以取负值，当所选的 x 轴与界面的下倾方向一致时取正号，反之为负。

在 $x=0$ 时，可得地震波返回震源的双程垂直时间，在时距曲线上是反射波时距曲线与时间轴的交点 t_0，即

$$t_0 = \frac{2h}{v} \tag{5-13}$$

式中，h 表示震源点到反射界面的法线深度，如图 5-3 所示。

倾角时差的概念：震源两边等距离的两个观测点的时间差 Δt_d 称为倾角时差。利用倾角时差可求得界面的倾角。为此将式（5-10）展开，得

$$t = \frac{2h}{v}\left[1 + \left(\frac{x^2 - 4hx\sin\varphi}{4h^2}\right)\right]^{\frac{1}{2}}$$

$$\approx t_0\left(1 + \frac{x^2 - 4hx\sin\varphi}{8h^2}\right)$$

震源两边上倾方向和下倾方向等距离的两个观测点的传播时间分别为：

$$t_{-x} \approx t_0\left(1 + \frac{x^2 + 4hx\sin\varphi}{8h^2}\right)$$

$$t_x \approx t_0\left(1 + \frac{x^2 - 4hx\sin\varphi}{8h^2}\right)$$

两个观测点的倾角时差为：

$$\Delta t_d \approx t_0\left(\frac{x\sin\varphi}{h}\right) = \frac{2x\sin\varphi}{v}$$

用倾角时差可求出界面倾角 φ。如果把这两个观测点之间的距离 $2x$ 写成 Δx，

则

$$\sin\varphi \approx v\left(\frac{\Delta t_d}{\Delta x}\right) \tag{5-14}$$

当倾角很小时，$\varphi \approx \sin\varphi$，所以倾角正比于倾角时差 Δt_d。当已知速度资料时，可根据倾角时差求得真倾角。此外，倾角时差与 Δx 成正比时，为了提高测量倾角的精度，应尽可能采用较大的 Δx 值。

三、多个水平层的反射波时距曲线

如图 5-4 所示的一组水平层状介质，在 O 点激发，经过 n-1 个界面在第 n 个界面反射后传播到达 S 点的旅行时为：

$$t = 2\sum_{i=1}^{n} \frac{h_i}{v_i\cos\alpha_i} \tag{5-15}$$

根据斯奈尔定律有

$$\frac{\sin\alpha_1}{v_1} = \frac{\sin\alpha_2}{v_2} = \cdots = \frac{\sin\alpha_i}{v_i} = P$$

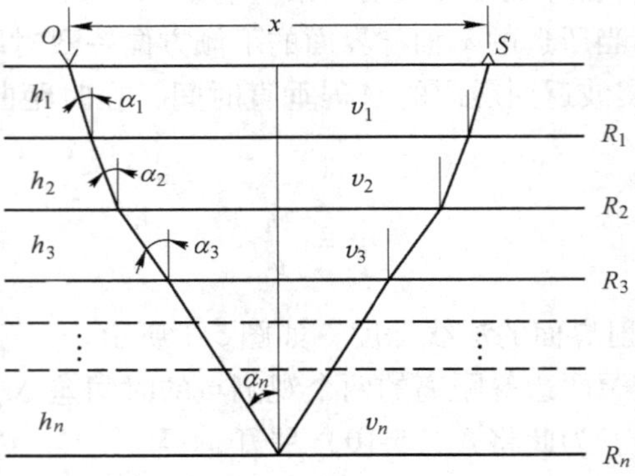

图 5-4　水平多层结构的反射波传播路径

$$\begin{aligned}\sin\alpha_i &= Pv_i \\ \cos\alpha_i &= \sqrt{1 - P^2 v_i^2}\end{aligned} \tag{5-16}$$

将式（5-16）代入式（5-15），得

$$t = 2\sum_{i=1}^{n} \frac{h_i}{v_i\sqrt{1 - P^2 v_i^2}} \tag{5-17}$$

令 $t_i = \dfrac{h_i}{v_i}$ 为波在各分层中的单程垂直时间，将式（5-17）应用二项式展开为：

$$t = 2\sum_{i=1}^{n} t_i\left(1 + \frac{1}{2}P^2 v_i^2 + \frac{1}{2}\,\frac{3}{4}P^4 v_i^4 \cdots\right)$$

当 α 较小时，$Pv_i = \sin\alpha_i$ 的高次项又可以略去，于是可得近似式

$$t = 2\sum_{i=1}^{n} t_i\left(1 + \frac{1}{2}P^2 v_i^2\right)$$

而第 n 层的双程垂直时间为：

$$t_{0n} = 2\sum_{i=1}^{n} t_i$$

从而可得

$$t = t_{0n} + \sum_{i=1}^{n} t_i P^2 v_i^2 \tag{5-18}$$

将式（5-18）平方，并略去高次项，得：

$$t^2 = (t_{0n})^2 + 2(t_{0n})\sum_{i=1}^{n} t_i P^2 v_i^2 \tag{5-19}$$

由图 5-4 可知，观测点 S 的横坐标为：

$$x = 2\sum_{i=1}^{n} x_i = 2\sum_{i=1}^{n} h_i\tan\alpha_i = 2\sum_{i=1}^{n} \frac{h_i P v_i}{\sqrt{1 - P^2 v_i^2}} \tag{5-20}$$

式（5-20）的二项式展开为

$$x = 2\sum_{i=1}^{n} h_i P v_i\left(1 + \frac{1}{2}P^2 v_i^2\right) = 2\sum_{i=1}^{n} t_i P v_i^2 + \sum_{i=1}^{n} t_i P^3 v_i^4$$

略去第二项，整理可得：

$$P = \frac{x}{2\sum_{i=1}^{n} t_i v_i^2} \tag{5-21}$$

将式（5-21）平方，并代入式（5-19）得

$$t^2 = t_{0n}^2 + \frac{x^2}{v_\sigma^2} \tag{5-22}$$

式中

$$v_\sigma = \left[\frac{\sum_{i=1}^{n} t_i v_i^2}{\sum_{i=1}^{n} t_i}\right]^{\frac{1}{2}} \tag{5-23}$$

v_σ 称为均方根速度。由此可知，在水平层状介质的情况下，水平多层介质和水平两层介质的反射波时距曲线方程在形式上相同，时距曲线都为双曲线。这就意味着在多层介质的情况下，当入射角较小（炮检距较小）时，可以用均方根速度 v_σ 代替反射界面以上多层介质的速度，这样就把介质假想成具有均方根速度的均匀介质。当炮检距和界面深度之比 $\frac{x}{h}$ 小于0.5时，这种假设引起的误差很小，但随炮检距加大，误差增大。

另外有一种更为简单的办法，采用平均速度的概念，把反射界面以上的多层介质简化成均匀介质，在地震波的入射角较小时，简化的时距曲线与实际的时距曲线基本上符合，随着炮检距增大，简化介质的时距曲线比真实介质的时距曲线要陡，平均速度比均方根速度要小。水平四层结构的各层反射波时距曲线如图5-5所示，当速度逐层增大时，各反射界面上产生的反射波时距曲线的斜率逐渐减小。

倾斜多层介质的反射波时距曲线方程更为复杂，利用虚震源的概念可以很容易地给出它们的反射波时距曲线。图5-6是倾角不相同的多层情况地质模型及各反射界面产生的反射波时距曲线。

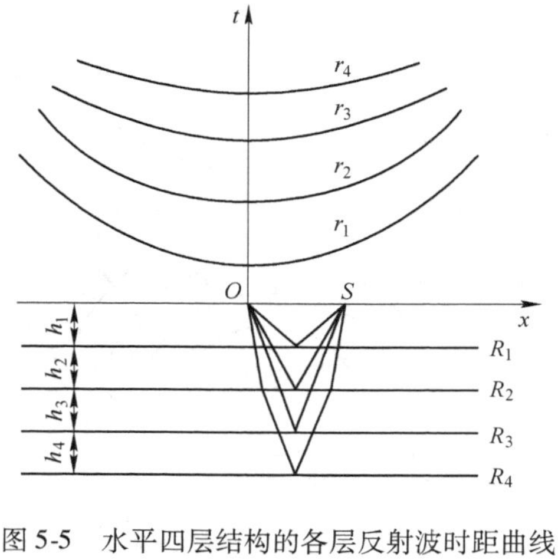

图5-5　水平四层结构的各层反射波时距曲线

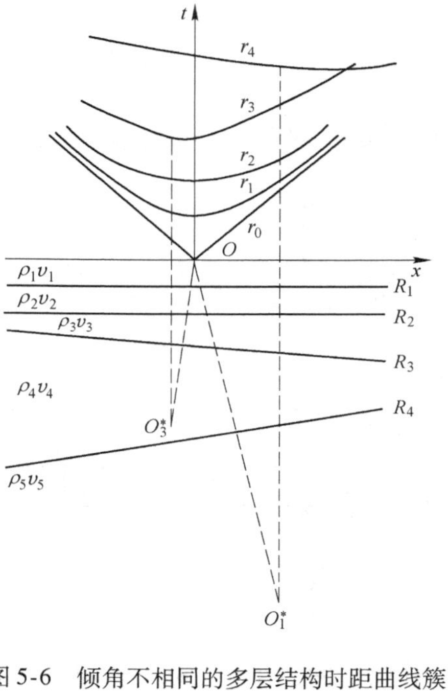

图5-6　倾角不相同的多层结构时距曲线簇

四、复杂情况的反射波时距曲线

当在震源附近有断层存在，或者地下界面弯曲的时候，反射波传播路径发生变化，使时距曲线复杂化。一般可以利用虚震源的概念，分析反射波时距曲线的形状。

1. 断层附近的反射波时距曲线

设断层两侧的界面是水平的，震源 O 在下降盘一侧，如图 5-7 所示。作下降盘 R_1 反射界面的虚震源 O_1^*，因界面在 A 点断开，所以下降盘的反射波只能在 D_1 的左方接收到。断层下盘是水平界面，反射波时距曲线呈双曲线形状，极小点位于 t 轴上。且

$$t_0 = \frac{2h_1}{v_1}$$

同样，可以把上盘 R_2 当作一个独立的反射界面，将它向左延长，作虚震源 O_2^*，显然在 D_2 点左边没有上盘的反射波。还可以看到，在 D_1 和 D_2 间接收不到反射波；D_1 和 D_2 之间出现反射空白带（反射空白带中，有断层端点绕射波等存在）。反射波时距曲线在 D_1 和 D_2 点上的时差 $\Delta t = (O^*_1D_1 - O^*_2D_2)/v_1$，显然，时差的大小与断距 h 有关。在断距较大，断层面倾斜时还可能形成断面反射波。在断层附近除产生反射波外，还会产生绕射波等特殊波，这些特殊波对断层附近的反射波产生复杂的干涉现象。

2. 断层附近的绕射波时距曲线

如图 5-8 所示，设测线垂直断层，断层的端点 A 的埋藏深度 h，激发点 O 到断层的端点 A 在地面的投影点距离为 L。震源激发的地震波入射到 A 点，然后以 A 点为新震源产生绕射波，传播到测线上的各接收点，如 D 点。绕射波的传播时间为：

$$\begin{aligned} t_R &= \frac{1}{v}(OA + AD) \\ &= \frac{1}{v}\left[\sqrt{L^2 + h^2} + \sqrt{(x - L)^2 + h^2}\right] \end{aligned} \tag{5-24}$$

式（5-24）的第一个根式表示炮点到绕射点的距离，炮点固定后，即为常数。第二个

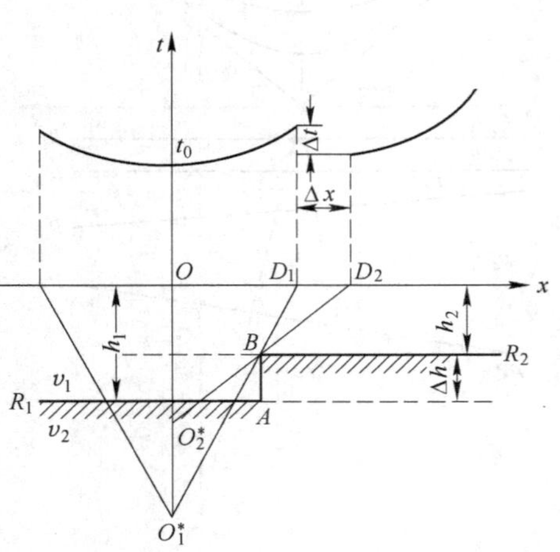

图 5-7　断层附近的反射波时距曲线

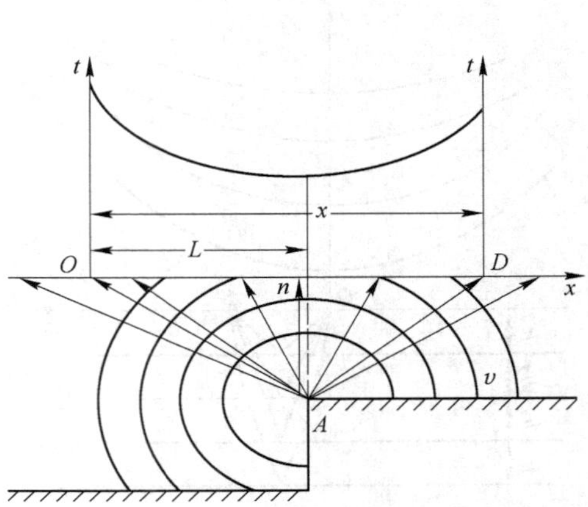

图 5-8　绕射波时距曲线

根式表示绕射点到检波点的距离，随 x 变化，当 $x=L$ 时，t_R 最小。所以绕射波时距曲线是极小值位于绕射点正上方的双曲线。当改变炮点位置时，式（5-24）的第一个根式的值发生变化，但绕射波时距曲线的极小值仍位于绕射点正上方。

当绕射点位于激发点和检波点中间（$x=2L$）时，绕射波的传播路径和反射波一致，则在时距曲线上相交，但由于绕射波与反射波相比，其出射角大，时距曲线斜率大。因此，绕射波时距曲线比反射波更陡。

3. 弯曲界面反射波时距曲线

在弯曲界面的情况下，反射波时距曲线变得非常复杂，但是用虚震源的概念，仍能定性地绘出绕射波的时距曲线。图 5-9 和图 5-10 给出两种弯曲界面的反射波时距曲线。从图 5-9 中可以看出，山谷型界面的反射波时距曲线呈一个环圈状，这种弯曲界面产生的反射波称之为回转波。图 5-10 是山脊型界面的反射波时距曲线，曲线在 A、B 间脱节。

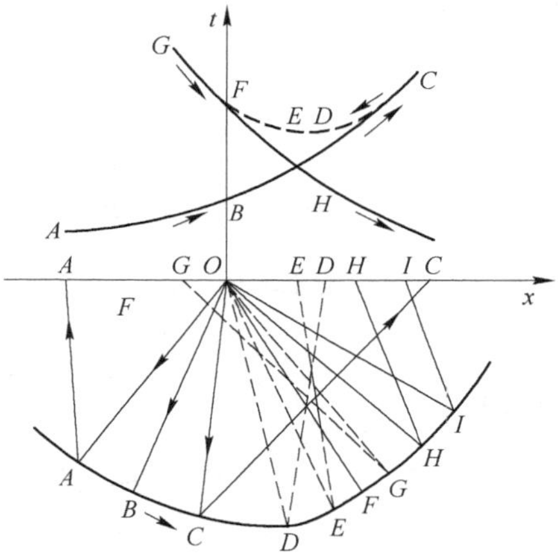

图 5-9　山谷型界面的反射波时距曲线

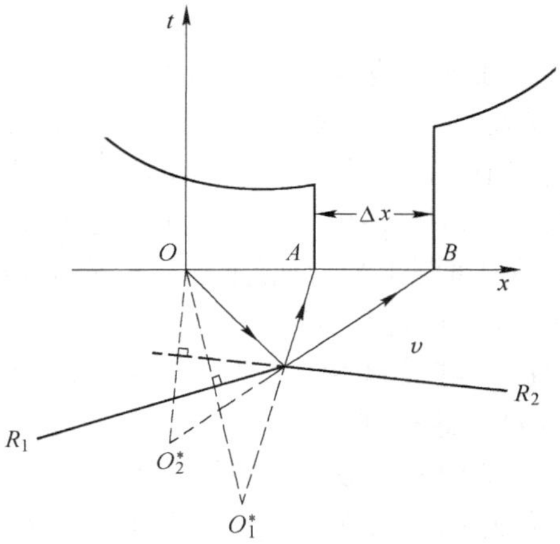

图 5-10　山脊型弯曲界面的反射波时距曲线

五、多次反射波的时距曲线

1. 多次反射波的类型

除了上述的一次反射波外，还能记录到更复杂的反射波，例如在波阻抗差很大的界面上再次产生反射，形成多次反射波。例如，地面与空气接触构成一个良好的反射面，当下面传来的反射波到达地表时，在地表面产生向下的反射，当再次遇到地下的反射界面时，又可以再发生反射，返回地面。如此往复，就形成了多次反射现象。多次反射波的类型有许多种，图 5-11 中列举了几种多次反射波。多次反射波分为全程多次反射和短程多次反射，全程多次反射有特定的传播规律，会形成明显的类似一次反射波的同相轴，是一种规则干扰波；短程多次反射如图 5-11 所示，其中一些短程多次反射是在夹层间产生的，没有固定的规律，这种多次反射紧跟在一次反射波之后到达，与一次波相互干涉，或作为一次波的延续，改变一次反射波的形状。多次反射波往往掩盖了后续到达的反射波，造成错误的地质解释。

2. 二次反射波的时距曲线

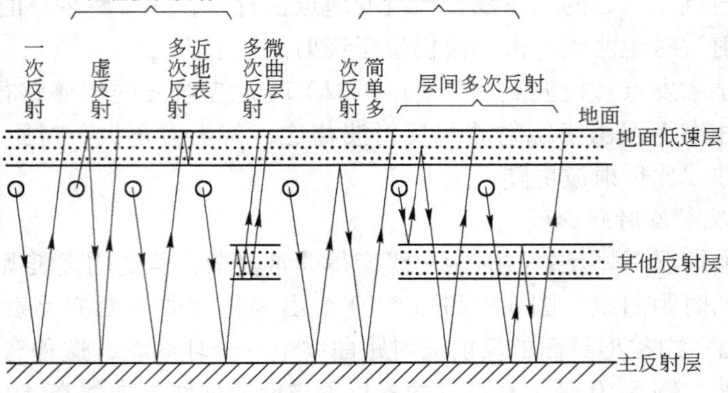

图 5-11　几种类型的多次反射波

设在水平地表下有倾角为 φ 的反射界面 R，激发点 O 至界面的法线深度为 h，测线与界面在地面的交点为 O'。界面以上介质的波速为 v，如图 5-12 所示。当反射波沿路径 OAB 到达地表时，因能量强，地面也是一个很好的反射界面，所以又产生反射形成二次反射波，其路径为 BCD，全程二次反射按 $OABCD$ 的路径到达检波点 x。

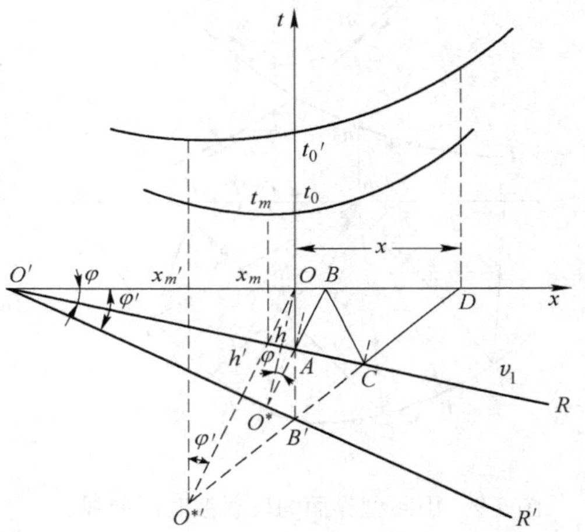

图 5-12　倾斜界面二次反射波路径

将地面以一次反射界面为轴向下翻转，得到假想的界面 R'，二次反射波路径 $OABCD$ 与路径 $OAB'CD$ 等价。二次反射波的传播时间可以根据假想的界面 R'上的一次反射波计算。做界面 R'的虚震源 $O^{*'}$。根据简单的几何关系可知，R'的倾角为 $\varphi' = 2\varphi$。激发点 O 到 R'的法线深度为

$$h' = 2h\cos\varphi = h\frac{\sin 2\varphi}{\sin\varphi}$$

把 v 和 h'代入式（5-10），便可得二次反射波的时距曲线方程：

$$t' = \frac{1}{v}\sqrt{x^2 + 4\frac{\sin^2(2\varphi)}{\sin\varphi}hx + 4\frac{\sin^2(2\varphi)}{\sin^2\varphi}h^2}$$

显然，二次反射波的时距曲线仍然是双曲线，因二次反射波以速度 v 传播，曲线的斜率与一次反射波相似，当 $x = 0$ 时

$$t_0' = \frac{2h'}{v} = \frac{2h\sin 2\varphi}{v\sin\varphi} = \frac{\sin 2\varphi}{\sin\varphi}t_0$$

当 φ 很小时，$\dfrac{\sin 2\varphi}{\sin\varphi} \approx 2$，则 $t_0' \approx 2t_0$，即二次反射波的 t_0' 时间是该界面一次反射 t_0 时

间的 2 倍。对于更多次（m 次）的反射，可以求得它们的 $t_0(m)$ 时间与一次反射波 t_0 时间的关系为

$$t_0(m) = \frac{\sin(m\varphi)}{\sin\varphi}t_0 \approx mt_0$$

由于速度一般随深度增高，多次波的正常时差通常大于 t_0 相同的一次反射的正常时差，这是一次反射与多次反射的重要差异。

第二节　浅层反射波法的野外工作方法

在反射波法的野外工作中，测线的设计和布置原则和折射波法相同，但由于反射波是续至波，有多种干扰因素存在，因此了解震源特征、波场分布特征的试验工作和设计抗干扰施工方案更为重要，根据试验结果结合理论分析才能确定最佳的反射波数据采集方案。

一、反射波法观测系统

进行反射波法测量，追踪目的层位，连续有效地获取地下构造信息，必须按照一定的规则布置激发点和接收排列，这种激发点与接收排列的相互位置关系称为观测系统。比较常用的排列类型有中间放炮排列和单边放炮排列。沿测线连续测量时，一般选择单边放炮排列，沿一个方向移动炮点和检波器排列比较方便，单边放炮排列如图 5-13 所示；在界面倾斜时通常在下倾方向放炮，上倾方向接收。

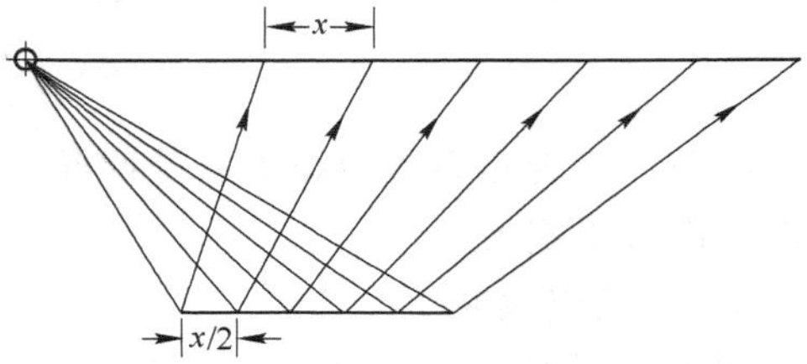

图 5-13　单边放炮排列的探测范围

反射波法的观测系统又可分为单次覆盖和多次覆盖两类。单次覆盖观测系统的特征是对反射界面上的每个反射点只追踪一次；多次覆盖观测系统的特征是对反射界面上的每个反射点多次追踪（多次覆盖观测系统将在第四节中介绍）。

根据反射原理可知，在地层水平的情况下，反射波法观测反射界面的范围一般为二分之一排列长度（参见图 5-13），在界面倾斜时有所改变。为使探测的反射界面范围覆盖整条测线，必须根据测线的长度和反射波的探测范围设计合适的排列间距或炮点间距。

1. 反射波法观测系统的图示

反射波法的观测系统一般用时距平面图或综合平面图表示。时距平面图用时距曲线表示激发点和接收排列的关系。综合平面图是将测线画在图纸上，并从测线上的各个激发点分别向两侧做与测线成 45°角的直线，构成坐标网，并将测线上的各接收段分别投影到通过相应激发点的坐标线（斜线）上，并用粗线段或有色线段标出。

2. 反射波法的观测系统

利用单次覆盖观测系统追踪界面时可用以下几种观测系统。

A　简单连续观测系统

如图 5-14a 所示，在 O_1 点激发，O_1O_2 地段接收，探测的反射界面是 A_1R_1 段。然后在 O_2 点激发，同样地段接收，探测的反射界面是 R_1A_2 段。O_1 和 O_2 点是互换点，波射线的方向虽然不同，但是反射波的传播路径相同，所以波的传播时间相等。O_1O_2 排列观测完后，再移至 O_2O_3 排列，同样分别在 O_2 和 O_3 点激发，可以相应地探测 A_2R_2 和 R_2A_3 界面。照此依次追踪下去，就可以追踪整个界面 A_1-A_5。这种观测方式称之为简单连续观测系统。它们在激发点的附近地段接收，便于野外作业。综合平面图如 5-14b 所示。

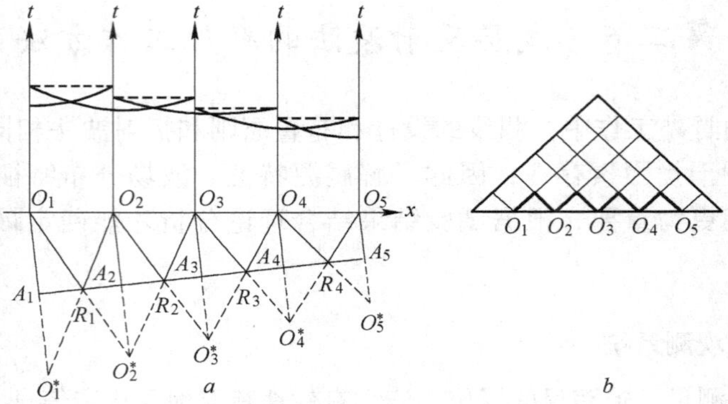

图 5-14　简单连续观测系统

a—时距平面图；b—综合平面图

简单连续观测系统的震源离排列近，便于施工且较少受折射波干扰，不利的条件是受声波和面波干扰大。

B　间隔连续观测系统

间隔连续观测系统的偏移距比较大，在 O_1 点激发，O_2O_3 地段接收；然后在 O_3 点激发，O_1O_2 地段接收，实现了大偏移距接收。它的时距平面图和综合平面图如图 5-15 所示，通过互换点可连续追踪反射波界面。该种观测系统可以用来避开激发点附近强大的声波和面波的干扰，因为面波、声波的速度低，当接收点远离激发点时，反射波到达更早，避开了面波、声波的干扰。

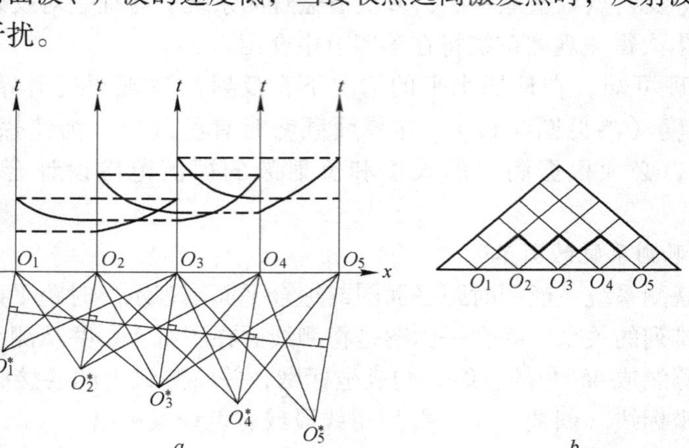

图 5-15　间隔连续观测系统

a—时距平面图；b—综合平面图

C　延长时距曲线观测系统

当在测线上遇到河流、居民点等障碍物时，按照前面介绍的观测系统就无法进行观测，可采用专门的延长时距曲线观测系统连续研究反射界面。它的时距平面图如图 5-16 所示。测线的 AB 之间为河流，不能布置检波器，此时，可在 A 点激发，在 BC 段接收，得到时距曲线 t_A 及对应的反射界面段 a。再在 B 点激发，AD 段接收，可得时距曲线 t_B 和对应的反射界面段 b。用这样的方法探测了河流下方的地质界面。但该系统不能够使障碍物两侧的简单连续观测系统互换对比，并且当障碍物过宽时，该系统也就无效了。

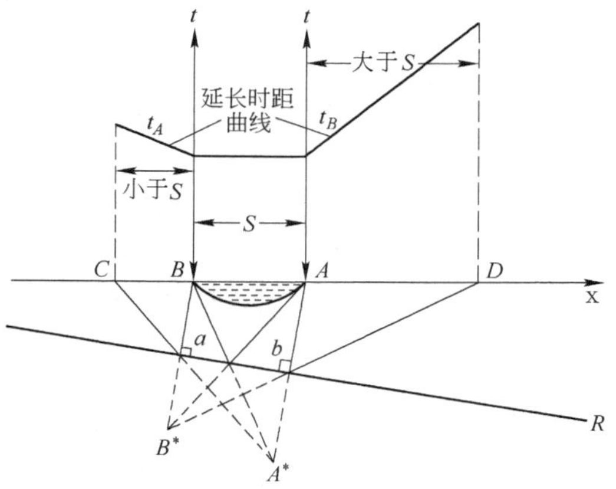

图 5-16　延长时距曲线观测系统

二、地震仪采集参数的选择

能否在野外获得高质量的目的层反射波，选择合适的参数是很重要的工作。在试验工作中需要设计的主要参数有：记录长度、采样间隔、最大与最小炮检距、道间距等。

1. 记录长度与采样间隔

记录长度必须能够记录到最深目的层产生的反射波，并留有一定余量。地震仪的每个地震道采样点数有几种不同的选择，一经选定后，采样间隔乘以采样点数等于记录长度。一般说来，采样间隔越小，对地震波形的记录精度就越高，相应的记录长度小；而采样间隔越大，对地震波形的记录精度降低，相应的记录长度大。在满足记录长度要求的情况下，采样间隔的选取应在反射波的每个视周期内大约采 10 个样点。

2. 最大和最小炮检距

最大和最小炮检距的选择在于使目的层反射波尽量不被噪声所掩盖。最大炮检距 x_{max} 大一点对速度分析有利，但太大会带来广角反射的畸变影响。最大炮检距应控制在使多数重要反射波的同相轴连续、易于识别。经验上取 x_{max} 与目的层深度相近，一般最大炮检距的取值范围在目的层深度的 0.7 ~ 1.5 倍之间。

最小炮检距 x_{min} 也称为偏移距，应当尽量小一点，便于分析各种波速度与时间的关系。但在震源附近，各种噪声（如声波和面波的干扰）的振幅可能淹没一切反射信息，最小炮检距 x_{min} 应避开强干扰。整个检波器排列应布置在反射波先于地面噪声并滞后于临界折射信号到达的地段。

3. 道间距

道间距 Δx 取决于最大和最小炮检距、地震仪道数、空间采样率和空间分辨率。一般应遵循下述原则。

（1）Δx 的选择要有利于有效波的对比。为了有利于有效波的波形对比，Δx 的大小应满足 $\Delta t < T/2$，这里 T 是有效波的视周期。根据视速度定理 v^* 的定义，$v^* = \Delta x/\Delta t$。因此，Δx 应小于 $v^* T/2$。在图 5-17a 中，$\Delta x/V^* = \Delta t < T/2$，道间距合适，有利于波形对比

和识别；在图 5-17b 中，$\Delta x/v^{*}=\Delta t>T/2$，道间距过大，波形对比比较困难。

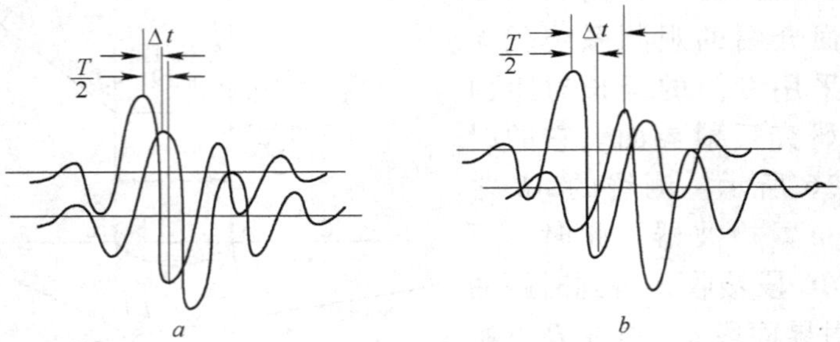

图 5-17　道间距的选择

a—Δx 小，$\Delta t<T/2$，能可靠对比；b—Δx 过大，$\Delta t>T/2$，不能可靠对比

（2）Δx 的选择要考虑对反射界面进行充分采样，在地层倾角较大或有断层存在时，Δx 应小一些。

（3）Δx 的选择过大，会造成空间采样率不足，在某些条件下会产生假频。所以，确定 Δx 时应确保足够的空间采样率，以便于识别反射波。如图 5-18 所示，当 Δx 过大时，地震波便存在空间假频。如图 5-18a 的 Δx 过大，这组波形可以解释为图 5-18b 或图 5-18c 两种情况。

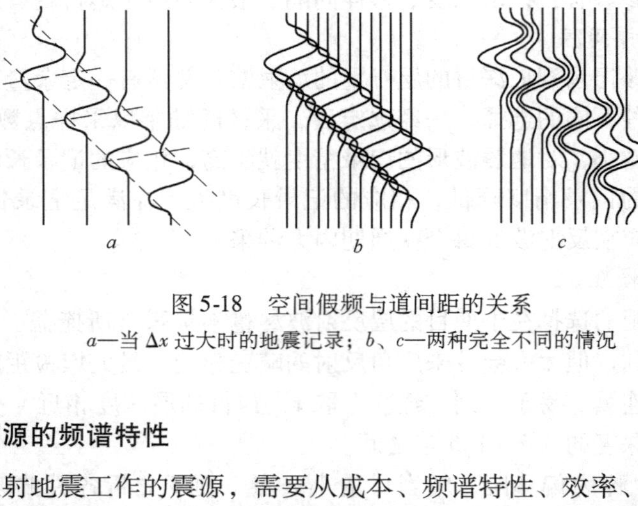

图 5-18　空间假频与道间距的关系

a—当 Δx 过大时的地震记录；b、c—两种完全不同的情况

三、各种震源的频谱特性

用于浅层反射地震工作的震源，需要从成本、频谱特性、效率、能量、安全等多方面综合考虑。反射波法中所选择的震源种类与折射波法基本相同，但除了保证激发的地震波要有一定的能量外，还要使激发的地震波频谱特性满足分辨率的要求。

1. 锤击震源

锤击震源是一种廉价的震源。但其频谱成分受大锤质量的限制，质量越大，频率越低。图 5-19 是用 22 磅大锤在地面激发，并进行多次增强的频谱，接收点距离震源 2m，在 100Hz 以下有较强的能量；图 5-20 是质量约 1.5 磅的小铁锤在混凝土构件上一次激发的频谱，接收点距离震源 0.6m，在 600～800Hz 范围内有较强的能量。

2. 炸药震源

炸药震源可以提供较大的能量，频谱成分丰富。图 5-21 比较了炸药震源与锤击震源

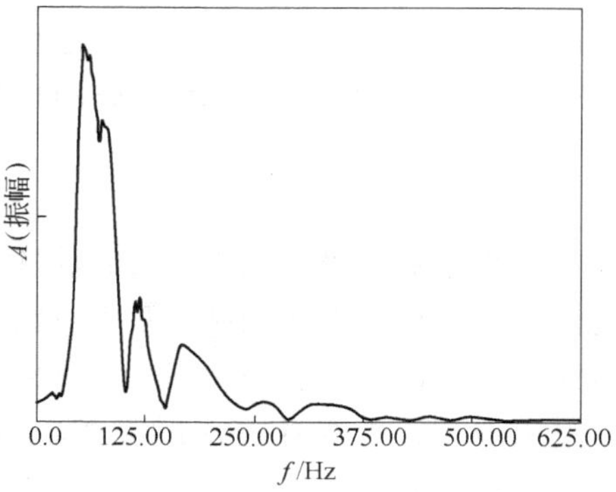

图 5-19 22 磅大锤震源的频谱

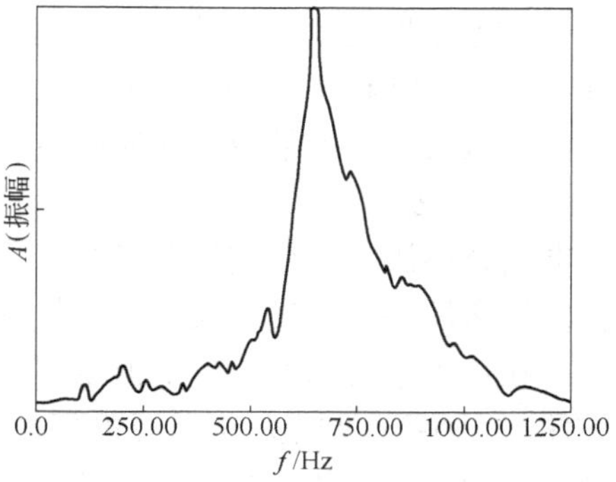

图 5-20 1.5 磅小铁锤震源的频谱

的频谱特征，虚线为炸药震源，实线为锤击震源。从图 5-21 可以看出，炸药震源主频高，频带宽。

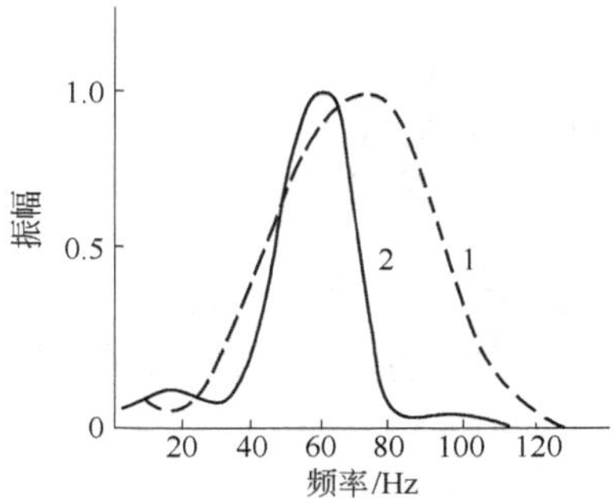

图 5-21 炸药震源和锤击震源的频谱

1—炸药震源；2—锤击震源

使用炸药震源工作时，地震波主频及振幅与炸药量的多少有关，炸药量小，则主频高振幅小；炸药量大，则主频低振幅大。图 5-22 是不同炸药量震源的频谱特征，通过对不同炸药量地震波的比较研究可知，波形的振幅值与炸药量的 1/3 次方成正比。

与震源有关的另一个问题是地震波的有限持续时间。图 5-22a 是大炸药量震源的地震波，振动的持续时间约为 27ms，图 5-22b 是小炸药量震源的地震波。振动的持续时间仅为 15ms。用小炸药量的震源，可获得振动时间短的脉冲。如果地震波的振动持续时间短，几个反射波在时间上能充分地分开，信号就不致重叠。相反，如果振动持续时间长，几个脉冲靠得很近，就会出现重叠，难以识别单个的反射层，也不容易确定反射时间。因此，可以说，震源脉冲的有限持续时间的长度问题对于浅层反射来说比深层反射更为重要。一方面在于浅层反射的时间只有几十毫秒，同震源脉冲持续时间长度相似，另一方面还与浅层反射的垂向分辨率有关。因此，应使震源的持续时间尽可能缩短，在满足能量需要的情况下，高分辨率浅层反射测量中应使用较少炸药量的震源。

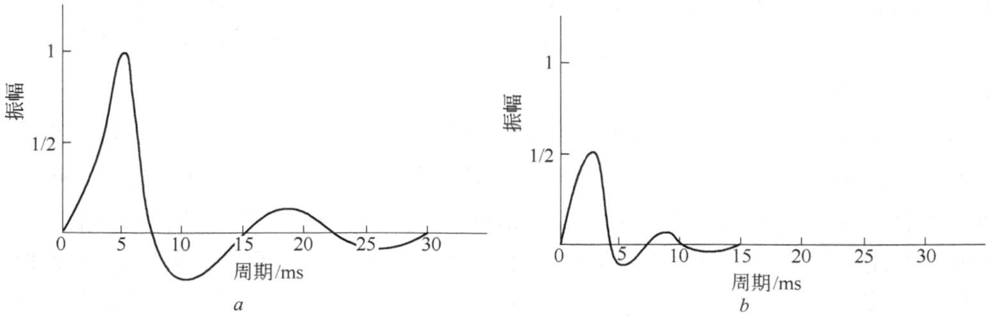

图 5-22 不同炸药量地震波周期与振幅的变化

3. 雷管震源

雷管是一种比较廉价的震源。图 5-23 是雷管激发的振幅谱，频带较宽。一直延伸到 260Hz 以上。如果一个雷管不能提供足够的能量，需要加入高速炸药，加用的炸药量愈大，能量愈大，但高频成分相应减少。

4. 电火花震源

电火花震源是利用电容器进行高压储能，而后在浸在水中的电极间隙进行瞬时脉冲放电激发地震波。它激发的波形重复性好，激发方式比较灵活，可在地面和井中激发纵波和横波。在水中激发纵波，它的能量高于锤击震源，能量大小可以调节、使用安全、操作比较方便。图 5-24 是电火花震源的振幅谱。从它的频谱可看出，电火花震源的频谱较宽，能量不集中，与其他震源比较，低频的能量较弱，高频的能量较强。

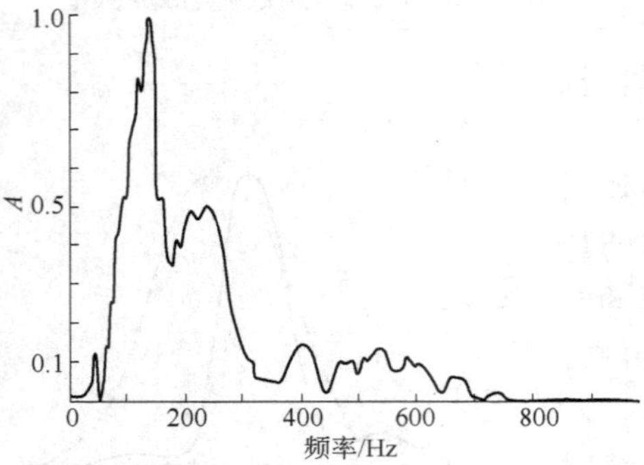

图 5-23　雷管激发的振幅谱

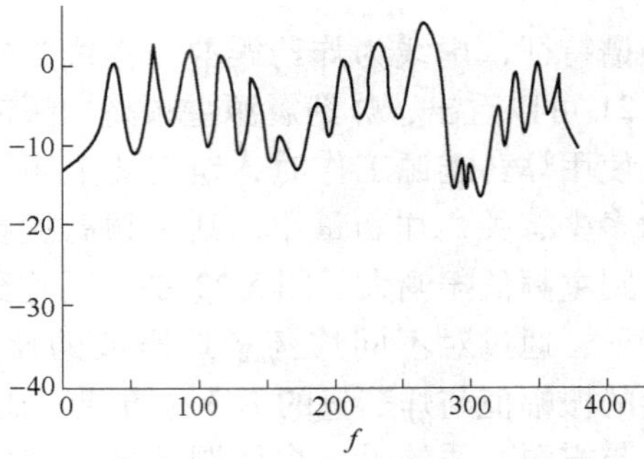

图 5-24　电火花震源的振幅谱

在浅层地震勘探地面工作中，主要使用锤击和炸药震源。在井中、水上采用电火花等震源。

四、组合检波

在同一观测点以一定的间距布置二个或多个检波器，并把它们接入同一记录道接收地震波的方法称为组合检波。组合检波的原理是：利用波的视速度差异压制干扰波。

在某观测点两侧间距 Δx 的对称位置上安置检波器 x_1 和 x_2，在两点距离相近的情况下，可以认为地震波沿相互平行的射线到达检波器。有面波（视速度 v_1^*）和深部反射波（视速度 v_2^*）以不同的入射角到达接收点，如图 5-25 所示。面波在检波器 x_1 和 x_2 到达的时间差 $\Delta t_1 = \Delta x / v_1^*$，反射波到达的时间差 $\Delta t_2 = \Delta x / v_2^*$。从图 5-25 上可以看出，$v_2^* \gg v_1^*$，则 $\Delta t_1 \gg \Delta t_2$。只要把 Δx 选为一个合适的距离，使时间差 Δt_1 约等于面波的视周期的一半，即 $\Delta t_1 = T_{面}^*/2$，则 $\Delta t_2 \ll T^*/2$。

这时，如果将检波器 x_1 和 x_2 接收到的讯号直接相加（称之为正向组合），结果将使 v_2^*的反射波得到加强，而 v_1^*的面波受到压制，如图 5-26 所示。如果将检波器 x_1 和 x_2 接收到的讯号反极性相加（称之为反向组合），结果是 v_2^*受到压制，而 v_1^*波得到加强，如图 5-26所示。由此可见，选定合适的组合检波距离之后，正向组合可以加强视速度值很大的波，压制视速度小的波；而反向组合可以加强低视速度的波，压制高视速度的波。因此，可以根据有效波和干扰波到达地面时入射角的不同（或者说视速度的不同），采用不同方

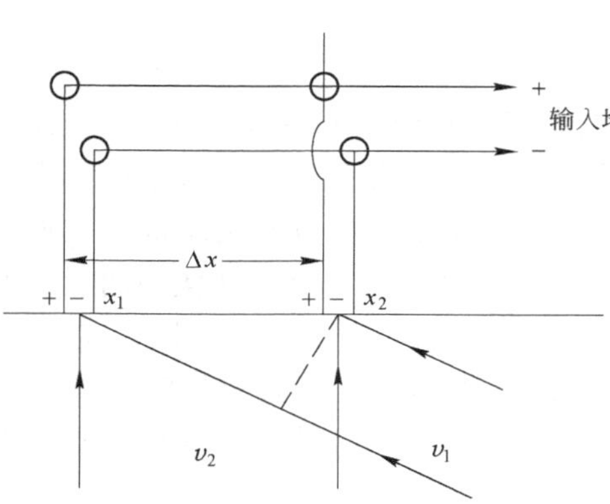

图 5-25　组合检波原理

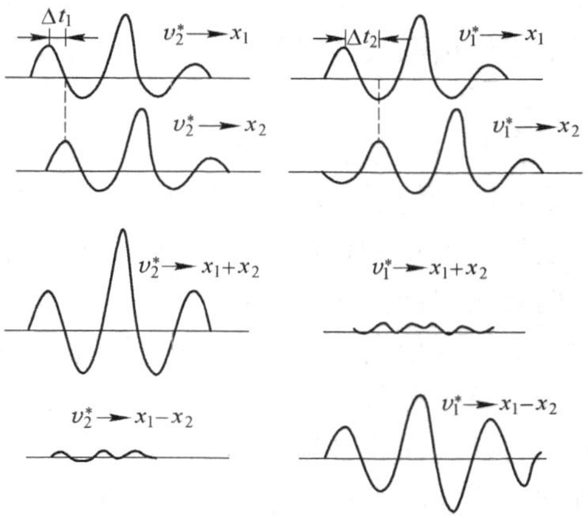

图 5-26　组合检波效果示意图

式的组合检波，突出有效波，压制干扰波。

在实际工作中，常利用组合检波压制面波干扰，组合检波距根据试验工作确定。干扰波的种类较多，往往两个检波器的组合满足不了压制干扰波的需要，这时必须采用多个检波器的组合。另外，组合检波有低通滤波作用，会压制高频成分，使组合前后的波形发生变化，在对分辨率要求较高的情况下，一般不使用组合检波的方法压制干扰波。

第三节　地 震 干 扰 波

地震震源激发后，受地上和地下各种弹性介质的影响，产生各种波动。根据地震解决地质问题的目的，将这些波动分为有效波和干扰波。在反射波法勘探中，反射波为有效波，其他波动均为干扰波。根据干扰波的产生的规律可将它们分为规则干扰波和不规则干扰波。规则干扰波在地震记录上具有规律性，可以在地震记录上追踪到连续的同相轴；不规则干扰波在地震记录上具有随机性，没有规律可循。规则干扰波包括声波、面波、多次反射波、反射折射波、侧面波、电力和通讯信号等；不规则干扰波包括微震、风动、雨滴等随机振动。

在接收地震信号的同时总有这两类干扰波存在，因此，地震勘探自始至终都有压制干扰波提高信噪比的问题。

一、规则干扰波

1. 声波

声波是从震源点从空气中直接传播至检波器的波动。在坑中、浅井用炸药爆炸或用重锤撞击地面时，都能产生声波。声波的特点是速度稳定（340m/s 左右），频率高，延续时间长，在地震记录上呈现强而尖锐的波至。锤击产生的声波如图 5-27 所示。在图上可以看出清

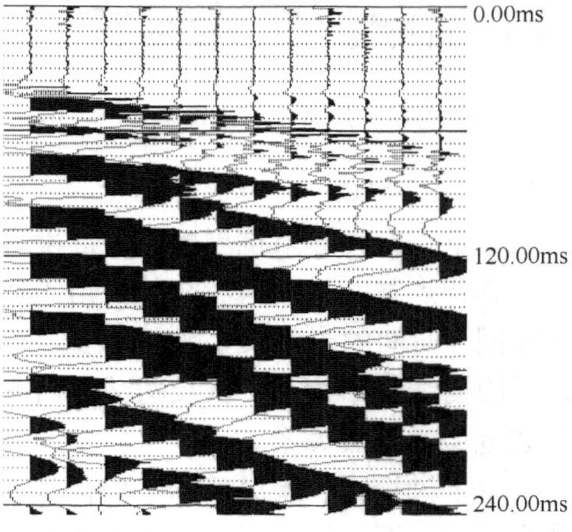

图 5-27　地震记录上的声波

楚整齐的声波同相轴，特征明显，易于识别。但声波与直达波和反射波发生干涉，基本无法准确地读取波至时间。

2. 面波

震源不仅激发纵波和横波，还由于在介质中纵波和横波的相互干涉和叠加，形成在地表及其附近传播的新波，称为瑞利面波。面波的传播速度略小于横波，大多数情况下面波速度约为 100～1000m/s；频率较低，主频约 10～40Hz；能量沿垂向方向衰减快，沿水平方向衰减缓慢。面波的理论将在第六章中介绍。震源的能量约有三分之二转化为面波，因此，面波在地震记录中形成明显的高振幅和宽波形，延续时间长，包含多个周期，在地震记录上呈扫帚状波列（见图 5-28）。面波虽然在某种情况下包含着对解释有用的信息（例如，直接用面波进行勘探），但在反射波法勘探中，尤其是靠近震源处，面波是主要的干扰波，面波的存在常常会掩盖反射波，使其无法辨认。

3. 工业电干扰

当地震测线通过高压输电线路时，地震检波器电缆会感应 50Hz 的电压，形成在整张地震记录上或部分记录道上出现有规律的正弦波，其主频为 50Hz。工业电干扰的振幅大小受输电电压、输电线粗细、检波器电缆与输电线的距离、检波器电缆的漏电情况等制约。当检波器布置在通讯电缆附近时，会感应到有规律通讯电讯号，如图 5-29 所示，这种类似正弦波的信号将有效波干扰得杂乱无章。

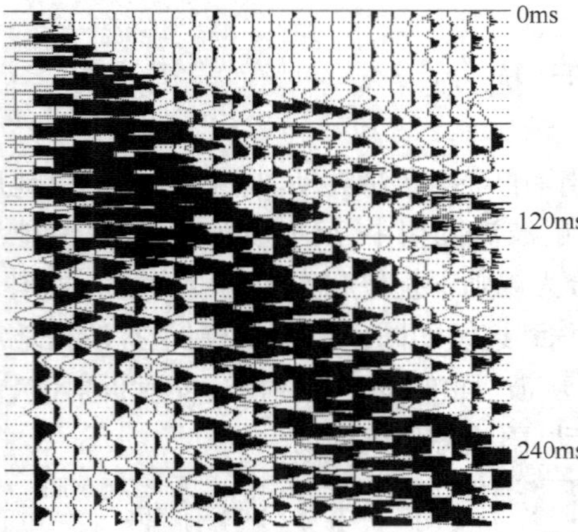

图 5-28　地震记录上的面波

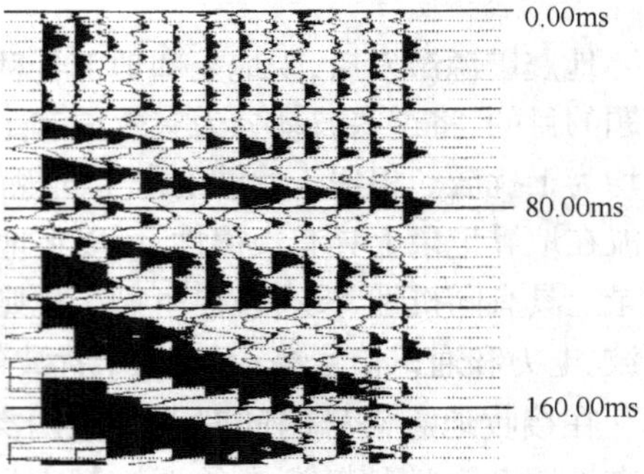

图 5-29　通讯信号干扰记录

4. 多次反射波

当地下存在强波阻抗界面时能产生多次反射波，如低速覆盖层下的基岩面、水底和水面等，其特点与一次反射波相似。由于速度通常随深度增加，多次反射波的传播速度一般低于相同 t_0时间的正常反射波。因此，多次反射波的正常时差大于一次反射波的正常时差，时距曲线斜率大于一次反射波的斜率。对于简单的多次反射波，其传播时间与对应的一次波近似为倍数关系。

在水上勘探时，水底面和水面都是较好的反射界面，地震波在水中来回反射，这种波也称为混响。图 5-30 为水中产生的多次反射波记录。

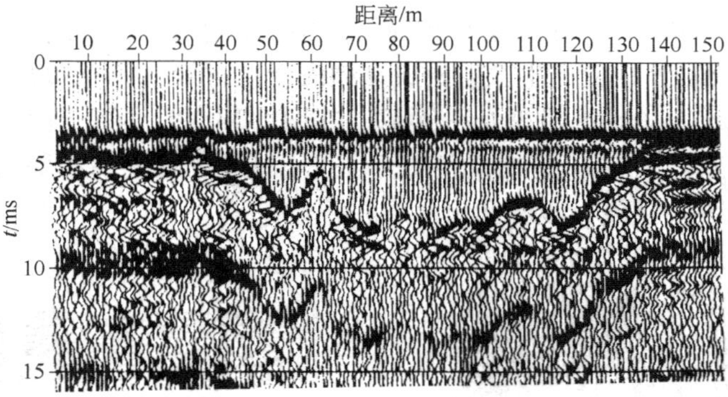

图 5-30　水中多次反射记录

当地表有高速薄层时，薄层顶底都是较好的反射界面，因此地震波在此层中产生多次反射，如图 5-31 所示，此时无法识别有意义的反射波。

5. 侧面波

在工程地震勘探中，地形变化剧烈或陡地层情况下会产生侧反射。在测线附近有岩性突变界面、隐藏的地基、防空洞或地下管线，以及陡立的边坡、人工堤坝等等，也可能产生侧反射波。在水上地震勘探中，测线旁侧有巨大的暗礁、沉船等，有可能产生侧反射波。图 5-32 为在河岸陡立的堤岸附近进行地震勘探时获得的含有侧反射波的地震记录。

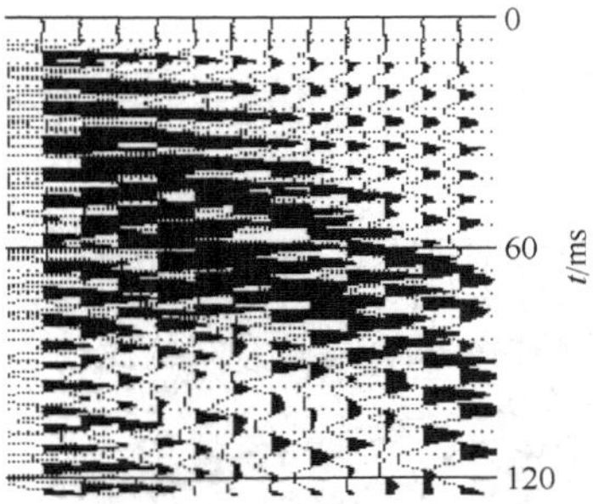

图 5-31　薄层产生的多次反射波

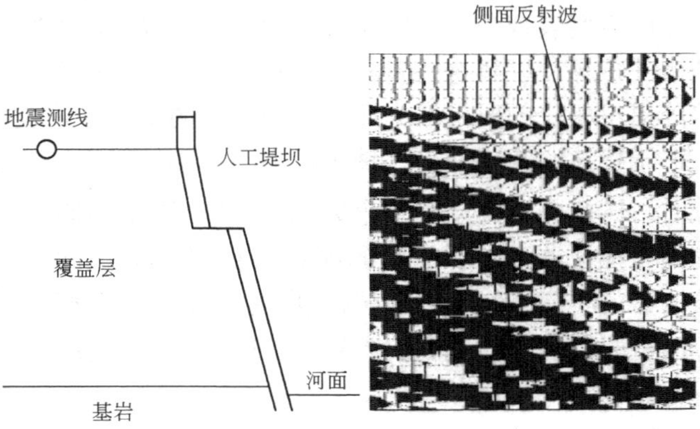

图 5-32　堤岸示意图及侧面反射波

二、不规则干扰波

1. 微震

与激发震源无关的地面扰动统称为微震。它主要是由风吹、草动、雨滴、海浪、水流动、人畜走动、机器振动、交通运输等外在的随机干扰产生。微震干扰的特点是频带宽，统计相关半径为 6～9m，强度不一，取决于激发接收瞬间的检波器周围的条件。

2. 低频、高频背景

在沼泽、流沙、泥炭沼泽等疏松介质中激发地震波时，这些介质的固有振动构成低频背景（10～30Hz）。爆炸时（尤其是在坚硬岩土中进行激发时），波传播到浅部不均匀体（如砾石、多孔石灰岩等）上产生散射构成高频的干扰背景（80～200Hz）。低、高频背景的特点是在整个记录上出现，显得杂乱无章。在图5-33中，可看到由水饱和的冰渍物覆盖层形成的高频背景。图5-34是在覆盖物为含水不饱和的河流砂砾层的地区的地震记录，覆盖层对高频信号吸收强烈，形成低频背景。

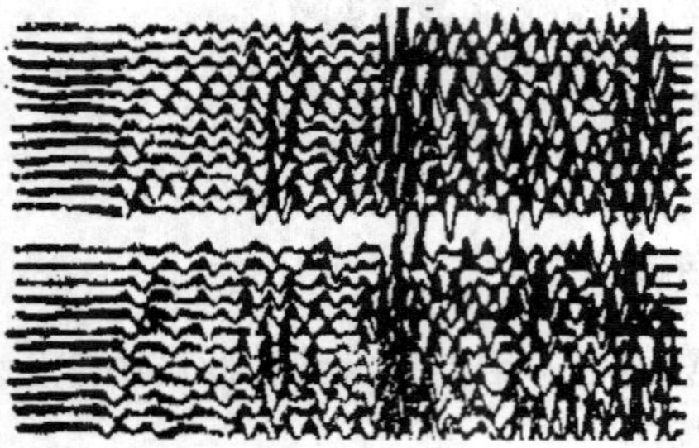

图5-33　高频背景

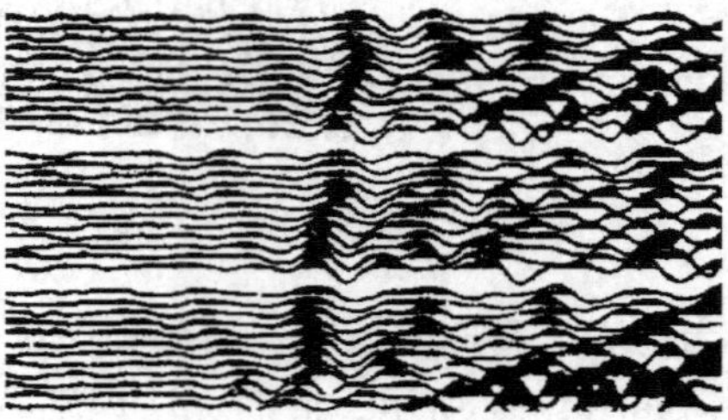

图5-34　低频背景

三、干扰波调查

在一个新区进行工作之前，必须首先进行试验工作，了解规则和不规则干扰波的存在情况，以便选择压制干扰的观测系统和设计采集数据的工作参数。试验工作中一个重要部分是研究测区的波场状态，对有效波和干扰波进行调查研究。干扰波和有效波之间在运动学方面主要表现为视速度、波至时间、振幅和波形宽度的差异，在动力学方面主要表现为频谱的差异。了解这些差异，可对震源、地震勘探仪器参数设计、观测方式和数据处理技术等提出相应的要求。为此，要做专门的干扰波调查剖面。

干扰波调查剖面是一种小道间距、小偏移距、多个排列组成的剖面。在进行干扰波调查时，试验内容有以下几个方面：（1）采用不同的频率检波器，了解大地的频谱特征以及对不同检波器的响应；（2）对仪器上所有滤波器进行相应的试验，确定最佳滤波参数；（3）用不同震源进行试验。

图5-35是某地区干扰波调查剖面。采集条件为：38Hz检波器接收、道间距1m、偏移距1m，由3个12道排列组成。很显然，在该记录上有折射波、反射波、面波和声波等。了解到测区内存在的干扰波，便可设计偏移距、反射波的接收范围、地震仪滤波器、道间距和记录长度、采样间隔等参数。或者设计组合检波距参数等。然后在野外进行试验，观测压制干扰的效果。

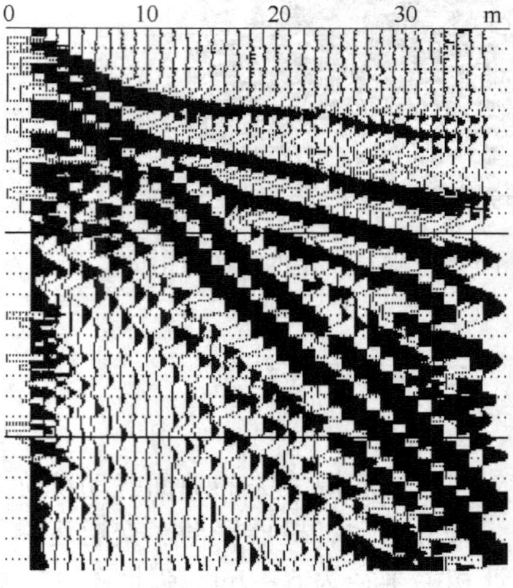

图5-35　干扰波调查剖面

干扰波调查是地震勘探野外工作中的重要步

骤。了解测区内的各种波动的特征，对干扰波采取相应的措施，才能获得良好的反射地震记录。根据钻孔资料研究这些记录，可以确定记录上同相波至的性质，并为地震记录的正演模拟提供初始计算参数。

第四节　共反射点水平叠加技术

在进行反射波法勘探时，如果对界面上各反射点只进行一次观测，则称为单次覆盖。根据这种记录资料所获得的时间剖面称为单次覆盖剖面。单次覆盖的资料往往存在着多次反射波和其他类型的干扰波，剖面的信噪比低，质量欠佳，据此进行地震资料解释往往误差较大。为了改善时间剖面的质量以提高资料解释的精度，地震勘探中普遍采用了水平叠加技术。

水平叠加技术也称多次叠加或多次覆盖，即对反射界面上的各点作多次重复观测，但每次观测时，炮点和检波点各不相同。然后将来自同一反射点的各反射信号，校正对齐后叠加，使来自该点的有效反射波得到加强，而使多次反射波和其他干扰波相对地减弱，从而提高时间剖面的信噪比。

一、水平叠加的原理

1. 水平界面共反射点时距曲线

如图5-36b所示，R为水平反射界面，其埋藏深度为h，界面以上均匀介质中的波速为v，O_i和S_i（$i=1$，2，3，…，n）分别表示布置在测线上对称于M点的炮点和检波点。根据反射定律，此时，在不同的O_i点激发而在相应的S_i（$i=1$，2，3，…，n）点接收到的反射波，都应当来自界面上的同一反射点A，而且M点正是A点在地面上的投影。故A点称为共反射点或共深度点（*CDP*点），M点称为共中心点（*CMP*点）。接收到来自同一个*CDP*点的反射波所有记录道合称共反射点道集。

用x_i表示共反射点叠加道的检波点到相应炮点之间的距离（$x_i=O_iS_i$），并以t_i表示叠加记录道中来自共反射点的反射波传播时间；由图5-36b中的几何关系不难得出共反射点时距曲线的方程式为：

$$t_i = \frac{1}{v}\sqrt{4h^2 + x_i^2} \tag{5-25}$$

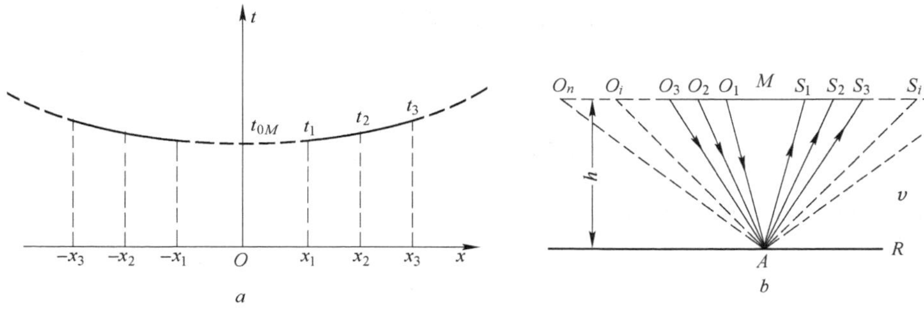

图5-36　共反射点叠加道集及时距曲线

在 $x\text{-}t$ 直角坐标系中绘出共反射点的时距曲线如图 5-36a 所示。

由式（5-25）可知，共反射点时距曲线是以通过共中心点（M）的时间轴为对称轴的双曲线。双曲线上极小值的纵坐标 t_{0M}，即共中心点处的双程垂直时间，有如下关系式

$$t_{0M} = \frac{2h}{v} \tag{5-26}$$

这里用 t_{0M} 表示共反射点时距曲线的双程垂直时间，是为了区别于本章第一节所述共炮点反射波时距曲线的双程垂直时间 t_0。

从形式上看，水平界面的共反射点时距曲线与共炮点反射波时距曲线，无论是形状、方程式、还是双程垂直时间的表达式，均完全相同，但实际上却有本质的区别。首先，共炮点反射波时距曲线，是某一段反射界面的反射波到达各检波点的时间与炮检距之间的关系曲线，时距曲线的长度与所对应的一段界面的长度成正比。共反射点时距曲线又称为共中心点道集时距曲线，无论多长也仅仅对应于一个反射点，并不反映一段界面。其次，共炮点反射波时距曲线的 t_0 值，是与炮点处的界面法线深度有关的双程垂直时间；而由共反射点时距曲线方程式求出的双程垂直时间 t_{0M}，则与共中心点处的界面法线深度有关。在水平界面情况下，t_0 与 t_{0M} 的数值相等。

2. 倾斜界面的共中心点道集时距曲线

如图 5-37 所示，设 M 点为测线上激发点 O_1，…，O_i 与接收点 S_1，…，S_i 的对称中心，倾斜界面以上的地层为均匀介质，界面视倾角为 φ，O_i^* 为 O_i 的虚震源，h_M 和 h_i 分别为 M 点和 O_i 点的界面法线深度，O_iS_i 等于 O_i 点激发 S_i 点接收的反射波的传播路程。由图 5-37 中的几何关系可见：

$$h_i = h_M - \frac{x_i}{2}\sin\varphi \tag{5-27}$$

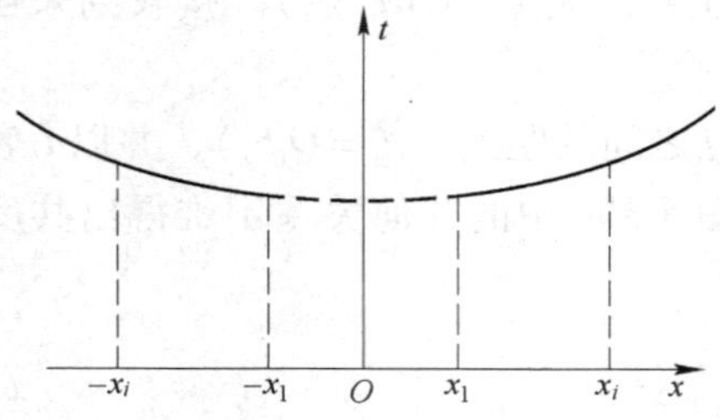

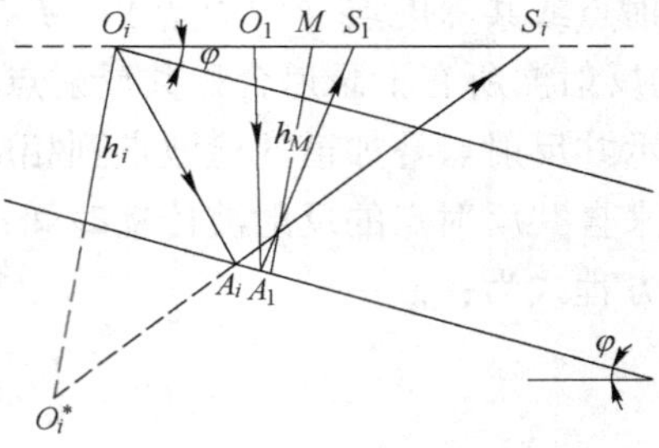

图 5-37　倾斜界面共中心点道集及时距曲线

由余弦定理可知

$$O_i^*S_i = \sqrt{4h_i^2 + x_i^2 + 4h_ix_i\sin\varphi} \tag{5-28}$$

将式（5-27）代入式（5-28），整理后得

$$O_i^*S_i = \sqrt{4h_M^2 + x_i^2\cos^2\varphi}$$

于是地震波从炮点 O_i 经过 A_i 点反射到 S_i 点的传播时间为

$$t_i = \sqrt{t_{0M}^2 + \frac{x_i^2 \cos^2\varphi}{v^2}} = \sqrt{t_{0M}^2 + \frac{x_i^2}{v_\varphi^2}} \tag{5-29}$$

式中，$v_\varphi\left(=\frac{v}{\cos\varphi}\right)$ 称为倾斜界面以上介质的等效速度，而 $t_{0M}\left(=\frac{2h_M}{v}\right)$ 是共中心点 M 处的双程垂直时间。

式（5-29）为在界面上倾方向激发而在下倾方向接收时所导出的结果。根据互换原理，当激发点与接收点互换位置时，所得到的结果相同，因此在界面下倾方向激发而在上倾方向接收时所导出的结果与式（5-29）相同。由式（5-29）可知，它所表示的时距曲线仍然是以通过共中心点的时间轴为对称轴的双曲线，如图 5-37 所示（这是与共炮点时距曲线不同点）。与水平界面情况相比，倾斜界面共中心点道集中所记录的反射时间不是同一点的反射，而是在一小段界面上反射的结果。在 t_0 相等的条件下，由于 $v_\varphi > v$，所以倾斜界面的共中心点道集时距曲线要平缓些。

3. 动校正和静校正

由式（5-25）可知，在共反射点各叠加道记录中，来自同一点的反射波传播时间是炮检距的函数。因此，在进行叠加处理之前，必须消除炮检距变化在不同叠加道中所造成的反射波的时间差（即正常时差），这也称为动校正。另外，地形起伏不平或低速带厚度不均匀对各叠加道记录带来的反射波传播时间差，也必须予以消除，否则将影响共反射点反射波的同相叠加，这称作静校正。

A　动校正与剩余时差

根据式（5-25）和式（5-26）可得

$$t_i = \sqrt{t_{0M}^2 + \frac{x_i^2}{v^2}} \tag{5-30}$$

式（5-30）表明，共反射点道集中各道所记录的来自同一点的反射波旅行时间，随各道的炮检距而变化，与 t_{0M} 之间有一个时差。用 Δt_i 表示各道 t_i 值与 t_{0M} 之差，称为正常时差，其表达式为：

$$\Delta t_i = t_i - t_{0M} = \sqrt{t_{0M}^2 + \frac{x_i^2}{v^2}} - t_{0M} \tag{5-31}$$

倾斜界面的正常时差公式与式（5-31）完全相同，只是速度为等效速度。

式（5-31）的近似表达式为：

$$\begin{aligned}\Delta t_i &= t_i - t_{0M} = t_{0M}\left[\sqrt{1 + \left(\frac{x_i}{v \cdot t_{0M}}\right)^2} - 1\right] \\ &\approx \frac{x_i^2}{2v^2 t_{0M}} \qquad （如果 2h \gg x_i）\end{aligned} \tag{5-32}$$

同理可得到倾斜界面的用等效速度表示的正常时差近似值公式。

所谓动校正，就是正常时差校正，动校正量应该等于正常时差。对于一次有效反射波来说，只要计算动校正量时所采用的速度合适，所计算的动校正量就等于正常时差。此时，经过动校正后，各叠加道的记录时间都变成了共中心点处的双程垂直时间 t_{0M}。共中心点道集中各道的反射波应当同相位对齐，叠加后该反射波的振幅就会增大若干倍（从理论上说，该倍数等于覆盖次数），如图 5-38 中所示的 T 波。

另一方面，式(5-29)所给定的动校正量是在均匀介质情况下，由一次反射波时距关系求得的。因此，凡是不符合这种关系的地震波，如折射波、多次反射波、侧面反射波以及声波和其他类型的干扰波，在共中心点道集中经过动校正后，不能同相对齐。这是因为它们的共中心点时距曲线与一次反射波的时距曲线不同，经动校正之后的共中心点的各道之间，仍然存在着时间差，这种差值称为剩余时差。正是由于上述各种干扰波在各叠加记录道中都有不同的剩余时差，所以在叠加时相对受到压制而减弱。如图 5-38 中所示的多次反射波 T'。

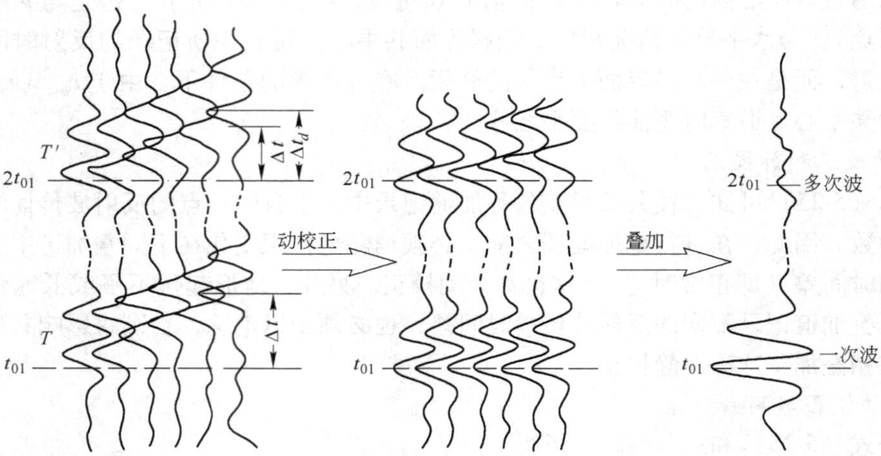

图 5-38　动校正作用的示意图

全程二次反射波剩余时差的形成如图 5-39 所示，R_d界面的全程二次反射时距曲线为 t_d，共中心点处的双程垂直时间为 t_{0d}，全程二次反射的传播速度为 v_d。如地下还存在一个真实的反射界面 R，其共中心点处的一次反射波的双程垂直时间为 t_0，并与 t_{0d}相等，在 R 界面上反射波传播速度为 v_σ。如图 5-39 所示，二次反射波的入射角大于 R 界面上一次反射波，根据视速度定理，v_σ^*大于 v_d^*。二次反射波的斜率大于一次反射波，它们的共中心点道集近似的正常时差为：

$$\Delta t \approx \frac{x_i^2}{2v_\sigma^2 t_0} \quad 和 \quad \Delta t_d \approx \frac{x_i^2}{2v_d^2 t_{0d}}$$

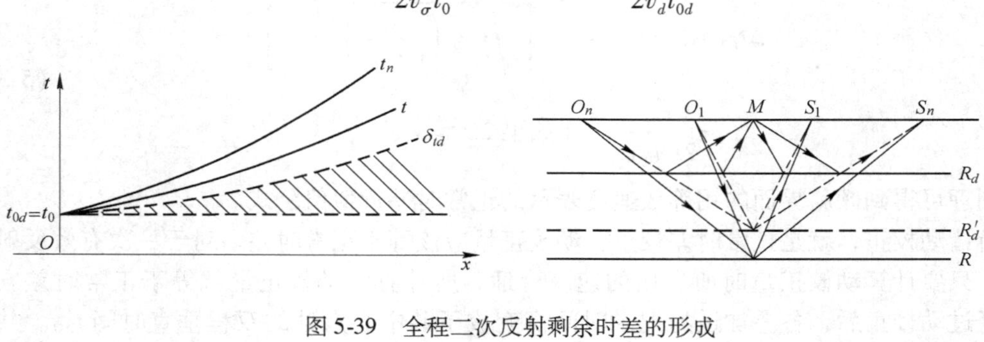

图 5-39　全程二次反射剩余时差的形成

其剩余时差为：

$$\delta t_d \approx \frac{x_i^2}{2t_{0M}}\left(\frac{1}{v_d^2} - \frac{1}{v_\sigma^2}\right) \tag{5-33}$$

根据式（5-33），剩余时差与炮检距和速度差异成正比，在一般情况下，偏移距或道间距大，有明显的剩余时差；速度差异大时，对多次波的压制效果好。

如上所述，为获得良好的叠加效果，要使计算的动校正量等于正常时差，必须选用合适的速度进行动校正量的计算，通常称这一速度为叠加速度，用符号 v_σ 表示。在水平界面均匀介质条件下，叠加速度就是介质速度（即 $v_\sigma = v$）；在倾斜界面均匀介质条件下，叠加速度即为等效速度（即 $v_\sigma = v_\varphi$）。在水平层状介质条件下，叠加速度接近均方根速度。叠加速度 v_σ 一般可用计算速度谱的方法求得。

B　静校正

静校正一般包括地形校正、震源深度校正和低速带校正。

当地形为水平面且低速层厚度均匀时，实际测量所得到的水平界面共中心点道集时距曲线，与式（5-25）所确定的理论曲线是吻合的。因此在正常时差校正后能实现同相叠加。但当地形起伏不平或低速带厚度分布不均匀时，会造成实测道集时距曲线的畸变。因此，即使是水平界面的一次反射波，在动校正后，*CMP* 道集的各道记录之间也还有时差，不能使叠加达到预期的效果，因此必须进行静校正。

对于单次时间剖面，如果不消除因地形起伏等因素所造成的反射波记录时差，会使时间剖面中的反射同相轴产状发生畸变。如图 5-40 所示，形成单次剖面上的假构造。为了消除单次时间剖面中反射同相轴的畸变，同样需要进行静校正。

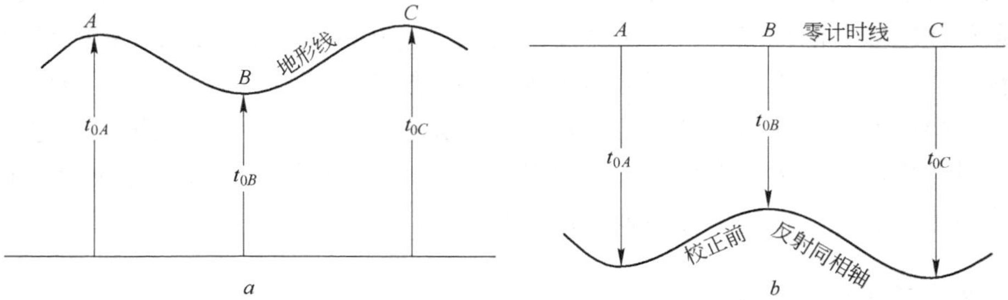

图 5-40　由地形起伏造成的记录时差和反射波同相轴的畸变

a—反射界面实际形状；*b*—没有进行地形校正的反射同相轴

如图 5-41 所示，将校正用的基准线 *A-A* 选在低速带底部之下，并将静校正量分为炮点静校正量和检波点静校正量两部分。炮点静校正量 Δt_i 是从 *S* 点和 *S′* 点到反射点 *P* 的传播时间差，*S′* 点是 *S* 点在基准线上的投影。检波点静校正量 Δt_j 是从反射点 *P* 到 *R′* 点和到 *R* 点的传播时间差，*R′* 点是检波点 *R* 在基准线上的投影。于是静校正量 Δt_{ij} 为

$$\Delta t_{ij} = \Delta t_i + \Delta t_j \tag{5-34}$$

静校正时可认为表层内的地震射线是垂直于基准线的，于是由图 5-41 不难看出

$$\left.\begin{aligned} \Delta t_i &= \frac{h_i}{v_1} \\ \Delta t_j &= \frac{h_{j1}}{v_0} + \frac{h_{j2}}{v_1} \end{aligned}\right\} \tag{5-35}$$

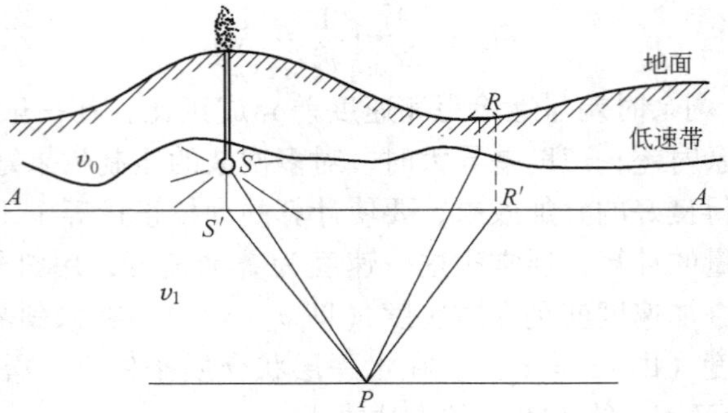

图 5-41　静校正原理示意图

式中，h_i表示 S 与 S'之间的距离；h_{j1}和 h_{j2}分别表示 R 和 R'点到低速带底界面的垂直距离；v_0和 v_1分别表示低速带中和反射界面以上地层中的波速。若基准线选在低速带内，则 Δt_i和 Δt_j的值可另作相应的推算。

当基准线位于低速带中时,还需要进行低速带校正。在求得低速层厚度 h 之后,以 A-A 为基准线,用中间覆盖层的速度代替基准面以下的低速介质的速度。低速带校正量 Δt_d 为:

$$\Delta t_d = h\left(\frac{1}{v_0} - \frac{1}{v_1}\right) \tag{5-36}$$

根据野外的记录资料，对静校正量进行计算和处理，称作初步静校正或一次静校正。在表层条件比较简单的情况下，一次静校正能取得满意的效果。但地表条件比较复杂时，一次静校正并不能完全消除表层因素的影响，在静校正后还会有剩余值，且分布很凌乱。为了进一步提高叠加剖面的质量，还必须利用多次覆盖资料，由计算机根据共炮点线、共接收点线及共中心点道集一次静校正后的剩余值的分布规律用统计方法自动计算出每道的剩余静校正量，这种校正技术称为剩余自动静校正。

二、多次覆盖观测系统

1. 多次覆盖观测系统图

为进行水平叠加处理提供野外地震记录，必须设计相应的观测系统，按照这种观测系统进行施工，逐次对反射界面进行重复研究，达到多次覆盖的目的。为实现水平叠加而采用的观测系统称为多次覆盖观测系统。

为了便于叙述，先将多次覆盖观测系统中有关名词的代表符号及意义，用图 5-42 表示出来。

多次覆盖观测系统一般采用下倾方向单边放炮的方式进行工作。对多次覆盖观测系统的主要要求是：必须使所研究界面长度范围内的全部反射点（或反射段），都能得到相同次数的覆盖。但每放一炮所能研究的界面长度有限，因此设计观测系统时首先需要沿测线等间隔地布置炮点位置，依次激发，并在相应的接收段上进行记录。炮点间距 d 和每次放炮后炮点移动的道数 ν 应按照下列关系式确定

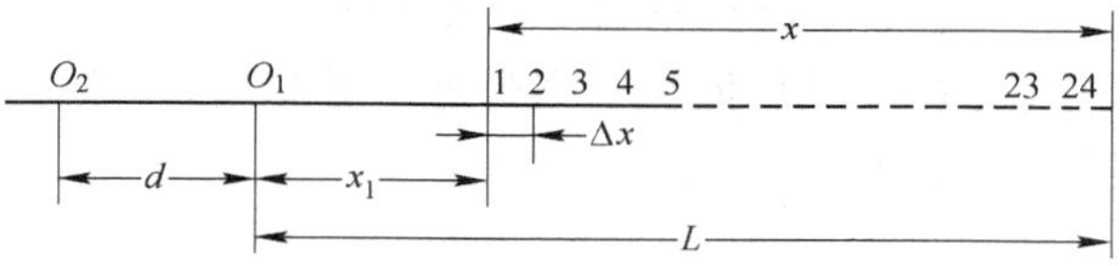

图 5-42　多次覆盖观测系统中的符号

d—炮点间距；Δx—道间距；L—排列长度；x_1—偏移距；x—接收段；1，2，…，23，24—道号

$$\left.\begin{aligned} d &= \frac{S \cdot N}{2n} \cdot \Delta x \\ \nu &= \frac{d}{\Delta x} = \frac{S \cdot N}{2n} \end{aligned}\right\} \tag{5-37}$$

式中，N 表示地震仪的记录道数；n 表示叠加次数；Δx 表示道间距；S 是一个系数，单边放炮时为 1。由图 5-42 可知，$d = O_2O_1 = O_3O_2 \cdots$，故共中心点道集中，相邻的炮检距差为 $O_2S_2 - O_1S_1 = O_3S_3 - O_2S_2 \cdots = 2d$；即相邻两炮点放炮时，检波点道号相差 2ν。

现以单边放炮 24 道接收的六次覆盖观测系统为例。由式（5-37）可得 $\nu = 2$，即每次放炮后炮点和接收点都应朝同一方向移动 2 道；在相邻两炮放炮时共中心点道的道号应相差 4 道。这种观测系统如图 5-43 所示。

由图 5-43 很容易看出，对于 24 道记录的六次覆盖而言：(1) 因为 $2\nu = 4$ 道，即相邻炮点的同一共中心点道号相差为 4 道，故 O_1 点放炮时的第 21 道、O_2 点放炮时的第 17 道、O_3 点放炮时的第 13 道、O_4 点放炮时的第 9 道、O_5 点放炮时的第 5 道、O_6 点放炮时的第 1 道，是在同一条共中心点线上的 6 个交点，说明这六个道组成一个共中心点道集。(2)

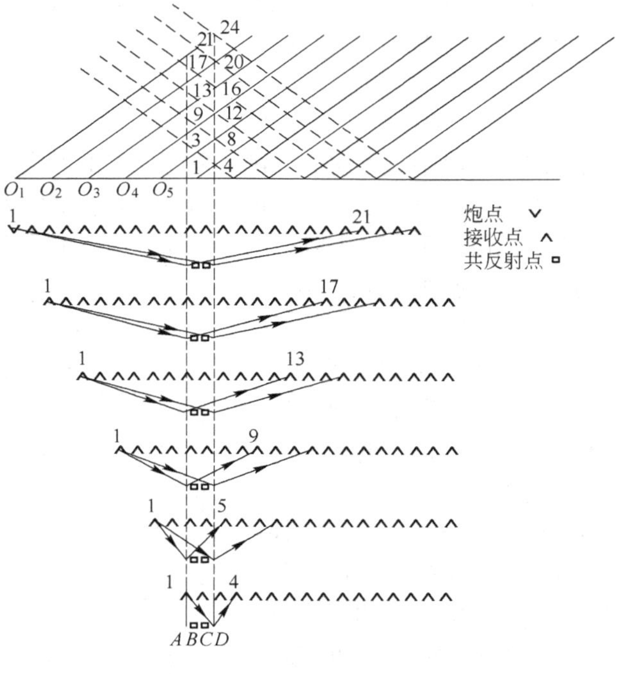

图 5-43　24 道接收的单边放炮 6 次覆盖观测系统

在水平界面的情况下，这六道都接收到来自 A 点的反射，其他的共反射点 B，C，D，… 等也各有相应的共反射点道集。(3) 依次放完6炮，便得到4个共反射点的6次覆盖的记录，以后每放一炮可增加4个共反射点道集。

2. 观测系统参数选择

设计多次覆盖观测系统时，还需要注意几个问题：

(1) 由于多次覆盖观测系统的两端存在着不能满足叠加次数要求的记录段，因此所设计测线的两端都要超过所研究的界面长度的范围。

(2) 理论计算和生产实践都已证明,叠加剖面的信噪比与叠加次数 N 的平方根成正比。所以覆盖次数越多,叠加剖面的质量就越高。但对野外施工来说,覆盖次数越多,生产效率就越低。因此不能单靠覆盖次数来提高叠加效果,还要考虑其他参数的选择及资料处理技术的改进。

(3) 排列长度必须选得合适。排列长度小，则需要的炮点数多，野外工作量大，生产效率低。但排列长度过大，也会给野外施工增加困难；而且由于远道的动校正量加大以致校正后的波形发生畸变。在排列长度方面又包括两个参数，即道间距 Δx 和偏移距 x_1。增大 Δx 或 x_1，都能加大排列长度。

对于一次反射波来说,当叠加速度选择适宜时,在动校正后的剩余时差都接近零,而与 Δx 几乎无关。对于其他类型的波,由于其视速度不同于一次反射波,因而剩余时差随 Δx 的增大而增加。可见,增大 Δx 既能增强叠加剖面的信噪比,又能减少野外工作量。然而,Δx 的增大会使界面上共反射点间的水平距离随之增大,势必降低对界面研究的精细程度。

第五节　地震勘探的分辨率

地震勘探中的分辨率分为垂向分辨率（或称纵向分辨率、时间分辨率）和水平分辨率（或称横向分辨率、空间分辨率）。

一、垂向分辨率

垂向分辨率是指用地震记录沿垂直方向能分辨的最薄地层的厚度，它可用两种方法来定义。第一种方法，用地面同一点所接收的薄层顶底两个反射波的时差与波延续时间的比值大小来定义垂向分辨率。比值大于等于1时，两个波能分离，就是有较高的分辨率；比值小于1，两波不能分开，就是说垂向分辨率低。

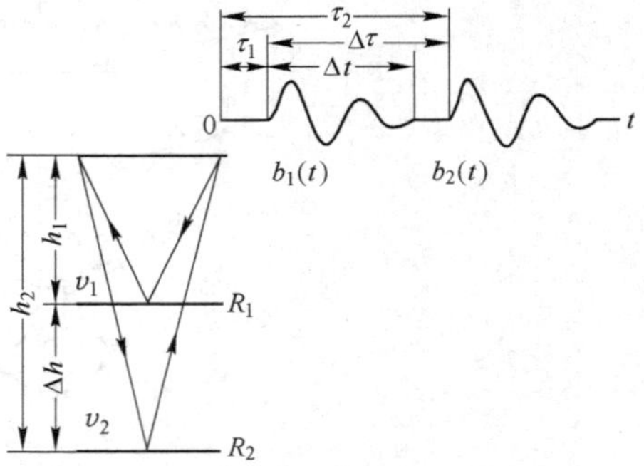

图 5-44　岩层较厚时接收的两个反射波可以分开

假设岩层水平，顶界面为 R_1，埋深为 h_1，底界面为 R_2，埋深为 h_2，深度差为 Δh（地层厚度），R_1 界面的地震子波为 $b_1(t)$，R_2 的子波为 $b_2(t)$，设 $b_1(t)$ 波有两个周期，延续时间为 Δt，$b_2(t)$ 也有几乎相同的延续时间,波在岩层中传播的双程旅行时间设为 τ，$b_1(t)$ 到达接收点的时间为 τ_1，$b_2(t)$ 到达接收点的时间为 τ_2，两者之差为 $\Delta\tau(\Delta\tau=\tau_2-\tau_1)$，它为顶底两个波的时差，如图5-44所示。设波在岩层中传播的速度一定

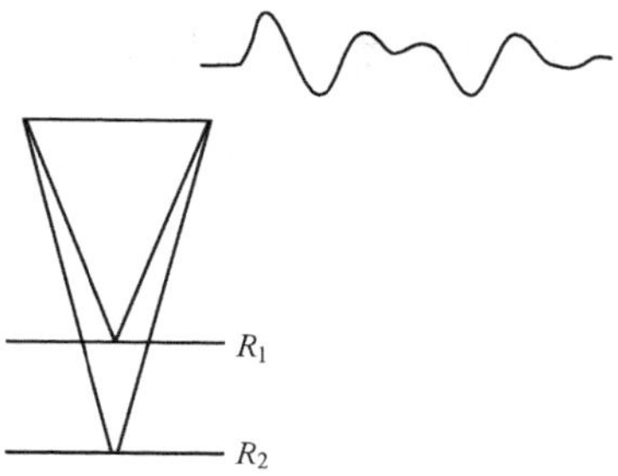

图 5-45　岩层较薄时两个反射波不能分开

时，随着地层厚度的变化，$\Delta\tau$与 Δt 的相对关系将出现两种情况。

第一种情况，当 Δh 较大地层较厚时，可使 $\Delta\tau \geqslant \Delta t$（比值大于等于 1 时），这时接收点接收来自界面 R_1 和 R_2的两个地震子波可以分开，保留其波形特征，如图 5-44 所示。

第二种情况，当 Δh 较小地层较薄时，使得 $\Delta\tau < \Delta t$（比值小于 1 时），这时接收的两个波发生干涉，形成叠加波，如图 5-45 所示，从这样的地震记录上已无法分辨地下的薄层。

从上面的讨论中，可知垂向分辨率主要与 $\Delta\tau$、Δt 的大小有关，为了提高分辨率，有两种途径，一种途径当 Δt 一定时，可通过增大 $\Delta\tau$来达到 $\Delta\tau \geqslant \Delta t$；另一种途径，当 $\Delta\tau$一定时，可以通过缩短 Δt，达到 $\Delta\tau \geqslant \Delta t$ 的目的。

设波延续时间为 2 个周期（$\Delta t = 2T$），要分辨薄层则应满足关系式 $\Delta\tau \geqslant 2T$，假设薄层顶底波速几乎相等，可得

$$\Delta\tau = \tau_2 - \tau_1 = \frac{2h_2}{v_2} - \frac{2h_1}{v_1} \approx \frac{2\Delta h}{v_2} \tag{5-38}$$

所以

$$\frac{2\Delta h}{v_2} \geqslant 2T \tag{5-39}$$

可分辨地层厚度为：

$$\Delta h \geqslant Tv_2 \quad 或 \quad \Delta h \geqslant \lambda \tag{5-40}$$

因此，一般情况下，可分辨的地层厚度为一个波长。在理想情况下，设波的延续时间为一个周期，可得

$$\Delta h \geqslant \frac{\lambda}{2} \quad 或 \quad \Delta h \geqslant \frac{Tv_2}{2},\quad \Delta h \geqslant \frac{v_2}{2f} \tag{5-41}$$

可分辨的薄层厚度为二分之一波长，这称为时间（垂向）可分辨的极限厚度。

垂向分辨率的另一种定义是用薄层的振幅响应。用楔形地层模型的物理实验可以得到相对振幅大小与薄层厚度的关系记录。如图 5-46 所示，在均匀介质中存在另一种介质的楔形地层，均匀介质的波速为 v_1，楔形地层波速为 v_2，并 $v_1 > v_2$。当楔形地层的厚度从大逐渐减小直至尖灭，在不考虑透射损失的情况下，模型上下界面的反射系数相等，符号相反，上界面反射系数为负值，下界面反射系数为正值，厚度较大时，两个反射子波 $b_1(t)$，$b_2(t)$ 在时间上可分辨，随厚度逐渐变薄，两波时差变小，波形逐渐靠拢；当两个波的

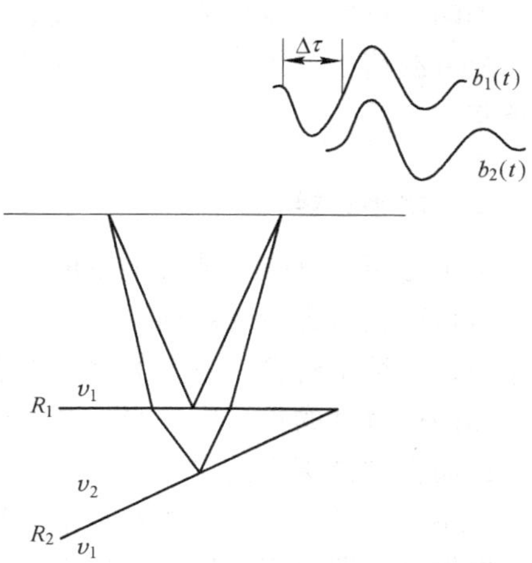

图 5-46　楔形地层的调谐振幅

时差为二分之一周期时（$\Delta\tau = 1/2T$），两波必然同相叠加，如图 5-46 所示，这时 $b_1(t)$ 波的第二个相位与 $b_2(t)$ 波的第一个相位同相，出现相干加强，使合成振动振幅比单个反射增强一倍，这时的振幅称为调谐振幅。

由于

$$\Delta\tau = \frac{2\Delta h}{v_2} = \frac{T}{2}$$

因此

$$\Delta h = \frac{v_2 T}{4} = \frac{\lambda}{4} = \frac{v_2}{4f} \tag{5-42}$$

则调谐振幅对应的厚度为四分之一波长，称为调谐厚度。定义相对振幅出现极大值（调谐振幅）时的地层厚度（调谐厚度）为垂向分辨率。图 5-47 为楔形地层厚度逐渐变薄时波形变化的模拟图。

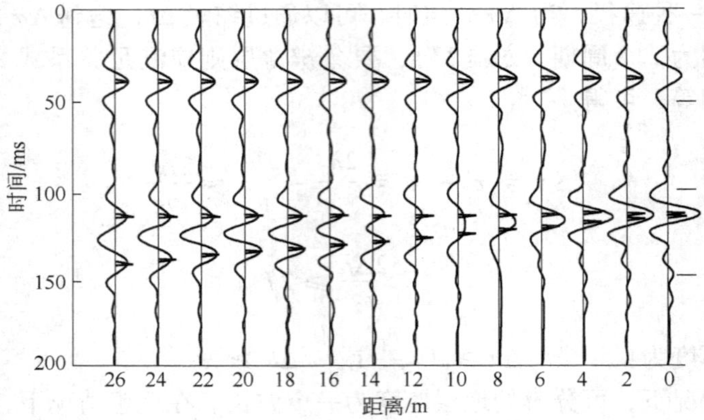

图 5-47 楔形地层厚度逐渐变薄时波形变化模拟图

垂向分辨率虽有两种定义，但一般把纵波的四分之一波长作为分辨率的极限值，把小于此值的地层称作薄层。

垂向分辨率与波长成线性反比，而波长与波速成正比，与频率成反比。在地震勘探中，浅层波速小，频谱成分高，波长短，分辨能力较强；而越往深层，波长渐长，分辨能力越差。

二、水平分辨率

水平分辨率是指用地震记录横向能分辨的最小地质体的宽度。

对地震资料进行地震地层解释时，要确定透镜体等小地质体的外部几何形态。在这些工作中，必须了解多大宽度的地震相在地震资料中才能分辨出来，进而才可以进行解释工作，如同样宽度的古河床，当埋藏较浅时，可能被识别出来，当埋藏较深时，可能就无法识别；而在同样深度的透镜体，当尺寸较大时，可能被识别，而尺寸较小时，则无法识别。这主要决定于地震勘探的水平分辨率。

根据惠更斯原理，地震工作中地表某一点接收的反射信号不只是地下反射界面上一个点的反射，而是一小段反射界面上（二维时）所有质点振动的叠加结果，如图 5-48 所示，设 O 为地表的一个接收点，R 为地下的一个水平反射界面，界面以上为均匀介质，波速为 v，地震波从震源 O 点以球面波的形式向下半空间传播，射线为直线，在某时刻，波前面的半径为 h，它与界面的交点为 O_1，这时 O 点只接收到 O_1 一个点的反射，波继续向前传播半个周期，波前面的半径变为 OC，与界面的交点为 C 与 C_1 点，在此两点的反射波同样被 O 点接收，根据叠加原理，时差不大于二分之一周期的波在 O 点就能得到相干加强的合成波形，O 点接收到的反射是界面 CC_1 上所有子波的叠加结果，凡大于宽度 CC_1 界面段的反射，则不能相干加强，而会互相抵消。把 CC_1 界面段用波长表示

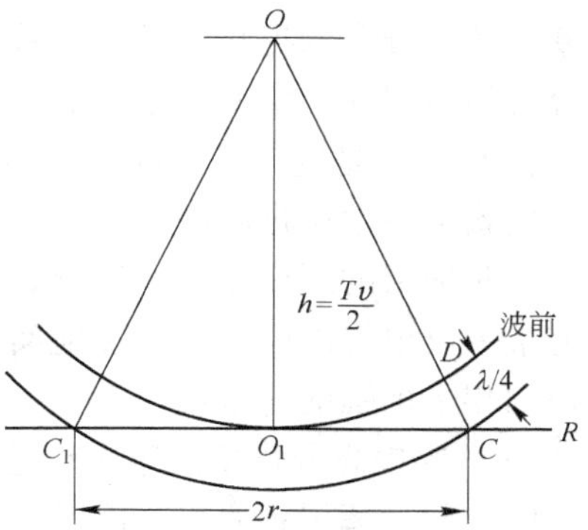

图 5-48　第一菲涅尔带

$$CC_1 = 2O_1C = 2\sqrt{(h + CD)^2 - h^2} \tag{5-43}$$

设 O 点接收到 O_1 点与 C 点的两个波的时差等于二分之一周期，把上式中的 CD 用波长来表示

$$\frac{2(h + CD)}{v} - \frac{2h}{v} = \frac{T}{2} \tag{5-44}$$

$$CD = \frac{vT}{4} = \frac{\lambda}{4} \tag{5-45}$$

上式表明波叠加时，只要它们的波长相差小于四分之一，就能相干加强。把式（5-45）代入式（5-43）得

$$CC_1 = 2\sqrt{\left(h + \frac{\lambda}{4}\right)^2 - h^2} = 2\sqrt{\frac{h\lambda}{2} + \frac{\lambda^2}{16}} \tag{5-46}$$

当 $h \geqslant \lambda$ 时，忽略上式根号中的第二项得

$$CC_1 = 2\sqrt{\frac{h\lambda}{2}} = 2\sqrt{\frac{vh}{2f}} = 2\sqrt{\frac{v^2 t}{4f}} = v\sqrt{\frac{t}{f}} \tag{5-47}$$

式中，v 为平均速度；f 为地震波的主频；h 为岩层的埋深；λ 为子波波长；t 为双程传播时间。把 CC_1 的宽度称作第一菲涅尔带，也有人把它称作单位反射，而把 O_1C 称作菲涅尔带的半径 r（$CC_1 = 2r$），一般把二分之一菲涅尔带作为横向最小分辨距离，即水平分辨率，写为

$$r = \frac{v}{2}\sqrt{\frac{t}{f}} \tag{5-48}$$

从式（5-48）可知，横向分辨率主要与波长、深度有关，但实际上随深度加大，波速也随之增大，波的频率变低，所以也可以说，主要与波长有关。

三、提高分辨率的方法

从上面垂向和横向分辨率的讨论可知：

（1）分辨率主要受勘探深度（或地震波速度）和频率的影响。分辨率随深度增大而变差，随着频率的提高而得到改善。根据垂向分辨率的概念，可知浅层反射波分辨率高，能分辨的地层薄，层次较多，所分辨的断距小；深部则相反。

（2）不论是垂向还是横向分辨率，讨论的方法都是基于波的叠加原理。同一地面点垂向接收某一地层顶底面的反射波，如果两个子波的时差小于二分之一周期，则波相干加强，这时地层的厚度相当于四分之一波长，地层厚度再薄，地震方法就不能分辨了。在横向上某一反射界面两端点，在地面同一点接收的反射波的最大时差小于二分之一周期，也能得到相干加强的合成波形。

（3）要提高分辨率的第一种途径可以采用横波勘探来实现，因为横波的传播速度比纵波低，同一薄层顶底面横波时差比纵波要大，就可能使 $\Delta\tau \geqslant \Delta t$。在纵波地震中无法分辨的地层顶、底的两个子波，在横波地震中可以分开，从而提高了分辨率。

第二种途径，就是缩短地震波的延续时间，即所谓改造纵波的办法。设想把延续时间约为两个周期的波浓缩为一个周期的理想子波，但要做到这一点是比较困难的，因为实际上，由于大地滤波作用，波的延续时间总是要变长的。目前人们采取缩短激发子波延续时间、补偿大地滤波影响、反褶积处理等方法。

第三种途径就是要求提高地震波的高频成分，加宽频带。这可以采用高频震源或可以控制频率的机械震源。但提高频率与增强分辨率不是简单的线性关系。

（4）根据分辨率的概念指导野外工作参数的选择和地震资料的解释。例如用收集到的工区层速度、平均速度、均方根速度、波的频谱等参数，计算出分辨率。对于小断层、小的地质体，由于受分辨率的限制，地震剖面可能无法分辨。

第六节　广角反射测量和最佳偏移距技术

一、广角反射技术

反射波测量一般在近震源地段接收，在这种情况下，反射波近似垂直地到达地面，入射角很小，这种情况称为“陡角”反射。但随着接收点到震源距离的增大，反射波的入射角也不断地加大。在临界角附近进行反射波测量的方法称为广角反射测量（或宽角反射测量）。

在浅层地震工作中，浅部地层层序多，速度差异小、地层深度小，面波干扰强，很难获得陡角反射波。而在入射角增大的情况下，能量在反射纵波、横波与透射纵波、横波之间的分配是入射角的函数。图 5-49 是根据佐普里兹方程计算的 P 波入射到波阻抗差异较小的界面上的能量分配图，计算参数为 $v_{p2}/v_{p1}=2$，$\rho_2/\rho_1=0.5$（$v_{p2}\rho_2/v_{p1}\rho_1=1$）。图 5-49的纵坐标为反射或透射的能量，横坐标

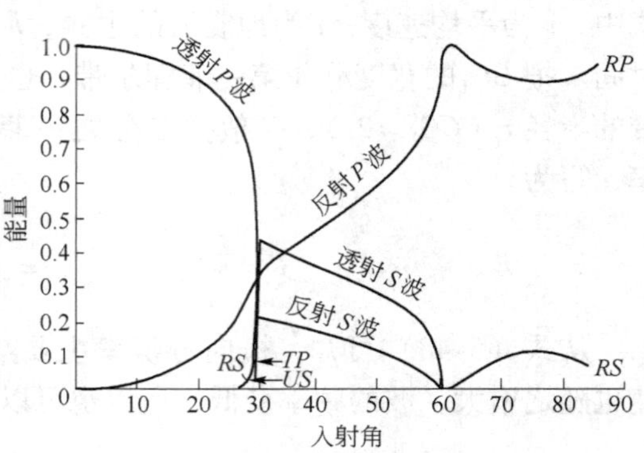

图 5-49　P 波入射时反射系数和透射系数随入射角的变化

为波的入射角。在入射角很小的时候，由于波阻抗差异为零，P 波的反射系数基本为零，大部分能量透过界面；随入射角的增大，转换为 S 波的能量逐渐增加，在接近 P 波的临界角时，透射 P 波的能量降为零，如果入射角再增加，也不会存在透射波。在逐渐接近临界角的过程中，反射 P 波和反射 S 波的能量都在变强。广角反射利用这一特点，在波阻抗差异较小的弱反射界面上，也能得到较强的广角反射信号。在临界角附近，反射波在相位上也会有相应的变化。另外由于广角反射测量要求接收点和震源点必须保持较大的距离，这样也就避开了震源点附近各种地滚波、面波等的干扰，突出了反射信号。因此广角反射测量也表现出一些独特的优点。

根据图 5-49 还可认识到在临界角附近，除反射纵波外，还有反射横波和折射纵波，在临界角附近区域获得的地震记录将非常复杂，不易追踪广角反射波。因此在浅层反射波接收区的选择中，重要的工作在于选择最佳接收地段。在近震源地段，检波器组合消除面波的方式不再适用，在离震源比较远时，界面的反射波和折射波重叠在一起发生干涉，影响了浅层反射波的追踪。为了减少面波、直达波和折射波的干扰，可以把接收地段选择在既不受面波的影响，也不受折射波影响的地段，这种最佳接收地段称为最佳窗口。

二、最佳窗口的选择

最佳窗口要结合理论计算和实地试验来选择确定。图 5-50 是某工地的试验剖面，试验参数为偏移距 2m、道间距 2m，38Hz 检波器，24 道接收。覆盖层厚度为 20m，平均波速为 1000m/s，基岩界面起伏很小，基本为水平界面。从图 5-50 可以看到直达波、基岩反射波和面波的分布情况。接收反射波的范围应在不受直达波和面波干扰的最佳窗口地段，根据此试验结果偏移距离选为 20m，接收范围 20 ~ 75m。

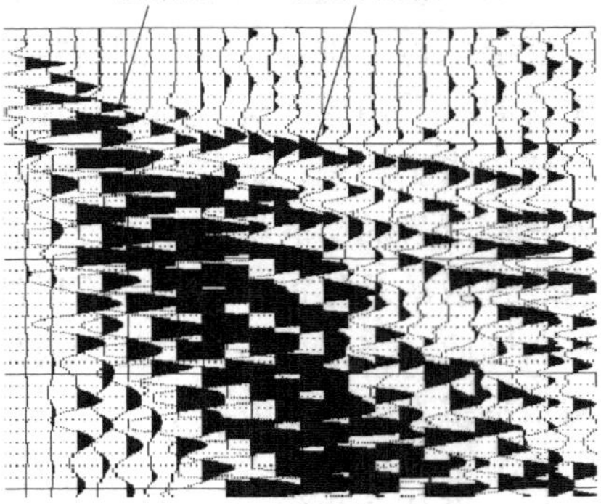

图 5-50　试验剖面

在选择最佳窗口时，靠近震源一边受面波的限制，远离震源一边受振幅和相位变化的控制。如果两层介质波速相差比较大，根据经验，离震源最远的检波器的距离不得大于界面埋深的 1.5 倍。反之，如果速度相差得很小，这个距离可适当放宽。

图 5-51 是在同一激发点不同地段接收的多张 12 道记录组合拼成的记录。目的反射层是古生代的灰岩，上部是冰渍物覆盖层。检波器的距离为 3m，偏移距是 3m。从图中可以看出，近震源地段主要受大振幅的地滚波和高频低速的声波的影响，因此最佳窗口靠近震源一端不应小于 30 ~ 36m；远离震源一端可选择为 70m，若不是选择多次覆盖，可以远至 90 ~ 100m。最好不要超过 100m，否则反射波可能发生相位变化。在进行波形对比时，最佳窗口选择过宽使得反射波相位落后。

三、地震波场的正演模拟

最佳窗口的选择还可以结合干扰波调查获得的信息，设计地质模型，利用模型进行正演模拟理论时距曲线、证实干扰波调查的分析结果。这对最佳窗口的设计以及野外工作有重要的指导作用。正演模拟是根据测区内已知的地质、波速和从干扰波调查剖面上获得的

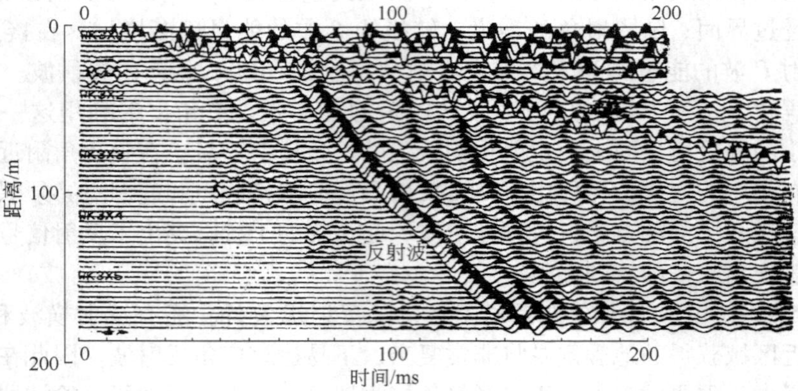

图 5-51　同一激发点、不同接收地段、多张 12 道地震记录拼成的浅层反射记录

地层、速度信息，设计地质模型，利用合成地震道的方法模拟地震记录。模拟干扰波调查剖面的方法为二部分。一是利用射线追踪法根据不同波的传播规律、速度和地层厚度参数计算各种波到达接收点的初至时间，模拟的波组一般包括反射波、初至折射波、不同视速度和不同频率的面波、声波等。二是根据干扰波调查剖面提取的频谱信息设计各种波的波形参数，合成不同偏移距的地震道，最后模拟出时距曲线形式的干扰波调查剖面。从正演模拟的合成地震记录上，可以更准确地确定最佳窗口的范围。

四、广角反射测量的应用

一般来说，在地质条件较好，且无外界干扰背景的情况下，采用单次覆盖的最佳窗口技术能够取得可供地质解释的地震反射时间剖面；若地质条件较差，或具有一定强度的外界干扰时，采用单次覆盖的最佳窗口技术很难获得高信噪比的地震反射时间剖面。

值得指出的是，最佳窗口技术在探测比较单一的目的层时（如基岩界面）效果较好，若要求探测目的层的深浅相差较大就很难选取最佳窗口，甚至根本不可能选出最佳时窗。因为若选取的最佳窗口对浅层反射波较合适时，对较深层的反射波就不合适了，反之也是一样。因此，当地质条件较复杂或外界干扰背景较大，或要求探测的深度范围较大时，应采用水平多次叠加的方法。

五、最佳偏移距技术

在最佳窗口内选择最佳接收点的广角反射测量，称为最佳偏移距技术。

所谓最佳偏移距技术是在广角反射测量的最佳窗口内选择一个点接收反射波，在这一点上，目的层的反射波具有较好的信噪比和分辨率，并将这个偏移距定为最佳偏移距。野外工作时每激发一次只记录一道，炮点和检波点间的距离 L 保持不变，同时在测线上移动测量，逐点获得一段界面的反射波，如图 5-52 所示。

与广角反射测量遇到同样的问题，最佳偏移距技术对追踪单一的目的层时，效果较好。现在人们利用这种观测方式，进行多波测量取得了较好的地质效果。这部分内容在第七章中详细介绍。

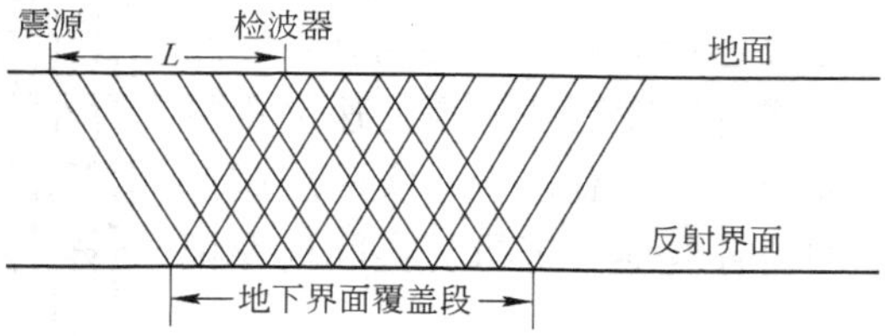

图 5-52　最佳偏移距技术的观测方式和反射波射线路径

第七节　反射波法的资料处理和解释

一、浅层反射波的识别

浅层反射波在直达波和折射波之后到达，并受到声波、面波等的干涉。采用反射波法勘探，首要的工作是从复杂的地震记录中识别反射波。

实际观测到的反射波波形记录由震源特点、介质的吸收作用、界面的影响、接收和记录仪器的特性等决定。识别有效波的原则和依据与折射波法相同，图 5-53 是一张反射波清晰的记录，从图中可以看到，各界面的反射波波形相似且同相轴连续性好。但很多情况下观察反射波同相轴的特征需要采取一些技术方法，才能识别出不清晰的反射波。

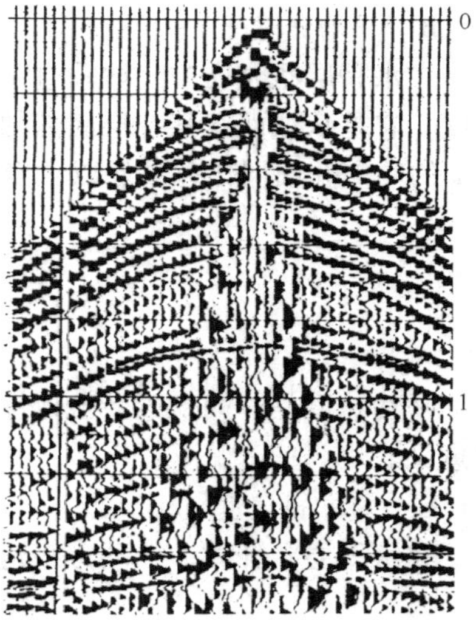

图 5-53　反射波记录

反射波的同相轴具有下列特征：

（1）波形特征的相关性。波形特征是指某一特定的同相轴所具有的波形形态的独有特征，如包络的形状、周期数（许多同相轴都包含几个周期的波形）、主频，以及不同的同相轴间干涉和叠加产生的不规则相位。波形特征的相关性是指各地震道间波形的相似程度。当同一组地震波到达一个排列时，一般在所有的检波器上都会产生类似的影响，使得不同地震道同一组地震波的波形看起来多少都有一点相似。如果道间距合适，相邻地震道同一组地震波主峰之间的时间差较小，很容易进行波形的对比；如果相邻地震道对应地震波主峰之间的时间差超过视波长的一半，相关性就会模糊不清。利用相关分析可以确定各地震道波形的相似性。

（2）倾角时差和正常时差特征。时差是指在一个同相轴上地震道之间的时间差，是区分同相轴性质最重要的特征。时差分为倾角时差和正常时差，在中间放炮的排列中，很容易将这两者分开，但在单边放炮排列中却很难区分。利用正常时差特征检测一个道集或一个共炮点记录上的同相轴是否为反射波，可根据已有的速度参数对各地震道进行动校正，如能将这些波的同相轴校正为一条直线，则记录上的同相轴为反射波。

识别反射波的另一个方法是正演模拟合成地震记录。对地震记录中的假定的反射波进行动校正，得到垂直时间剖面。然后根据干扰波调查或者速度测井获得的速度资料合成反射地震记录。将合成的反射地震记录与实际地震记录对比，二者应该是相似的。合成地震记录与实际地震记录的对比如图 5-54 所示。

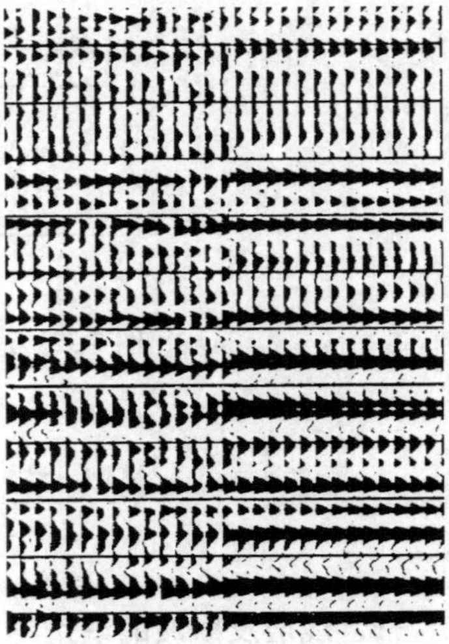

图 5-54　地震记录对比
a—实测记录；b—合成记录

二、地震波速度的取得

1. 各种速度的概念

A　层速度

设地下介质是由若干个平行的地层组成的，将每一个地层看成均匀介质，每个层的地震波速度称为层速度，它与地层的岩性密切相关。层速度可由地震测井求得：

$$v_i = \frac{\Delta H}{\Delta t} \tag{5-49}$$

B　平均速度

在水平层状介质中，取垂直于层理的射线段长度与该长度内波的传播时间之比为平均速度，它是从地面至某一层底部的全部介质中垂向传播速度的平均值，相当于用一个速度为 v 的均匀介质层代替该层以上全部上覆地层。

$$\bar{v} = \frac{H}{t} = \frac{H}{\int_0^H \frac{\mathrm{d}z}{v(z)}} \tag{5-50}$$

平均速度是时间剖面转换成深度剖面的重要资料，求准平均速度对提高解释精度有重要意义。

C　均方根速度

在水平层状介质中，均方根速度定义为：

$$v_{\sigma,n} = \left[\frac{\sum_{i=1}^{n} v_i^2 t_i}{\sum_{i=1}^{n} t_i}\right]^{1/2} \tag{5-51}$$

均方根速度的概念是对水平多层介质采用水平多次覆盖技术进行地震勘探时产生的。当把界面以上的 n 层介质看作均匀介质时，反射波的射线为直线，实际上波在层状介质中的传播路径不是直线，而是折线。炮检距愈大，偏折也愈大。因此，对于 n 层介质而言，它相当于用一个速度为 $v_{\sigma,n}$ 的均匀介质层代替该层以上全部上覆地层。

均方根速度与平均速度相比，强调了层速度高的地层的影响，在一定程度上反映了不均匀介质的“折射”效应。一般情况下，平均速度都小于均方根速度。在水平层状介质的情况下均方根速度就是叠加速度。

2. *地震波速度的求取*

地震勘探的数据处理和资料解释的精度主要取决于速度参数的准确程度。一般用下列方法估算速度：

（1）利用折射波法求层速度，或平均速度（见第四章第三节）。

（2）利用地震测井求层速度或平均速度（见第八章第二节）。

（3）利用速度分析的方法求叠加速度或均方根速度（见第五章第八节）。

（4）根据反射波时距曲线求速度。根据反射波时距曲线求速度的方法很多，主要有 x^2-t^2 法（见第五章第一节），和根据正常时差和速度的关系计算速度。

在没有速度测井的资料时，人们主要利用速度分析的方法求叠加速度或均方根速度，并可以用均方根速度计算层速度。

3. *层速度的计算*

层速度是与地层岩性密切相关的速度，也是地震勘探反演的目标。层速度可以利用迪克斯公式计算。这是用均方根速度计算层速度的公式。根据速度分析的结果求出叠加速度，也就是均方根速度，由均方根速度的定义式（5-51）可知：

$$v_{\sigma,n}^2 \sum_{i=1}^{n} t_i = \sum_{i=1}^{n} v_i^2 t_i \tag{5-52}$$

$$t_{0,n}v_{\sigma,n}^2 - t_{0,n-1}v_{\sigma,n-1}^2 = 2\left(\sum_{i=1}^{n} t_i v_i^2 - \sum_{i=1}^{n-1} t_i v_i^2\right) = 2t_n v_n^2 \tag{5-53}$$

式中

$$t_{0,n} = 2\sum_{i=1}^{n} t_i \qquad t_{0,n-1} = 2\sum_{i=1}^{n-1} t_i$$

因此

$$t_n = (t_{0,n} - t_{0,n-1}) \tag{5-54}$$

将式（5-54）代入式（5-53），即得到求第 n 层的层速度的迪克斯公式：

$$v_n = \left[\frac{t_{0,n}v_{\sigma,n}^2 - t_{0,n-1}v_{\sigma,n-1}^2}{t_{0,n} - t_{0,n-1}}\right]^{1/2} \tag{5-55}$$

还可以利用式（5-55）求出平均速度。因为第 n 层底界面以上的平均速度为

$$\bar{v}(n) = \frac{\sum_{i=1}^{n} v_i (t_{0,i} - t_{0,i-1})}{t_{0,n}} \tag{5-56}$$

将式（5-56）代入式（5-55）有：

$$\bar{v}(n) = \frac{\sum_{i=1}^{n}\left[(t_{0,i}v_{\sigma,i}^2 - t_{0,i-1}v_{\sigma,i-1}^2)(t_{0,i} - t_{0,i-1})\right]^{1/2}}{t_{0,n}} \tag{5-57}$$

三、校正处理和地震剖面的构制

1. *动校正和静校正*

静校正的目的是消除地形起伏、激发点位置和低速带对地震记录的影响，校正方法如第五章第四节所述。动校正的目的是把双曲线形式的时距曲线变换为反映地下界面的形态。动校正中正常时差可按式（5-7）计算。在水平界面的情况下，界面的法线深度和真

深度一样，但只有自激自收点的双程垂直时间 t_0 对应法线深度，其他各接收点反射波的传播时间除与界面法线深度有关外，还包括由于偏移距不同而造成的正常时差。如果将各观测点反射波的传播时间减去动校正之后的时距曲线，就变成处处为 t_0 的直线，这就与水平界面的产状完全一致了。由此可知，在地震反射波法的资料处理中需要尽可能精确地计算正常时差 Δt。在偏移距和双程垂直时间已知的情况下，正常时差 Δt 能否精确计算取决于如何估计波速。估算波速的误差导致正常时差产生相应的误差，该误差称作剩余正常时差。如果动校正采用了准确的速度，则反射波的同相轴被校正为直线，如果校正计算的速度选得过大或过小，则校正后的同相轴会向上或向下弯曲。校正速度大于准确的速度时，校正不足，同相轴向下弯曲；而校正速度小于准确的速度时，校正过量，同相轴向上弯曲。图 5-55 为一个共中心点道集的校正结果。图 5-55a 为实际测量的共中心点道集地震记录，图 5-55b 为动校正后的结果，双曲线型的同相轴已校正为直线。

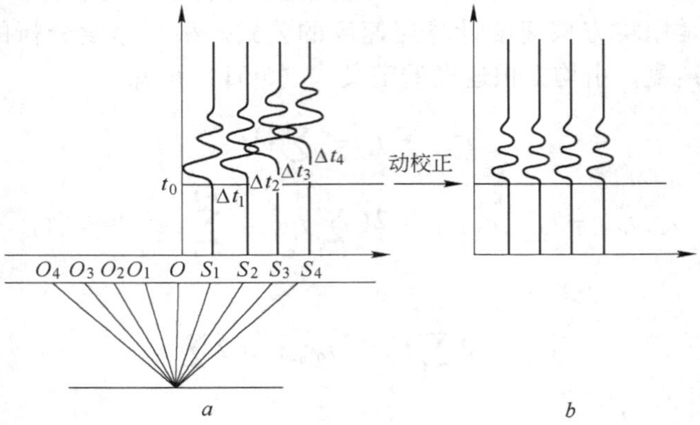

图 5-55　动校正的结果

图 5-56a 为一桥址探测工程的实测共炮点原始记录。采集参数为：偏移距 20m，道间距 5m，12 道，38Hz 检波器接收，采样间隔 0. 25ms。图 5-56b 为经过动校正、道均衡和滤波后的一个排列的地震时间剖面。

2. 地震剖面的构制

在浅层反射波法的资料处理和解释中，反射波的识别、速度的确定、动校正和静校正等步骤都是为了确定反射界面的埋深，在剖面上确定界面的形状。剖面显示的第一步是作出垂直时间剖面，在此基础上绘制地下界面。

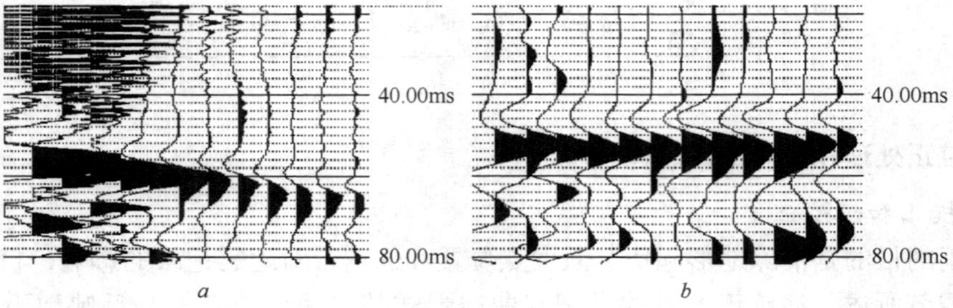

图 5-56　实测共炮点原始记录及其动校正的结果

A 垂直时间剖面

垂直时间剖面是反射波法中最简单的解释图件，它既不考虑速度，也不考虑深度，首先标出可对比的反射波，横坐标表示距离。纵坐标表示已作过动、静校正的双程垂直时间。在横坐标上应标出各激发点。图 5-57 是经过动校正后的多个共炮点排列接在一起的垂直时间剖面。反射波的波至时间约为 40 ~ 45ms，经速度分析获得的反射界面以上介质的均方根速度为 1050m/s，反射界面的深度约为 21 ~ 23.6m。

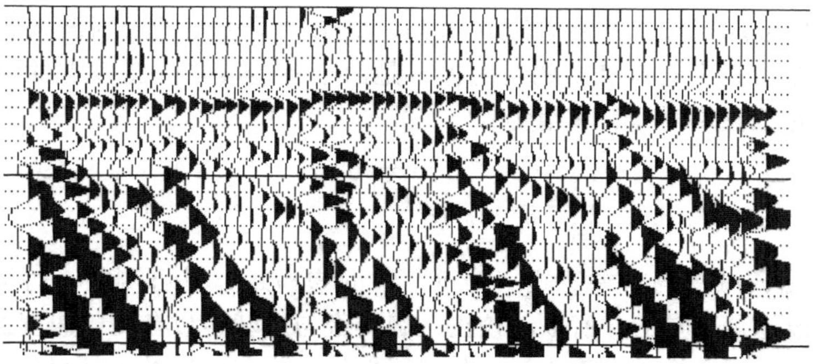

图 5-57 垂直时间剖面

一般说来，垂直时间剖面和地震记录剖面都反映地下反射界面的形状，但是，它们都不能给出界面的具体位置，也不能给出界面的真正倾角，只能绘出到地下反射界面的垂直传播时间。尽管如此，地震记录剖面可以提供一些地下反射面的信息。如反射层的连续性，反射层的分布、反射波质量的好坏等。

利用各层的层速度参数，可以将垂直时间剖面或地震记录剖面的纵坐标由时间坐标换算成深度坐标，这得到地震记录深度剖面（垂直射线路径剖面）。

如果选择的速度等于地下介质的真实速度，那么所计算出的界面就反映地下界面的位置，反射界面的倾角相当于真倾角。反之，如果所选择的速度不等于地下介质真实的速度；那么所计算出的界面也不反映地下界面的真实位置。

在地震记录时间剖面上进行道与道之间的对比是有好处的,既可以充分利用记录信息，也可以发现相位的错误。垂直时间剖面和深度剖面构成了进一步数据处理和解释的基础。

B t_0法计算垂直深度

t_0法是一种计算深度的简单方法，动校正后垂直时间剖面的各点上的时间为反射波双程垂直时间。设反射界面上部介质的波速为 v，根据 $t_0 = 2h/v$ 的公式，$h = t_0 v/2$。与折射波法构制界面的方法相同（参见图 4-26b），以各点的垂直深度 h 为半径作圆弧，该圆弧的包络面即为反射界面。

第八节 反射波法常用数字处理技术

在工程地震反射波法勘探工作中，常用的数字处理技术主要有速度分析、数字滤波、相关分析和频谱分析。

一、速度分析

利用地震记录求取叠加速度或动校正速度的方法称为速度分析。一般速度分析最常用的方法是计算速度谱。速度谱表示了地震波能量随速度的变化关系。如果以共反射点道集叠加波形的能量来衡量，当动校正使用的速度合适时，各道的相位都对齐，叠加后波形的能量为最大。按这一原理计算的速度谱称为叠加速度谱。

1. 叠加速度谱的原理

根据第五章第四节反射波水平叠加理论可知，如果共深度点的反射波来自界面同一点，那么这些反射波与共中心点处 t_0 的时间差，是由于各检波点到激发点的距离（炮检距）不同引起的，称为正常时差，其值为：

$$\Delta t = \sqrt{\left(\frac{x}{v}\right)^2 + t_0^2} - t_0 \tag{5-58}$$

Δt 就是动校正所要减去的时差。式（5-58）中的炮检距 x 是可测的，对某一反射界面来说，记录上 t_0 值也是已知的，所以动校正正确与否与速度参数有关，速度的精度直接关系到动校正的效果。对某个共深度点道集的时距曲线，根据已知的 t_0 时间及工区或邻区的速度资料，选用一系列不同的速度值对时距曲线进行动校正。在其中总可以找到一个速度值，使时距曲线校正为水平直线，这个速度就是最佳动校正速度，这种做法称为速度分析。时距曲线是否已被拉平，根据动校正后道集内信号叠加的能量来判断。采用最佳速度可以把时距曲线校正为水平直线，各道反射波相位相同，叠加后能量最强，参见图 5-55，速度偏大或偏小都会使叠加后的能量减弱。类似频谱分析的做法，把叠加后反射波的能量随速度的变化关系表示在 $A-v$ 坐标系中（A 为用振幅表示的能量），就可得到一条谱线，称作速度谱线，如图 5-58 所示。这条谱线是相对共深度点道集记录上一定的 t_0 时间的。从图 5-58 中可以看到，采用不同的速度动校正，叠加后能量不同，当速度取为 v_3 时，叠加能量最强，v_3 为此 t_0 时刻的动校正速度或叠加速度。计算机处理时，对反射波 t_0 值等间隔离散取样，对每个 t_0 重复上述做法，可以得到很多条速度谱曲线，把这些曲线按 t_0 值大小依次排列起来，就是一张（一个）速度谱。图 5-59 是一种曲线形式的速度谱。也有用数字大小、能量团等形式显示的速度谱。

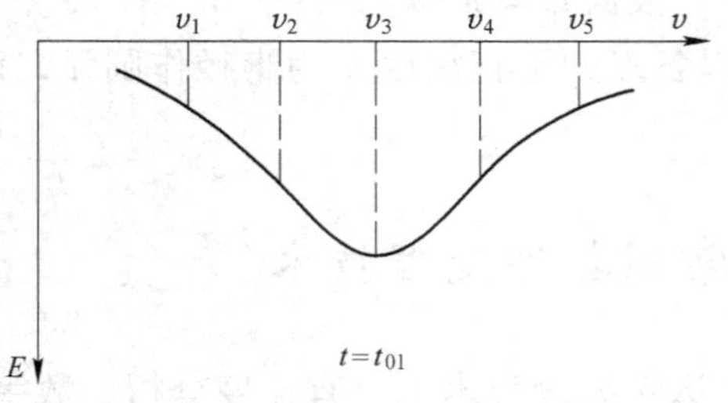

图 5-58　$t_0 = t_{01}$ 的速度谱线

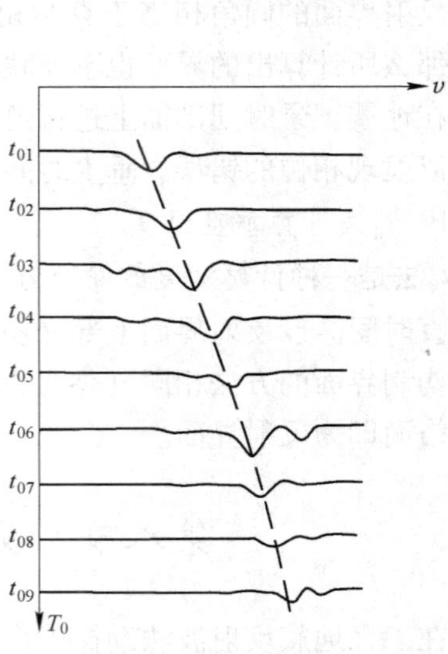

图 5-59　速度谱曲线示意图

2. 制作速度谱的方法

计算机制作速度谱时主要分4个步骤。

（1）对某个共深度点道集的记录设定一系列 t_0 值，并设计 t_0 的计算间隔及反射波时窗采样数 M。

（2）固定某个 t_0，选定一个初始速度 v_1，对时窗内的波形进行动校正，并计算叠加能量，得到 $A(v_1)$。$A(v)$ 可用平均振幅或振幅加权平均值表示。其中平均振幅为：

$$A(v) = \frac{1}{N}\sum_{j=0}^{M}\left|\sum_{i=1}^{N} f_{i,j+ri}\right| \tag{5-59}$$

式中，N 为共深度点道集内的道数；M 为反射波采样时窗样点数；$f_{i,j+ri}$ 表示第 i 道，$j+ri$ 个样值；ri 表示随着 t_0 时间、炮检距 x 和地震波速度 v 变化的反射波样值的序号。

然后以一定的增量改变初始速度值，按前面的步骤计算出各速度值的能量 $A(v)$，得到关于该 t_0 值的一条速度谱线。

（3）对一系列的 t_0 时间循环，重复上述过程，得到多条速度谱线。

（4）连接一张速度谱上所有的峰值，就可得速度曲线，它反映了某个共深度点处，从浅至深速度的纵向变化，如图5-59所示。为了研究速度的横向变化，应该按一定的排列间隔做多个速度谱。

速度谱质量的好坏主要决定于原始资料的信噪比，信噪比高，速度谱的质量就好。速度谱质量还与采用的观测系统有关，覆盖次数高，共反射点的叠加道多，速度谱的质量就好。速度谱的好坏还与地质条件有关，构造较简单，速度谱也简单，如果速度谱点的位置正好位于断裂带上，谱就会变得较复杂。

3. 速度谱的应用

（1）提供动校正速度。某个共深度点或共炮点的速度谱资料，可以作为该速度点附近进行动校正的速度参数，这是速度谱的主要用途。用速度谱方法获得的速度最适合用于水平叠加，因此，常将这种速度称为叠加速度。

根据共深度点道集的资料计算的叠加速度，对不同的地质模型，对应不同的速度。对于水平层状介质，叠加速度相当于均方根速度；对于倾斜界面，叠加速度相当于有效速度。用叠加速度对倾斜界面的共中心点时距曲线作动校正，仍可取得较好的效果。

（2）检查时间剖面的质量。在速度谱上可以看出反射波的强弱及其出现的 t_0 时间，如果某 t_0 时间有较强的反射，在速度谱上必然出现较强的能量，如果时间剖面上的强反射与速度谱上的强能量不一致，应查明原因。

（3）识别多次波和绕射波。速度谱中如果在深层出现速度相对较低的谱线，而 t_0 时间又与速度相近的浅层反射波 t_0 时间成倍数关系，则可能是多次波，因为一般速度随深度是增大的。绕射波同样有双曲线型时距曲线，用不同速度校正叠加后，会在速度谱上出现强能量。

二、数字滤波

在地震勘探中，干扰波和有效波常常是混在一起的，滤波是突出有效波，压制干扰波的一种重要手段。数字滤波是随着电子计算机的广泛使用而发展起来的，它比模拟滤波更为丰富多样，使用也更为灵活。是地震资料数字处理技术中的一个重要组成部分。

用来区分干扰波和有效波的地震波特征是频谱和视速度。数字滤波方法利用干扰波和有效波在频谱或视速度方面的差异来压制干扰。频率滤波只需对单道资料进行运算，称为一维频率滤波；视速度滤波用多道资料进行运算，称为二维视速度滤波。

从广义上讲，地震波的激发、传播、接收和记录的过程，也都是某种滤波的过程。因为在这些过程中，随着激发条件，传播介质和仪器性能等的变化，都会改变地震波的原始形态，人们为了突出地震波的某种原始形态，设计出不同的数字滤波器。

1. 滤波器的响应特性

一个原始信号通过某一装置后变为一个新信号的过程称为滤波。原始信号称为输入，新信号称为输出，该装置则称作滤波器。如果这个装置由数学公式组成，则称为数字滤波器。图 5-60 为数字滤波过程的示意图。

图 5-60　数字滤波示意图

滤波过程可用数学公式表示，任意 t 时刻的输出信号，其褶积运算公式可写为：

$$y(t) = \int_{-\infty}^{\infty} h(\tau) \cdot x(t-\tau) \mathrm{d}\tau \qquad (5\text{-}60)$$

不考虑滤波器的内部结构，只从其输入、输出间关系定义的滤波器特性称为响应函数。滤波计算既可以在时间域进行，也可以在频率域进行。时间域中的响应函数称为脉冲响应。它定义为一个单位脉冲通过滤波器所产生的响应。

时间域滤波器经傅里叶变换后可以得到其频谱，即为频率域滤波器。频率域滤波器对信号频率的影响称为频率响应函数，或称滤波器的频率特性。

脉冲响应是振幅随时间变化的函数，它的傅里叶变换就是滤波器的“频率响应”。因此，一个滤波器的特性，不论用脉冲响应描述，还是用频率响应描述，都是等效的，而且是唯一的。因此在两个域中的滤波机理为：

时间域　$x(t)$　$\rightarrow h(t)$　$\rightarrow y(t) = x(t) * h(t)$

　　　　$\updownarrow$　$\updownarrow$　$\updownarrow$　傅里叶变换过程

频率域　$X(\omega)$　$H(\omega)$　$Y(\omega) = X(\omega) \cdot H(\omega)$

数字滤波器用数学公式 $h(\tau)$ 表示。因此只要改变数学公式就可改变滤波器的滤波特性。由于滤波器可以是时间域的也可以是频率域的，因此，有两种数字滤波方法。

2. 一维频率域数字滤波

最理想的频率域滤波器是有效波在其频率范围内完全无畸变地通过，干扰完全被压制掉。因此，要求滤波器的频率响应为有效波完全通过，其他频率成分完全被压制。理想滤波器的频率响应函数图形是一个矩形，如图 5-61c 所示。

地震资料进行频率域滤波，一般分为如下几个步骤：

(1) 对地震记录进行频谱分析，确定有效波和干扰波的频率特征。

已知地震记录 $x(t)$，如图 5-61a 所示，它包含有效波 $s(t)$ 和干扰波 $n(t)$，即

$$x(t) = s(t) + n(t)$$

相应的频谱为：　　　　　　　$X(\omega)=S(\omega)+N(\omega)$

地震波记录的频谱如图 5-61*b* 所示，地震记录上主要存在高频干扰，有效波成分在 f_1-f_2范围内（图 5-61*b*），两者的频谱基本上是分开的。

（2）设计理想的带通滤波器。根据有效波的频率分布范围f_1-f_2，设计带通滤波器，其频率函数为 $H(f)$，在有效波频率范围内，频率函数为 1，在其他频率范围内，频率函数为 0。其表达式为：

$$H(f)=\begin{cases}1, & f_1\leqslant f\leqslant f_2\\0, & f<f_1,\ f>f_2\end{cases}\tag{5-61}$$

设计的带通滤波器如图 5-61*c* 所示，信号的频率响应如图 5-61*d* 所示。

（3）进行滤波计算。对地震记录 $x(t)$ 进行傅里叶变换，得到 $X(\omega)$，将其与滤波器频率函数 $H(f)$ 相乘，得到压制了干扰信号的输出信号 $X'(\omega)$，可写为：

$$X'(\omega)=X(\omega)\cdot H(\omega)\tag{5-62}$$

对输出信号进行反傅里叶变换得到滤波后的地震记录 $x'(t)$，如图 5-61*e* 所示。

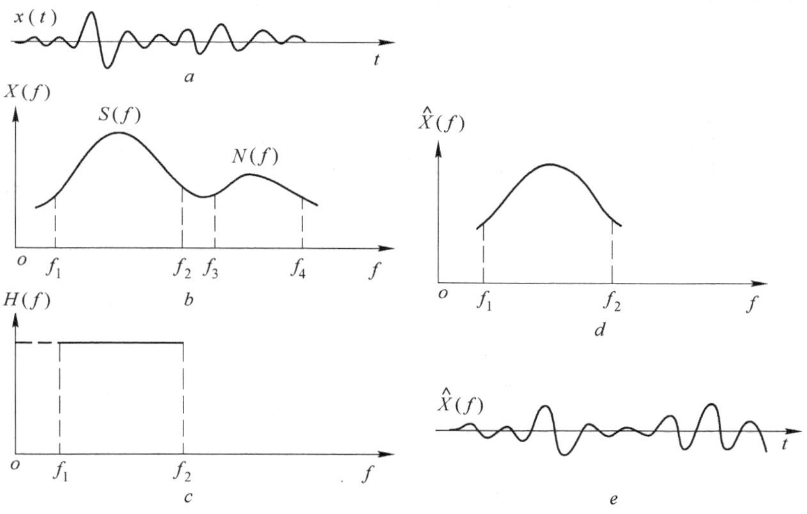

图 5-61　频率域滤波示意图

3. 一维时间域数字滤波

时间域数字滤波又称为褶积滤波，其数学表达式为式（5-60）。地震资料进行时间域数字滤波，一般分为如下几个步骤，第一步对地震记录进行频谱分析、确定有效波和干扰波的频率特性和第二步设计带通滤波器与频率域滤波是一样的，下一步为：

（1）对带通滤波器进行反傅里叶变换，得到滤波器的时间域响应函数 $h(t)$。

（2）对地震记录 $x(t)$ 和 $h(t)$ 进行褶积运算，得到滤波处理后的输出 $x'(t)$。

在时间域的滤波过程中，只对滤波器进行一次傅里叶变换，其余为离散褶积的乘加运算，计算工作量小于频率域。

4. 离散褶积运算

频率域和时间域的数字滤波包括离散的傅里叶变换和离散褶积运算，离散的傅里叶变换将在后面介绍。在实际计算中，滤波器的长度不可能无限长，地震记录的采样点数也是有限的，因此，离散褶积运算将连续函数的广义积分式（5-60）改为有限项求和：

$$y_i = \sum_{\tau=-M}^{M} h_\tau x_{i-\tau} \tag{5-63}$$

式中，y_i，x_i分别为采样序列号为 i 的输出和输入信号，$i=1, 2, 3, \cdots, N$，N 为总的滤波计算的样值数。h_τ 为滤波器序列，τ 表示滤波器序列的采样序号，下标 $\tau=-M, -M+1, \cdots, -1, 0, 1, 2, \cdots, M$。例如一个理想的低通滤波器的频率特性表达式为：

$$H(f) = \begin{cases} 1, & |f| \leqslant f_1 \\ 0, & |f| > f_1 \end{cases} \tag{5-64}$$

式（5-64）的反傅里叶变换后的滤波因子为：

$$h(t) = \frac{\sin 2\pi f_1 t}{\pi t} \tag{5-65}$$

将式（5-65）按照输入信号 x_i的时间采样间隔 Δt 离散为 $h(n\Delta t)$，简写为 h_τ。理想的低通滤波器的频谱、滤波因子及其离散采样值序列如图 5-62 所示。

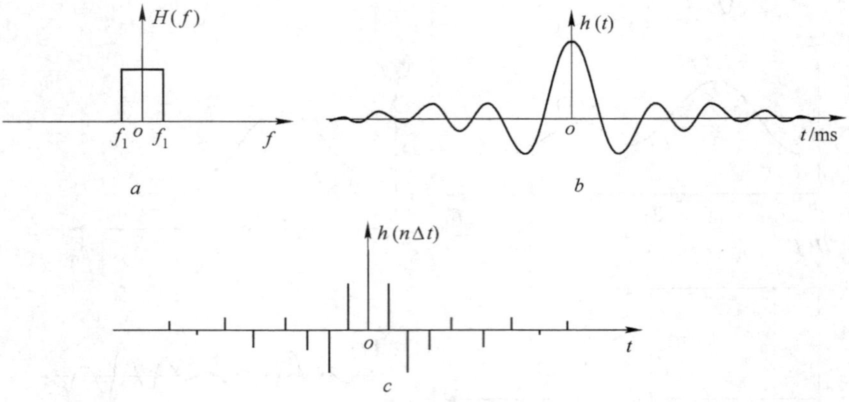

图 5-62　理想的低通滤波器

a—滤波器的频谱；*b*—滤波因子；*c*—离散采样值序列

式（5-63）表明，离散褶积运算是 h_τ 序列和 x_i序列，按照一定的规则相乘后相加运算。计算 t 时刻的输出信号 y_t，时，因滤波因子 h_τ 的下标在 $-M$ 到 M 之间变化，为了使输出信号和输入信号序列号一致，在 x_i序列前后各补 M 个零。如果 $M=2$，滤波因子只有 5 个数，它和输入信号序列 x_i的褶积运算过程，如图 5-63 所示。

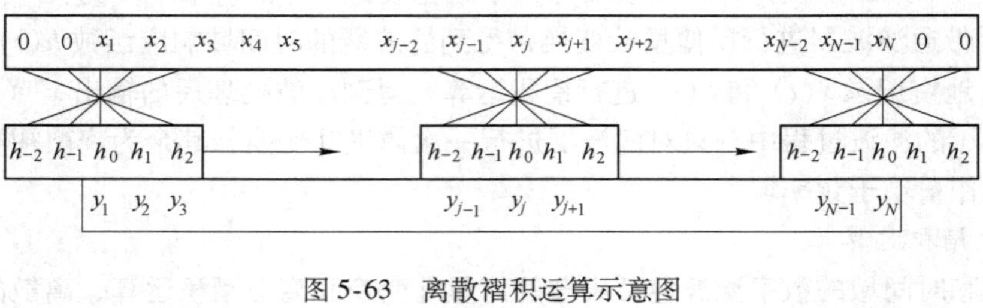

图 5-63　离散褶积运算示意图

当 $h(t)$ 取有限长时，对应的频率响应 $H(f)$ 不再是一个理想的矩形门，而是接近门状的一条连续光滑的振荡曲线，这种现象称为吉普斯效应，如图 5-64 所示。这样滤波时，在通放带内，有效波的波形会发生畸变，在压制区内，干扰波无法滤净。因此在实际滤波器的设计中，在 $H(f)$ 的不连续点处镶上连续变化的函数 $g(f)$，使频率响应函数连续地变化。镶边带通滤波器的频谱如图 5-65 所示。

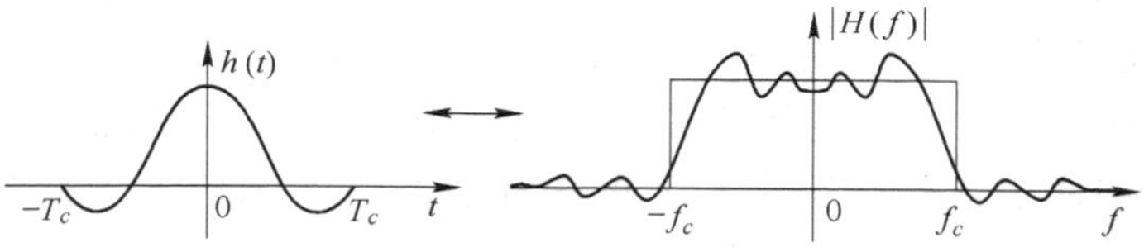

图 5-64 吉普斯效应

a—有限长滤波因子；*b*—有限长滤波因子的频谱

同样 $h(t)$ 按间隔 Δt 离散取样得到时间序列 $h(n\Delta t)$。而 $h(n\Delta t)$ 的频率响应 $H_n(f)$ 是一个以 $1/\Delta t$ 为周期的函数。

因此，数字频率滤波除了有与 $h(t)$ 的频率特性对应的"正门"外，还有以 $1/\Delta t$ 为周期的无数个"伪门"。由于"伪门"的存在，某些干扰波的频谱可能在"伪门"中通过，无法达到滤除干扰的目的。

为了解决"伪门"问题可适当减小采样间隔 Δt，使"伪门"出现在干扰波频率之外。

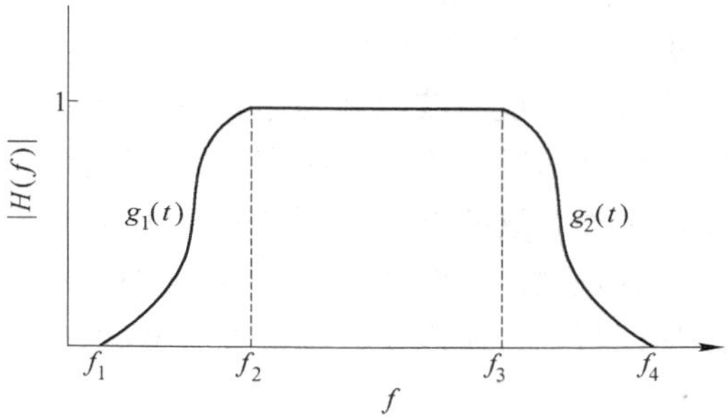

图 5-65 镶边带通滤波器的频谱

数字滤波技术可用于地震波数据处理的各个阶段。尤其对干扰波和有效波频谱差异较大的情况，效果较好。对图 5-66*a* 所示的地震记录进行频谱分析，有效波的主频为 50Hz，声波的主频大于 100Hz。为此，设计了截止频率为 70Hz 的低通滤波器。滤波结果如图5-66*b*所示，这时已可以清楚地看出折射

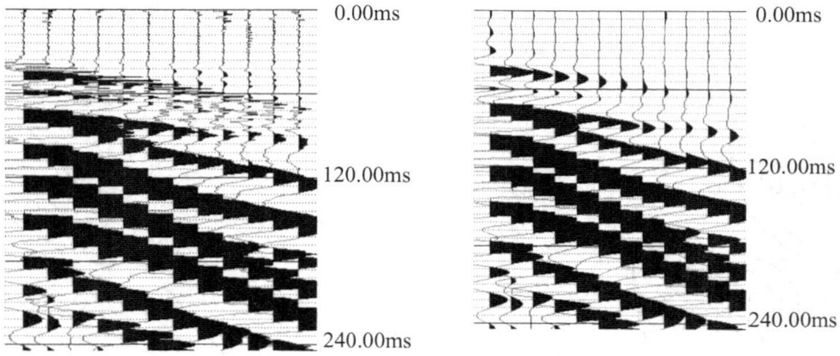

图 5-66 低通滤波器压制声波的效果

a—声波干扰的地震记录；*b*—滤波后的结果

波、反射波的波至时间了。

5. 二维视速度滤波

A　二维视速度滤波的提出

在地震勘探中，有时有效波和干扰波的频谱成分十分接近甚至重合，这时无法利用频率滤波压制干扰，需要利用有效波和干扰波在其他方面的差异来进行滤波。如果有效波和干扰波在视速度分布方面有差异，则可进行视速度滤波。这种滤波要同时对若干道地震记录进行计算才能得到输出，因此是一种二维滤波。

地震波动实际上是时间和空间的二维函数，既可用振动图来描述，也可用波剖面来说明，二者之间通过波数、频率和速度相互联系。实际地震勘探总是沿地面测线进行观测，上述波数和速度应以波数分量 k_x 和视速度 v^* 表示。地震波动既不单独是空间的函数，也不单独是时间的函数，而且空间和时间存在着密切关系，无论单独进行哪一维滤波都会引起另一维特性的变化（例如单独进行频率滤波会改变波剖面形状，单独进行波数滤波会影响振动图形，产生频率畸变），产生不良效果，那么只有根据二者的内在联系组成时间空间域（或频率波数域）滤波，才能达到压制干扰、突出有效波的目的。

B　二维视速度滤波的原理

二维视速度滤波原理是建立在二维傅里叶变换基础上的。对实际测量的多道地震记录进行二维傅里叶变换。其频率-波数域如图 5-67 所示，有效波和干扰波分解为不同成分的简谐波传播，这些波具有不同的视速度，因此，利用二维视速度滤波，可以压制干扰波。

二维视速度滤波器根据有效波的视速度特征设计。从图 5-67 可知，有效波分布在一个扇形区域内，所以设计扇形滤波器滤去干扰波。滤波器的频率函数为：

$$H(f)=\begin{cases}1, & \left|\dfrac{f}{k_x}\right|\geqslant v^*,\ |f|<f_c;\\ 0, & \text{其他}.\end{cases}\tag{5-66}$$

通放带在 f-K_x 平面上构成由坐标原点出发，以 f 轴和 k_x 轴对称的扇形区域，如图 5-68 所示。将滤波器进行反二维傅里叶变换求出时间域滤波函数，和地震记录进行褶积运算，即可达到压制某些视速度特征的干扰波。

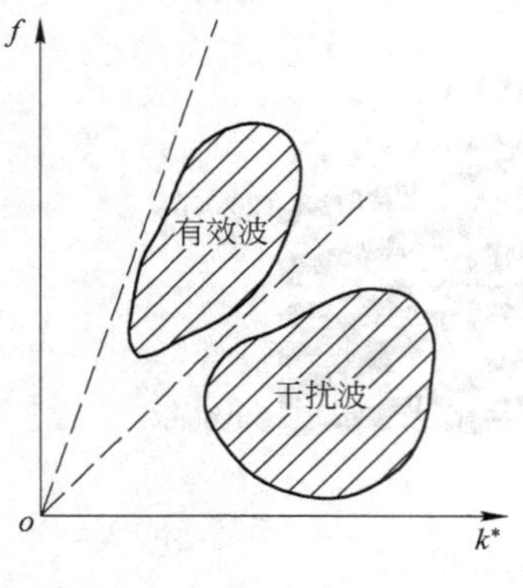

图 5-67　频率-波数域

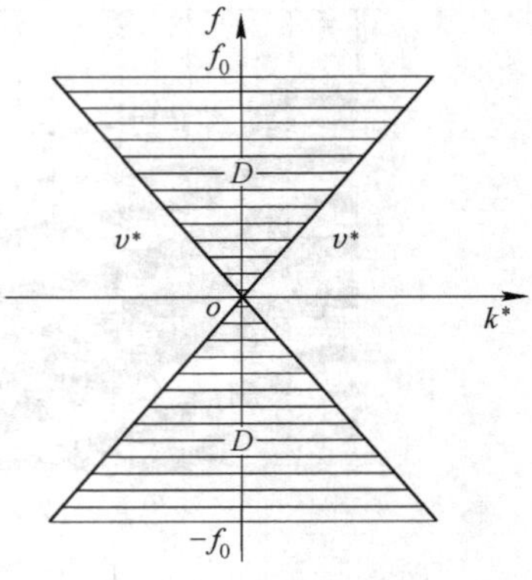

图 5-68　扇形滤波器

数字滤波因数据的离散性和有限性的限制，无论是一维滤波还是二维滤波都存在伪门现象和吉普斯现象，可以用镶边法或乘因子法解决。但数字滤波的效果与地震记录的质量、数字滤波器的性质有关，关键是如何选用浅层地震勘探适用的既能压制干扰，又不损害有效波的滤波器。

三、相关分析

地震波的相关性是指它们之间的相似程度及其内部联系的紧密程度。相关除了可用于波的对比和滤波目的以外，更多的是用于地震信息的提取。在使用可控震源进行地震勘探工作时，相关分析则是最基本的处理手段。

1. 相关系数与相关函数

在地震勘探中，经常会遇到需要确定两个波形函数即两段地震记录的相似程度问题。在地震记录数字处理中，用相关系数和相关函数的概念，定量地描述波形函数之间的相似程度。

任意两道地震记录 $x(t)$ 和 $y(t)$ 按一定的采样间隔 Δt 离散取样，形成两个数列 $\{x_n\}$ 和 $\{y_n\}$ $(n=1, 2, \cdots, N)$。这两个数列之间的相似程度可用均方差加以描述

$$\sigma^2 = \frac{1}{N}\sum_{n=1}^{N}(x_n - y_n)^2 \tag{5-67}$$

将该式展开可得：

$$\sigma^2 = \frac{1}{N}\left(\sum_{n=1}^{N}x_n^2 + \sum_{n=1}^{N}y_n^2 - 2\sum_{n=1}^{N}x_n y_n\right) \tag{5-68}$$

式（5-68）右端括号中的前两项 $\sum_{n=1}^{N}x_n^2$ 和 $\sum_{n=1}^{N}y_n^2$ 分别是这两道记录的能量，与它们的相关性没有关系。第三项则与两道记录的相似程度密切相关。若数列 $\{x_n\}$ 和 $\{y_n\}$ 完全相同，均方差为零，则该项等于两道记录波动能量的总和 $\sum_{n=1}^{N}x_n^2 + \sum_{n=1}^{N}y_n^2$，说明两道记录完全相似。反之，若这两道记录完全不相似，则 x_n 与 y_n 的乘积有正有负，互相抵消，即 $\sum_{n=1}^{N}x_n y_n \approx 0$ 说明两道记录之间不相关。若 $\sum_{n=1}^{N}x_n y_n$ 是一个很大的负数，则说明这两个波形振动方向相反，称为负相关。可见式（5-68）中第三个求和号 $\sum_{n=1}^{N}x_n y_n$ 是决定两个波形函数间相关性的最重要的数值，故定义波形函 数序列 $\{x_n\}$ 与 $\{y_n\}$ 之间的相关系数为

$$r_{xy}(0) = \frac{1}{N}\sum_{n=1}^{N}x_n y_n \tag{5-69}$$

式（5-69）左端括号中的“0”表示相关系数是在两道记录的计时零线对齐（即没有相对的时移）的情况下计算的。在实际对比两道记录时，往往要反复将它们前后挪动，以便寻求记录间最相似时的相对位置。对于每一个相对时移量 τ，都可以计算相关系数。若 τ 值不断变化，则相关系数就变成以时移量 τ 为自变量的相关函数。$\{x_n\}$ 与 $\{y_n\}$ 之间的互相关函数式为：

$$r_{xy}(\tau) = \frac{1}{N}\sum_{n=1}^{N}x_{n+\tau}y_n = \frac{1}{N}\sum_{n=1}^{N}x_n y_{n-\tau} \tag{5-70}$$

在式（5-70）中，互相关函数 $r_{xy}(\tau)$ 用了两个表达式。其中，前一个式子表示将 $\{x_n\}$ 或 $x(t)$ 向前（左）移动 τ 后进行相关，后一个式子表示将 $\{y_n\}$ 或 $y(t)$ 向后（右）移动 τ 后进行相关。显然，二者是等价的。

以图 5-69 所示的两道记录 $x(t)$ 和 $y(t)$ 为例，其相关系数 $r_{xy}(0)$ 并不大。但若将 $x(t)$ 向左移动 τ_m 变为 $x(t+\tau_m)$，或将 $y(t)$ 向右移动 τ_m 变为 $y(t-\tau_m)$，则两道记录非常相似，相关函数值 $r_{xy}(\tau_m)$ 有一个很大的峰值。

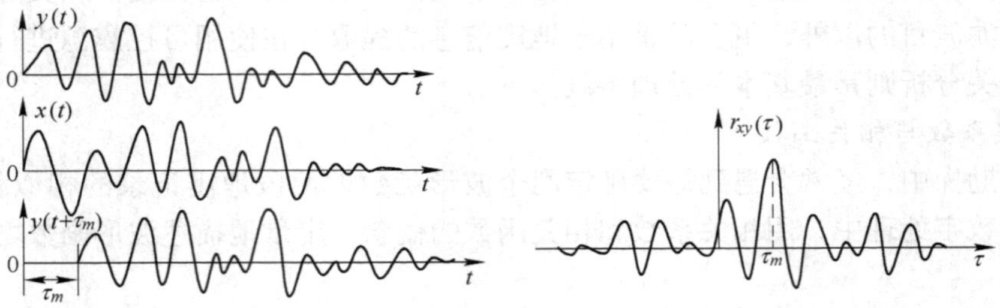

图 5-69　两道记录的相关函数

2. 自相关和互相关

一道记录 $x(t)$ 或相应的时间序列 $\{x_n\}$，自己对自己作相关运算时称为自相关；它与另一道记录 $y(t)$ 或相应的时间序列 $\{y_n\}$ 作相关运算时则称为互相关。图 5-70 和图 5-71 分别是自相关函数 $r_{xx}(\tau)$ 和互相关函数 $r_{xy}(\tau)$ 的示意图。

由图 5-70 可见，自相关函数 $r_{xx}(\tau)$ 有以下性质：

（1）当 $\tau=0$ 时，因进行自相关运算的波形是完全相同又完全对齐的，故相关系数 $r_{xx}(0)$ 表现为一个极大的峰值。

（2）由于自相关时，两个波形完全相同，故自相关函数 $r_{xx}(\tau)$ 是对称于纵轴的偶函

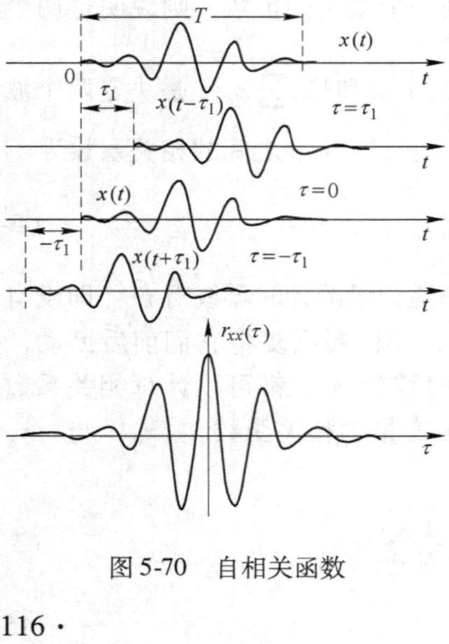

图 5-70　自相关函数

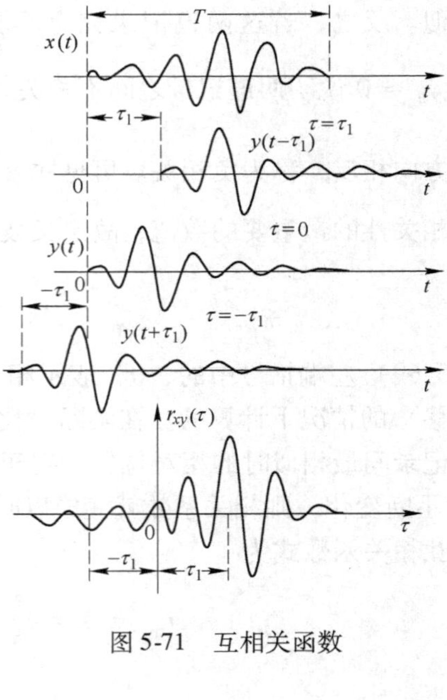

图 5-71　互相关函数

数。

(3) 当 $\tau\to\pm\infty$ 时，$r_{xx}(\tau)\to 0$。

图 5-71 表明，互相关函数 $r_{xy}(\tau)$ 有以下性质：

(1) 在 $\tau=0$ 时，互相关函数 $r_{xy}(0)$ 不一定是最大值。一般说来是在某一个 τ 值时达到最大值。

(2) 当 $\tau\to\pm\infty$ 时，两个波形函数完全分开，它们之间完全不相似，$r_{xy}(\tau)\to 0$。

(3) $r_{xy}(\tau)$ 不是偶函数。因为当 $\tau=\tau_1$ 和 $\tau=-\tau_1$ 时，$\{x_n\}$ 与 $\{y_{n-\tau_1}\}$ 的相似程度和 $\{x_n\}$ 与 $\{y_{n+\tau_1}\}$ 的相似程度一般是不相同的。

3. 相关分析的应用

(1) 用互相关判断地震波的相似程度。如图 5-68 所示，将记录道 $y(t)$ 向右挪动 τ_1 后，$x(t)$ 与 $y(t-\tau_1)$ 最相似，所以互相关函数在 $r_{xy}(\tau_1)$ 处是一个极大的峰值。因此，根据两道地震记录互相关函数的极大值可以确定这两道记录间相似的程度。利用相关函数可以判断这两组波是否来自同一界面，是否为同种类的地震波。

(2) 用互相关求取道间时差。τ_1 为相关函数有极大值时的时间移动量，这对于需要求取道间时差的处理项目，如求两道间的正常时差是非常有用的。

(3) 用自相关求取地震子波。根据地震道的褶积模型，地震记录的自相关相当于许多地震子波的自相关函数之和。

(4) 利用相关系数进行速度分析。在进行速度分析时，可以采用相关系数作为评价动校正效果的方法。如果速度选择正确，则各道间相关系数最大。

四、频谱分析

地震记录中的不同的波有各自的频谱特征。时间域地震记录经过傅里叶变换后转换为频率域地震信号，表示为随频率变化的振幅或相位的函数，这个过程称为频谱分析。通过频谱分析可以获得有效波和干扰波的主频和频带范围，为进一步的数据处理提供依据。

1. 频谱分析方法

A 离散傅里叶变换

地震记录为按一定间隔取样、长度有限的离散序列。设离散时间序列地震记录为 $f(n\Delta t)$，取样间隔为 Δt，地震记录共有 N 个离散值，则 $n=1,2,\cdots,N$；设频率域的函数为 $F(m\Delta f)$，频率域取样间隔为 Δf，地震波的频率范围有限，共有 M 个离散值，则离散傅里叶变换公式为：

$$F(m\Delta f)=\Delta t\sum_{n=0}^{N-1}f(n\Delta t)e^{-j2\pi m\Delta f\cdot n\Delta t} \tag{5-71}$$

$$f(n\Delta t)=\Delta f\sum_{m=0}^{M}F(m\Delta f)e^{j2\pi m\Delta f\cdot n\Delta t} \tag{5-72}$$

在利用上两式计算频谱时，首先分别计算正变换实部和虚部，其计算式为：

实部：
$$ReF(m\Delta f)=\Delta t\sum_{n=0}^{N-1}f(n\Delta t)\cos(2\pi m\Delta f\cdot n\Delta t) \tag{5-73}$$

虚部：

$$I_mF(m\Delta f) = \Delta t\sum_{n=0}^{N-1}f(n\Delta t)\sin(2\pi m\Delta f\cdot n\Delta t) \tag{5-74}$$

在实际计算时 Δt 是取定的，求和号外的 Δt 只影响振幅的幅度，不影响形状。因此可以省略。根据实部、虚部得到振幅谱为：

$$|A(m\Delta f)| = \sqrt{[ReF(m\Delta f)]^2 + [I_mF(m\Delta f)]^2} \tag{5-75}$$

相位谱为

$$\varphi(m\Delta f) = \tan^{-1}\left(\frac{I_mF(m\Delta f)}{ReF(m\Delta f)}\right) \tag{5-76}$$

离散傅里叶变换的 Δt 和 Δf 受取样定理的限制。波形离散化造成了频谱的周期性。在利用离散傅里叶变换计算一个波形的频谱时，要注意波形的取样间隔 Δt 和频谱范围之间的关系，波形取样间隔为 Δt 时，频率范围只能到（$1/\Delta t$）为止。例如：采样间隔为 2ms 的波形，它的频谱可以计算到 500Hz；采样间隔为 0.2ms 的波形，它的频谱可以计算到 5000Hz。

如果取样点数 N 可以写为 2^P，则可以使用快速傅里叶变换加快运算速度。

B　短时傅里叶变换

由于标准的傅里叶变换在频域中只有局部分析能力，而在时间域中不存在这种能力。短时傅里叶变换的基本思想是：把信号划分为许多小的时间间隔，用傅里叶变换分析每一个时间间隔，以便确定该时间间隔存在的频率。其表达式为：

$$s(\omega, \tau) = \int_R f(t)g(t-\tau)e^{-i\omega t}\mathrm{d}t \tag{5-77}$$

在式（5-18）中 $f(t)$ 是一个地震道的信号，$g(t)$ 起时限的作用，随着时间 τ 的变化，$g(t)$ 所确定的时间窗在时间轴上移动，逐渐分析 $f(t)$。因此，$g(t)$ 称为窗口函数，$s(\omega, \tau)$ 大致反映了 $f(t)$ 在 τ 时刻，频率为 ω 的信号成分的相对含量。这样信号在窗口上的展开就可以表示为 $[\tau-\delta, \tau+\delta]$、$[\omega-\varepsilon, \omega+\varepsilon]$ 这一区域内的状态，并把这一区域称为窗口。δ、ε 分别称为窗口的时宽和频宽。窗口越小分辨率越高。

地震信号的短时傅里叶变换与离散傅里叶变换一样，也是离散信号的计算。

2. 地震记录道的傅里叶变换

A　频谱分析时窗设计

在浅层地震勘探中，频谱分析的目的是了解各种地震波的频谱成分。不同种类的波特征不同，需要采用不同的时窗，并必须包括波形信号的所有细节。所以对某一特定的波进行频谱分析必须取出完整的波形。对一个地震道进行连续的频谱分析，因为预先不知道反射波的出现时间，又要避免将反射波漏掉，一般采用一个滑动时窗，按一定的时间间隔，计算一个地震道的频谱。图 5-72 所示为一道记录的一部分，设时窗的长度为 100ms，时间间隔取时窗的一半，为 50ms。第一个时窗对 0～100ms 的波形进行频谱分析；第二个时窗对 50～150ms 的波形进行频谱分析；依此类推，可以获得整道地震记录各时窗内的频谱。时窗长度应与有效波延续时间长度一致，深部和浅部可取不同的数值。

B　地震波频谱的图示

某一个原始信号 $f(t)$ 的频谱 $F(\omega)$ 用主频和频带宽度表示，如图 5-73a 所示，沿时窗

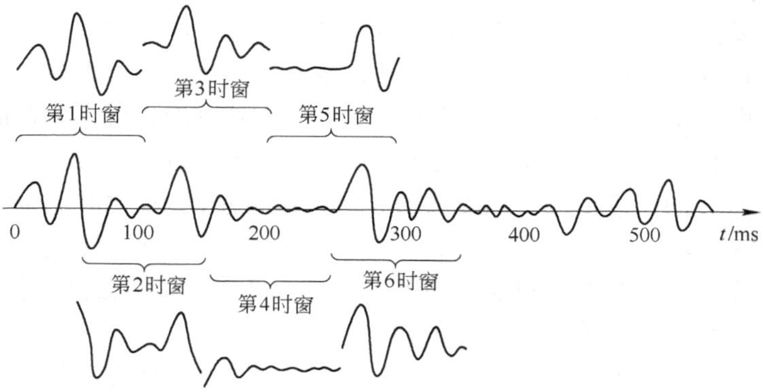

图 5-72　沿一系列时窗计算一道地震记录的频谱

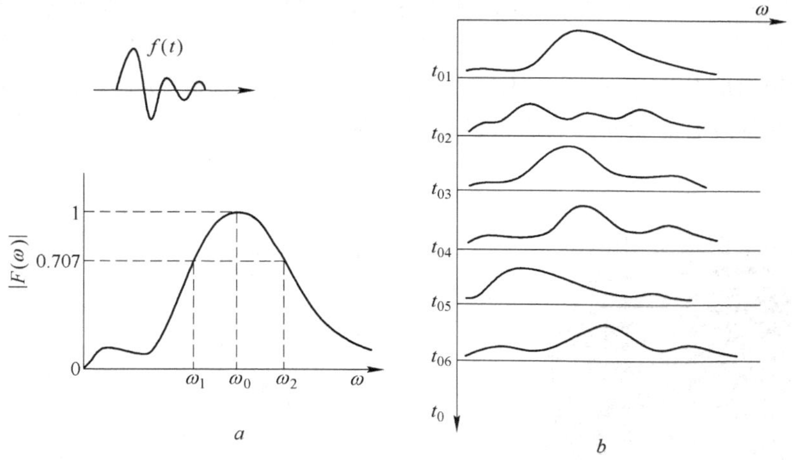

图 5-73　频谱曲线的图示方式

a— 原始信号 $f(t)$ 及其频谱 $F(\omega)$；b— 不同 t_0 时刻的频谱

顺序计算地震道的频谱时，需要以合适的方式显示出来，便于分析利用。一般把按每个时窗的频谱曲线依次排列好打印出来，表示为不同 t_0时刻的频谱，如图 5-73b 所示。t_{01}，t_{02}，…是该时窗中点的时间。ω_0、ω_1、ω_2、$\Delta\omega$ 等参数可以打印在每个频谱图旁边。

3. 地震波频谱的特征及其应用

地震波的频谱是地震波的动力学特点之一。研究地震波的频谱特征有多方面的意义。分析有效波和干扰波在频谱上的差异对设计滤波器、选择测量参数和野外工作方法都有一定的指导意义。此外，地震波的频谱中必然包含着关于地层的岩性、构造方面的信息。试验表明在地震剖面上，地质条件的变化如断层附近有绕射波等异常波出现的地方，存在频率的变化，在剖面上常常反映为频谱突变，十分醒目，这种剖面能使解释人员较好地利用地震波频谱的变化来帮助推断解释。如果找出了频谱和地质特征之间的内在联系及变化规律，在有利条件下，有可能直接利用频谱信息进行地震资料的地质解释。

（1）震源频谱特征。在第五章第二节中，讨论了一些震源的频谱特征，为进行高分辨率浅层地震勘探，选择合适的震源是一个重要的方面，频谱分析给试验研究提供了有效的工具。例如，试验研究表明，激发点介质的条件会对地震波的频谱产生影响。炸药震源和锤击震源在硬介质中激发时，发出的地震波比软介质频率更高。因此，选择合适的激发场地，可以使产生的地震波的频谱更合乎要求。例如在致密的岩层中、在低速带以下含水的黏土层中进行激发，可以提高有效波的主频，减小低频面波对有效波的干扰。

（2）各种地震波的频谱特征。地震波的频谱特点，总的来说如图 2-20 所示。面波的频率较低，在 10～30Hz 之间。反射波的主频在 30～50Hz，深部反射波的主频可低到 10Hz。风吹草动等微震的频谱比较宽；声波的频谱在 100Hz 以上比较高频的范围；工业交流电干扰主频是 50Hz，并有一个很窄的频带。但必须指出，图 2-20 所示的是一般的情况，在不同地区，在同一地区的不同地层，采用不同仪器及工作方法等，记录下来的地震波的频谱都会有所不同。

浅层地震波的频谱特征与图 2-20 有很大的差异。在工程地震勘探中，由于勘探深度的要求，检波排列小，道间距小，震源频率高。图 5-74 为某一浅层地震的干扰剖面，频谱特征如图 5-75 所示，其中反射波主频为 75Hz、折射波主频为 50Hz、面波主频为 30～40Hz，声波的频谱成分大于 80Hz。不同的工地，地质条件不同，频谱特征也不相同，所以在干扰波调查阶段有必要研究各种波的频谱特征。

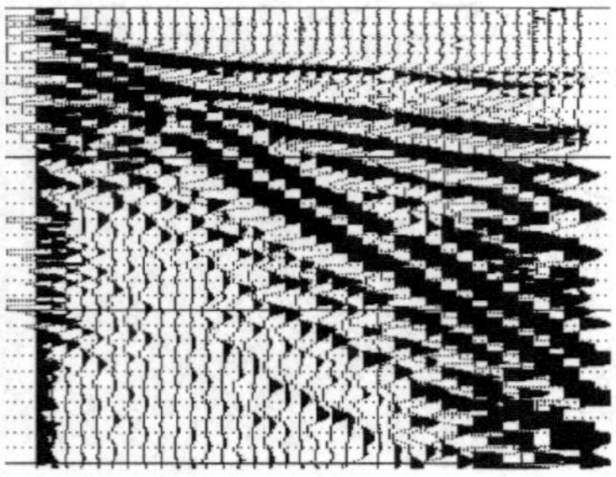

图 5-74　浅层地震的干扰波调查剖面

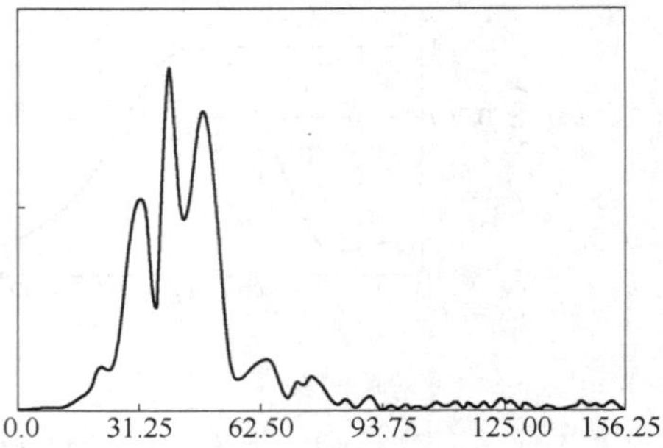

图 5-75　浅层地震波的频谱特征

（3）不同类型地震波的频谱。不同类型地震波的频谱也有差别。例如，同一界面的反射纵波比反射横波具有更高的频谱，横波比纵波频谱低的原因，是因为横波的吸收系数大于纵波。

（4）不同深度地震波的频谱。同一类型的地震波（如反射纵波），随着传播距离的增加，因为高频成分被介质吸收，频谱中低频成分相对增强，造成同一界面的反射波在不同炮检距上频谱不同，在炮检距大的道上频率较低。在同一道记录中，由浅到深，各界面的反射波的主频一般来说也是逐渐降低的。多次波由于在地层中多经过一些路程，频谱一般也低于一次反射波。

4. 利用地震波频谱资料进行地质解释的可能性

（1）利用有效波频谱特征划分薄层。地震波的频谱是地震波的动力学特征之一，它隐含地下地层岩性及构造特点的信息。一些实际资料表明，不同岩性地层的地震波频谱可能会有显著的区别。薄层硬石膏与厚层石灰岩层、薄煤层与厚层砂岩的反射波频谱有显著差异。薄层硬石膏层和薄煤层主频明显偏高。

（2）利用地震波频谱特征划分岩性。在工程地震中发现，含水砂岩速度的变化范围是1500～1800m/s，而黏土的速度也差不多是这个数量级，差别不大。但是砂岩和黏土的反射波的频谱却有较明显的差别。在井中爆炸激发，砂岩层反射波的主频是150～200Hz，而黏土层反射波的主频是50～80Hz。利用反射波频谱的差异有可能区分含水砂岩和黏土层。

（3）利用地震波频谱特征划分介质密度。在隐伏的岩溶塌陷处，地下水的作用使土层逐渐疏松，严重时形成土洞。在隐伏的岩溶塌陷处的小范围内（数米之内）土层逐渐疏散，密度降低。因此，与没有岩溶塌陷的土层相比，吸收系数增大，高频成分快速损失。工程实例表明在接近土洞中心时，面波的频率降低的速率为特别明显，而主频最低处为土洞的位置。

（4）利用地震波频谱特征划分混凝土构件的缺陷。由于混凝土构件的传播速度很高，仅根据直达波的传播时间，不能准确地判断缺陷是否存在。但混凝土构件的密实程度变化会使地震波的频率明显降低。根据地震波的频谱特征的变化，可以更准确地确定缺陷的位置。

第六章 瑞利面波法

第一节 瑞利面波的形成及传播

一、均匀半空间瑞利面波的形成

地表震源不仅激发纵波和横波，同时由于纵波和横波的相互干涉叠加，会出现波型的转换，使地下介质质点按一定的轨迹运动，形成一种新的能量很强且主要集中在地表附近的波动，称为瑞利面波。在自由表面附近瑞利面波的形成可以用波动方程作严密的推导。

假设在自由界面以下的无限半空间充满了弹性常数为 λ 和 G 以及密度为 ρ 的弹性均匀介质，X，Y 轴取在自由表面上，Z 轴垂直向下。设瑞利波的速度为 v_R，在 ZOX 平面内沿 x 轴方向传播，在 Y 轴方向的振幅和相位完全相同，即讨论平面二维情况。令其位移位为：

$$\left.\begin{aligned}\varphi &= f(z)e^{i(k_R x-\omega t)}\\ \Phi &= g(z)e^{i(k_R x-\omega t)}\end{aligned}\right\}\qquad(6\text{-}1)$$

位移位 φ 和 Φ 分别满足下列波动方程：

$$\left.\begin{aligned}\nabla^2\varphi &= \frac{1}{v_P^2}\frac{\partial^2\varphi}{\partial t^2}\\ \nabla^2\Phi &= \frac{1}{v_S^2}\frac{\partial^2\Phi}{\partial t^2}\end{aligned}\right\}\qquad(6\text{-}2)$$

将式（6-1）代入式（6-2）可得

$$\left.\begin{aligned}\frac{\mathrm{d}^2\varphi}{\mathrm{d}z^2}-(k_R^2-k_P^2)\varphi &= 0\\ \frac{\mathrm{d}^2\Phi}{\mathrm{d}z^2}-(k_R^2-k_S^2)\Phi &= 0\end{aligned}\right\}\qquad(6\text{-}3)$$

其中 $k_P=\dfrac{\omega}{v_P},k_S=\dfrac{\omega}{v_S},k_R=\dfrac{\omega}{v_R}$。式（6-3）的解为：

$$\left.\begin{aligned}\varphi &= Ae^{-az}+Ce^{az}\\ \Phi &= Be^{-bz}+De^{bz}\end{aligned}\right\}\qquad(6\text{-}4)$$

其中

$$\left.\begin{aligned}a &= \sqrt{k_R^2-k_P^2}\\ b &= \sqrt{k_R^2-k_S^2}\end{aligned}\right\}\qquad(6\text{-}5)$$

上面系数为 C、D 的项当 z 趋于无穷大时，不满足无穷远处收敛的条件，因此，C 和 D 应为零。于是有

$$\left.\begin{aligned}\varphi &= Ae^{-az}e^{i(k_Rx-\omega t)}\\ \Phi &= Be^{-bz}e^{i(k_Rx-\omega t)}\end{aligned}\right\}\tag{6-6}$$

在自由界面的边界条件是正应力和切应力为零，即：

$$\left.\begin{aligned}\sigma_{zz}\big|_{z=0} &= \lambda\left(\frac{\partial D_x}{\partial x}+\frac{\partial D_z}{\partial z}\right)+2G\frac{\partial D_z}{\partial z} = 0\\ \sigma_{xz}\big|_{z=0} &= G\left(\frac{\partial D_x}{\partial z}+\frac{\partial D_z}{\partial x}\right) = 0\end{aligned}\right\}\tag{6-7}$$

其中 D_x、D_z 是位移分量：

$$\left.\begin{aligned}D_x &= \frac{\partial\varphi}{\partial x}-\frac{\partial\Phi}{\partial z}\\ D_z &= \frac{\partial\varphi}{\partial z}-\frac{\partial\Phi}{\partial x}\end{aligned}\right\}\tag{6-8}$$

弹性常数 λ 和 G 与介质密度及纵波、横波波速的关系分别为：

$$\left.\begin{aligned}\lambda &= \rho(v_P^2-2v_S^2)\\ G &= \rho v_S^2\end{aligned}\right\}\tag{6-9}$$

将式（6-8）和式（6-9）代入式（6-7），并化简得到

$$\left.\begin{aligned}\left[v_P^2\ \nabla^2\varphi+2v_S^2\left(\frac{\partial^2\Phi}{\partial x\partial z}-\frac{\partial^2\varphi}{\partial x^2}\right)\right]_{z=0} &= 0\\ \left[2\frac{\partial^2\varphi}{\partial x\partial z}+\frac{\partial^2\Phi}{\partial x^2}-\frac{\partial^2\Phi}{\partial z^2}\right]_{z=0} &= 0\end{aligned}\right\}\tag{6-10}$$

将式（6-6）代入式（6-10），化简后可得：

$$\left.\begin{aligned}v_P^2(a^2-k_R^2)\varphi+2v_S^2(k_R^2\varphi-ik_Rb\Phi) &= 0\\ -ik_Ra\varphi-k_R^2\Phi-b^2\Phi &= 0\end{aligned}\right\}\tag{6-11}$$

根据 k_P 和 k_S 的定义，并代入 $z=0$（在自由表面上），得到：

$$\left.\begin{aligned}(2k_R^2-k_S^2)A-2ik_R\sqrt{k_R^2-k_S^2}\ B &= 0\\ 2ik_R^2\sqrt{k_R^2-k_P^2}\ A+(2k_R^2-k_S^2)B &= 0\end{aligned}\right\}\tag{6-12}$$

若要 A、B 不为零，则式（6-12）的系数行列式应为零，即

$$(2k_R^2-k_S^2)^2-4k_R^2\sqrt{k_R^2-k_P^2}\sqrt{k_R^2-k_S^2}=0\tag{6-13}$$

式（6-13）称为瑞利（Rayleigh）方程。令：

$$x=\frac{k_R^2}{k_S^2},\quad m=\frac{k_P^2}{k_S^2}=\frac{v_S^2}{v_P^2}\tag{6-14}$$

将式（6-14）代入式（6-13），得：

$$(2x-1)^2-4x\sqrt{x-m}\cdot\sqrt{x-1}=0\tag{6-15}$$

整理式（6-15）可得：

$$16(1-m)x^3+8(2m-3)x^2+8x-1=0 \tag{6-16}$$

令 $x=1$，式（6-16）的左边 $=-1<0$，令 $x\to+\infty$，则式（6-16）的左边 $\to+\infty$，因此该方程在（1，$+\infty$）之间至少有一个 x 的实根。也就是：

$$\frac{k_R^2}{k_S^2}=x>1$$

或

$$k_R^2>k_S^2$$

$$\frac{\omega^2}{v_R^2}>\frac{\omega^2}{v_S^2}$$

于是有：$v_R<v_S$，由此可见，面波速度 v_R 既小于纵波波速 v_P，也小于横波波速 v_S。

一般岩石泊松比 μ 为 0.25，此时 $\lambda=G$，则有 $v_P^2=3v_S^2$，此时 $m=1/3$，代入式（6-16），得到：

$$32x^3-56x^2+24x-3=0$$

或

$$(4x-1)(8x^2-12x+3)=0 \tag{6-17}$$

解这个方程可得 3 个根：

$$x_1=\frac{1}{4},\quad x_2=\frac{3-\sqrt{3}}{4},\quad x_3=\frac{3+\sqrt{3}}{4} \tag{6-18}$$

这 3 个根中，只有 x_3 才满足 $x>1$ 的要求，其他 2 个根都应舍去，因此 $x=\dfrac{3+\sqrt{3}}{4}$，从而有：

$$k_R^2=\frac{3+\sqrt{3}}{4}k_S^2=1.183k_S^2 \tag{6-19}$$

或

$$k_R=1.087k_S$$

$$v_R=0.9194v_S \tag{6-20}$$

可见，在均匀弹性半空间存在的这个沿自由表面传播的波，其速度略小于横波波速，振幅随着离开自由表面距离的增加而衰减，这就是面波。

二、瑞利面波的传播特征

1. 瑞利面波的质点振动

将式（6-6）代入式（6-8），并利用式（6-12）消去 B 可得

$$\left.\begin{aligned} D_x &= ik_RA\left(e^{-az}-\frac{2ab}{2k_R^2-k_S^2}e^{-bz}\right)e^{i(k_R\cdot x-\omega t)} \\ D_z &= k_RA\left(-\frac{a}{k_R}e^{-az}+\frac{2k_R^2-k_S^2}{2bk_R}e^{-bz}\right)e^{i(k_R\cdot x-\omega t)} \end{aligned}\right\} \tag{6-21}$$

取其实部

$$
\left.\begin{aligned}
D_x &= Ak_R\left(e^{-az} - \frac{2ab}{2k_R^2 - k_S^2}e^{-bz}\right)\sin(\omega t - k_R \cdot x) \\
D_z &= Ak_R\left(-\frac{a}{k_R}e^{-az} + \frac{2k_R^2 - k_S^2}{2bk_R}e^{-bz}\right)\cos(\omega t - k_R \cdot x)
\end{aligned}\right\} \tag{6-22}
$$

式（6-22）为瑞利面波的位移表达式，可见，当 $z \to \infty$ 时，$D_x \to 0, D_z \to 0$，即在 x 和 z 方向的位移都为零，说明瑞利面波的分布深度是有限的。当介质为泊松固体（$\mu = 0.25$）时，将式（6-20）代入式（6-5），得

$$
\left.\begin{aligned}
a &= 0.8475k_R \\
b &= 0.3933k_R
\end{aligned}\right\} \tag{6-23}
$$

将式（6-23）和式（6-20）代入式（6-22），得

$$
\left.\begin{aligned}
D_x &= Ak_R(e^{-0.8475k_R \cdot z} - 0.5773e^{-0.3933k_R \cdot z})\sin(\omega t - k_R \cdot x) \\
D_z &= Ak_R(-0.8475e^{-0.8475k_R \cdot z} + 1.4679e^{-0.3933k_R \cdot z})\cos(\omega t - k_R \cdot x)
\end{aligned}\right\} \tag{6-24}
$$

当 $z = 0$ 时，即在自由表面上，

$$
\left.\begin{aligned}
D_x|_{z=0} &\approx 0.42D\sin(\omega t - k_R \cdot x) \\
D_z|_{z=0} &\approx 0.62D\cos(\omega t - k_R \cdot x)
\end{aligned}\right\} \tag{6-25}
$$

其中，$D = Ak_R$。将式（6-25）的两个等式平方后相加并整理，得

$$
\left(\frac{D_x}{0.42D}\right)^2 + \left(\frac{D_z}{0.62D}\right)^2 = \sin^2(\omega t - k_R \cdot x) + \cos^2(\omega t - k_R \cdot x) = 1 \tag{6-26}
$$

式（6-26）为椭圆方程，这表明在自由表面附近沿波传播方向的垂直平面内，瑞利面波质点运动的轨迹是椭圆，椭圆的水平轴与垂直轴之比约为 2∶3，且质点的垂直位移比水平位移相位超前 $\frac{\pi}{2}$。

介质的泊松比为 0.25 时，根据式（6-24）可以计算水平位移 D_x 和垂直位移 D_z 的振幅随深度及泊松比 μ 的变化，如图 6-1 所示。从图中可以看出，当 $z/\lambda_R < 0.193$ 时，D_x 和 D_z 的振幅的符号相同，两者合成之后形成的质点运动轨迹为一逆时针方向转动的椭圆；当 $z/\lambda_R > 0.193$ 时，两者符号不同，质点振动轨迹为顺时针转动的椭圆。质点振动轨迹和振幅随单位波长深度的变化，如图 6-2 所示。

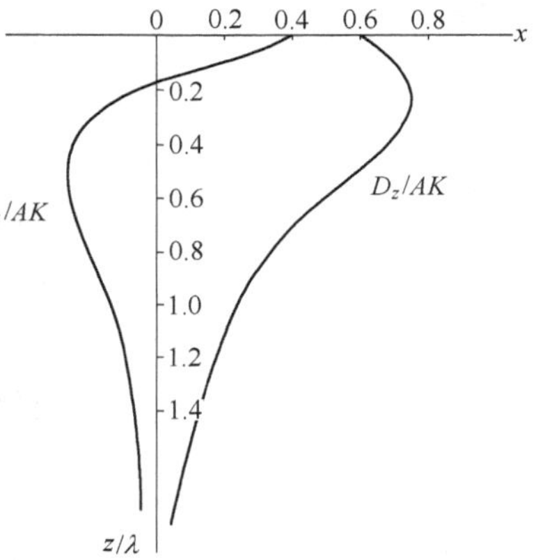

图 6-1　D_x、D_z 随深度的变化

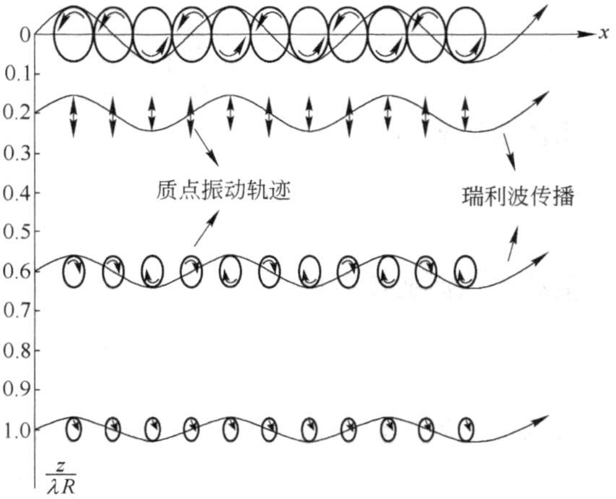

图 6-2　面波质点振动轨迹随深度变化示意图

2. 瑞利面波穿透深度与波长的关系

图6-3为根据式（6-22）计算出的面波质点水平位移和垂直位移振幅随深度的变化曲线，从图中可以看到，当泊松比μ从0.1增大到0.5时，水平和垂直位移的振幅也随之增大，这说明介质的泊松比越大，转换为面波的能量越多；对于不同的介质，随深度增大，面波的水平和垂直位移振幅达到极大值后迅速降低，其主要能量均集中在$z/\lambda_R<1$的深度范围内，由此认为面波的穿透深度约为1个波长。

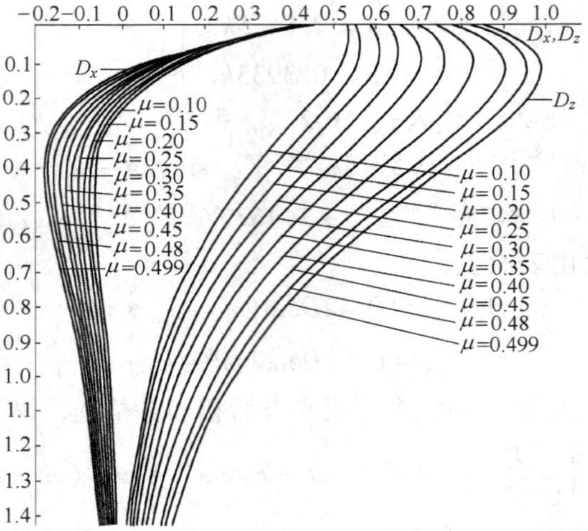

图6-3　不同泊松比时D_x，D_z随深度的变化曲线

从图6-3中还可以看到，当深度z为波长λ_R的一半时，面波的能量较强，当z与λ_R相当时，其能量迅速衰减。因此某一波长的面波速度主要与深度小于λ_R的地层物性有关，该特性为利用面波进行浅层勘探定量解释提供了依据。通常认为面波的勘探深度约为半个波长。

3. 瑞利面波与横波速度和泊松比μ的关系

式（6-13）可以写为：

$$\left(2-\frac{k_R^2}{k_S^2}\right)^2=4\sqrt{1-\frac{k_P^2}{k_R^2}}\sqrt{1-\frac{k_S^2}{k_R^2}}=0 \tag{6-27}$$

用波速来表示，可写为：

$$\left(2-\frac{v_R^2}{v_S^2}\right)^2=4\sqrt{1-\frac{v_R^2}{v_P^2}}\sqrt{1-\frac{v_R^2}{v_S^2}}=0 \tag{6-28}$$

横波和纵波的速度比为

$$\frac{v_S^2}{v_P^2}=\frac{1-2\mu}{2(1-\mu)} \tag{6-29}$$

将式（6-29）代入式（6-28），并整理得到：

$$\frac{1}{8}\left(\frac{v_R}{v_S}\right)^6-\left(\frac{v_R}{v_S}\right)^4+\frac{2-\mu}{1-\mu}\left(\frac{v_R}{v_S}\right)^2-\frac{1}{1-\mu}=0 \tag{6-30}$$

根据式（6-30）可解出在均匀各向同性介质中传播的面波速度 v_R、横波速度 v_S 与泊松比 μ 的关系为：

$$v_R = \frac{0.87 + 1.12\mu}{1 + \mu} v_S \tag{6-31}$$

当泊松比 μ 变化时，横波速度与面波速度间的关系见表 6-1。纵波速度、横波速度随泊松比 μ 的变化如图 6-4 所示。

表 6-1　瑞利波速度-横波速度比 v_R/v_S 与泊松比 μ 的关系

μ	$\frac{v_R}{v_S}$	μ	$\frac{v_R}{v_S}$	μ	$\frac{v_R}{v_S}$	μ	$\frac{v_R}{v_S}$
0.20	0.9110	0.27	0.9227	0.34	0.9335	0.41	0.9436
0.21	0.9027	0.28	0.9243	0.35	0.9350	0.42	0.9450
0.22	0.9144	0.29	0.9258	0.36	0.9364	0.43	0.9463
0.23	0.9161	0.30	0.9274	0.37	0.9379	0.44	0.9476
0.24	0.9178	0.31	0.9290	0.38	0.9394	0.45	0.9490
0.25	0.9194	0.32	0.9305	0.39	0.9408	0.46	0.9550
0.26	0.9210	0.33	0.9320	0.40	0.9422	0.47	0.9515

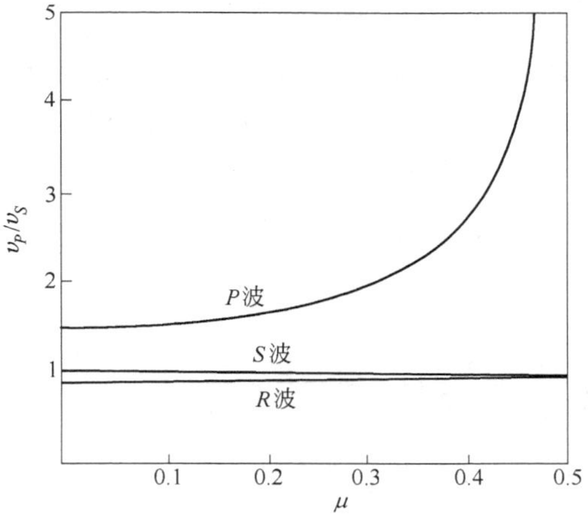

图 6-4　纵波、横波和面波速度与泊松比 μ 关系

从图 6-4 中可看出，随着 μ 接近 0.5，v_R 与 v_S 趋于同一值。一般固结岩石的 μ 为 0.25，土层的 μ 为 0.45～0.49 之间。因此，对于土体而言，可认为 v_R 与 v_S 大致相等。从该点出发，进行土体勘探可根据面波速度得到横波速度，两者的误差约为 5% 左右。

4. 瑞利面波的衰减

纵波、横波的波前面相对激发点呈球面扩散，而瑞利波的波前面呈圆柱面扩散，所以其能量密度衰减较小。瑞利波沿深度方向衰减快，仅存在于约一个波长深度内，而沿水平方向的能量密度随着传播距离（r）按 r^{-1} 衰减，这比球面扩散的体波能量密度按 r^{-2} 衰减的规律要慢得多。

另外，研究证实，在弹性半空间表面上，通过圆形基础加一个垂向振动力，能量从震源向下辐射，约有 2/3 的能量转化为瑞利面波，只有 1/3 的能量是由体波携带的。这是利用面波进行勘探的有利条件。

三、层状大地中瑞利面波的传播特征

在层状介质条件下，可以寻求一个面波传播的解析解。如大地为多层弹性介质，如均匀半空间条件一样，瑞利面波仍在 ZOX 平面内传播，在这样的条件下，在自由表面上，仍有 2 个边界条件，垂直应力和水平应力为零；在两种介质的分界面处的边界条件为：垂直位移和水平位移连续，垂直应力和水平应力分量也连续，因此有 4 个边界条件。对于 n 层介质，计算面波的传播问题的解共有 $4n-2$ 个边界条件，即有 $4n-2$ 个齐次联立方程。为了了解层状介质对面波速度的影响，取一种简单的 2 层大地情况，对位函数的取法见式（6-6），假设介质的自由表面之上有一个非弹性覆盖层，设覆盖层的厚度可以忽略，坐标取法如图 6-5 所示。在这样的条件下，由于覆盖层的影响，该分界面上法向应力不再等于零，而是等于 $\rho\dfrac{\partial^2 D_z}{\partial t^2}$，切向应力仍然等于零（因为覆盖层是非弹性物质）。这时的边界条件为：

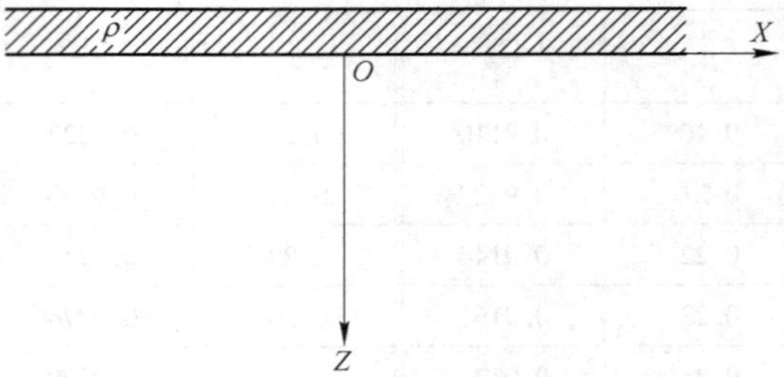

图 6-5　介质表面上的非弹性覆盖层

$$\left.\begin{aligned}\sigma_{ZZ} &= \lambda\theta + 2G\frac{\partial D_z}{\partial z} = \rho\frac{\partial^2 D_z}{\partial t^2}\\ \sigma_{XZ} &= G\left(\frac{\partial D_x}{\partial z} + \frac{\partial D_z}{\partial x}\right) = 0\end{aligned}\right\} \tag{6-32}$$

或者写成

$$\left.\begin{aligned}&\left[(\lambda+2G)\left(\frac{\partial^2\varphi}{\partial x^2}+\frac{\partial^2\varphi}{\partial z^2}\right)-2G\left(\frac{\partial^2\varphi}{\partial x^2}+\frac{\partial^2\Phi}{\partial x\partial z}\right)=\rho\frac{\partial^2}{\partial t^2}\left(\frac{\partial\varphi}{\partial z}-\frac{\partial\Phi}{\partial x}\right)\right]_{z=0}\\ &\left[\frac{\partial^2\Phi}{\partial z^2}+2\frac{\partial^2\varphi}{\partial x\partial z}-\frac{\partial^2\Phi}{\partial x^2}\right]_{z=0}=0\end{aligned}\right\} \tag{6-33}$$

将式（6-6）代入式（6-33），并化简得到

$$\begin{aligned}&[G(2k_R^2-k_S^2)-\rho\omega^2\sqrt{k_R^2-k_P^2}]A+i[2Gk_R\sqrt{k_R^2-k_P^2}-\rho\omega^2k_R^2]B=0\\ &-2ik_R\sqrt{k_R^2-k_P^2}A+(2k_R^2-k_P^2-k_S^2)B=0\end{aligned} \tag{6-34}$$

令这一方程组的系数行列式等于零，就得到：

$$(2k_R^2-k_S^2)[G(2k_R^2-k_S^2)-\rho\omega^2\sqrt{k_R^2-k_P^2}]-2k_R\sqrt{k_R^2-k_P^2}(2Gk_R\sqrt{k_R^2-k_S^2}-\rho\omega^2k_R)=0 \tag{6-35}$$

由上式可以看出，此时面波速度的解与频率有关，即存在面波的速度频散。所谓速度频散是指谐波传播的速度随频率（或波长）变化。在瑞利波位移位的表达式中，有因子 $e^{i(k_R\cdot x-\omega t)}=e^{ik_R(x-v_R\cdot t)}$，这假定瑞利波是谐波，而 v_R 是谐波同相面的传播速度，称之为相速

度，用 v 表示。实际上地震波是有许多不同频率、不同振幅的谐波叠加而成，各谐波按各自的相速度传播。地震波的频谱一般是连续的，一些频率的谐波波峰遇到一起会相互叠加使振幅增大，反之会互相抵消使振幅减小，这种叠加而成的大振幅传播的速度称为群速度，用 U 表示。因此波的群速度即是波的能量传播的速度。在物理学中，相速度和群速度的关系为：

$$U = v - \lambda_R \frac{dv}{d\lambda_R} \tag{6-36}$$

相速度和群速度的关系如图 6-6 所示。

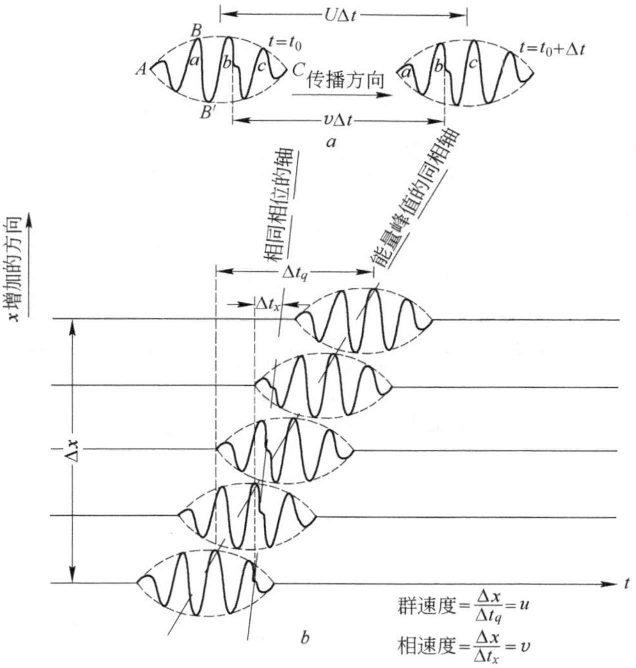

图 6-6　相速度和群速度的关系

由 $\lambda_R = \frac{V_R}{f}$ 可知，不同的面波波长对应于不同的频率，通过测量不同频率下介质的面波速度，即可了解不同深度介质的面波速度。

四、面波的基阶模态和高阶模态

层状大地中的面波不仅存在速度频散，还存在更为复杂的面波模态（一些文献中称为振型）的问题。为了简单起见，以勒夫面波为例，说明模态的概念。勒夫面波是一种 SH 型的面波，其质点振动方向与地表平行且垂直于波的传播方向，因此在界面上只有 SH 型的应力。设均匀弹性半空间，上面覆盖一弹性层，层厚度为 H。令 x、y 轴在自由表面上，z 轴垂直向下为正。勒夫面波为沿 x 轴方向传播的平面波，质点振动沿 y 轴方向，在 y 轴方向的振幅和相位完全相同。勒夫面波的传播应满足横波位移波动方程。仿照与前面推导瑞利面波表达式相同的方法，可得到两种介质中的位移为：

$$\left.\begin{aligned} D_1 &= (Ae^{b_1 z} + Be^{-b_1 z})e^{i(k_R x-\omega t)}\ (0 < z < H) \\ D_2 &= Ce^{-b_2 z}e^{i(k_R x-\omega t)}\ (z > H) \end{aligned}\right\} \tag{6-37}$$

其中

$$\left.\begin{aligned} b_1 &= \sqrt{k_R^2 - k_{S_1}^2} \\ b_2 &= \sqrt{k_R^2 - k_{S_2}^2} \end{aligned}\right\} \tag{6-38}$$

式中，A、B、C 为待定系数。应注意，一般情况下，应有 $k_{S_2} < k_{S_1}$。式（6-37）应满足自由表面应力为零的边界条件和层与半空间界面的应力和应变连续的边界条件：

$$G_1 \frac{\partial D_1}{\partial z} = 0(z = 0)$$

$$\left.\begin{aligned} D_1 &= D_2 \\ G_1 \frac{\partial D_1}{\partial z} &= G_2 \frac{\partial D_2}{\partial z} \end{aligned}\right\}(z = H) \tag{6-39}$$

将式（6-37）代入式（6-39），化简后消去 B 得：

$$\begin{aligned} A(e^{b_1 H} + e^{-b_1 H}) - Ce^{-b_2 H} &= 0 \\ AG_1 b_1(e^{b_1 H} - e^{-b_1 H}) + CG_2 b_2 e^{-b_2 H} &= 0 \end{aligned} \tag{6-40}$$

式（6-40）中 A、C 不全为零，其系数行列式必须为零，解之得：

$$\mathrm{th}(b_1 H) = \frac{e^{b_1 H} - e^{-b_1 H}}{e^{b_1 H} + e^{-b_1 H}} = -\frac{G_2 b_2}{G_1 b_1} \tag{6-41}$$

将式（6-38）写作

$$b_1 = i\sqrt{k_{S_1}^2 - k_R^2} = i\bar{b}_1 \tag{6-42}$$

由此式（6-41）化为

$$\tan\bar{b}_1 H = \frac{G_2 b_2}{G_1 \bar{b}_1}$$

或

$$\tan k_R H\sqrt{\frac{v_R^2}{v_{S_1}^2} - 1} = \frac{G_2\sqrt{1 - \frac{v_R^2}{v_{S_2}^2}}}{G_1\sqrt{\frac{v_R^2}{v_{S_1}^2} - 1}} \tag{6-43}$$

式（6-43）为勒夫波的频散方程，它确定 ω，k_R，v_R 三者中任何两个之间的隐含关系，即说明勒夫面波速度与频率有关，由于频散效应，脉冲型的波在传播一段距离后散成波列。解频散方程式（6-43）得：

$$k_R H = \frac{1}{\sqrt{\frac{v_R^2}{v_{S_1}^2} - 1}}\left[\arctan\left(\frac{G_2\sqrt{1 - \frac{v_R^2}{v_{S_1}^2}\cdot\frac{v_{S_1}^2}{v_{S_2}^2}}}{G_1\sqrt{\frac{v_R^2}{v_{S_1}^2} - 1}}\right) + n\pi\right], n = 0,1,2,\cdots \tag{6-44}$$

图 6-7 是式（6-43）的图解。在图 6-7 中，式（6-43）的左端用实线表示，式（6-43）的右端用虚线表示，两条曲线的交点即为式（6-43）的解。从图 6-7 中可见，v_R 的实根限定在 v_{S_1} 与 v_{S_2} 之间：

$$v_{S_1} < v_R < v_{S_2} \tag{6-45}$$

在式（6-44）中，每一个 k_R 对应一种勒夫面波，当 $n=0$ 时，称为基阶模态勒夫面波，对应的波数记为 k_{R0}；当 $n>0$ 时，称为高阶模态勒夫面波，对应的波数记为 k_{Rn} 。

对某一给定的 ω，仅有有限个模态的面波。图 6-8 为基阶模态和紧邻的 3 个高阶模态的相速度随频率变化示意图，对于特定的 ω，只有有限个模态。对于瑞利面波，也同样存在多阶模态的问题。

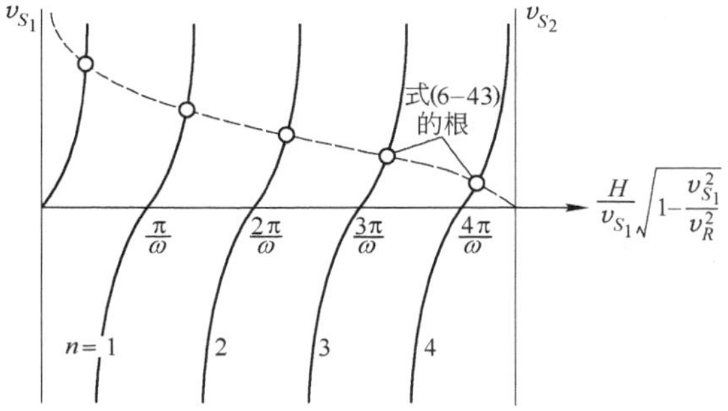

图 6-7　勒夫面波频散情况下方程式（6-43）的图解

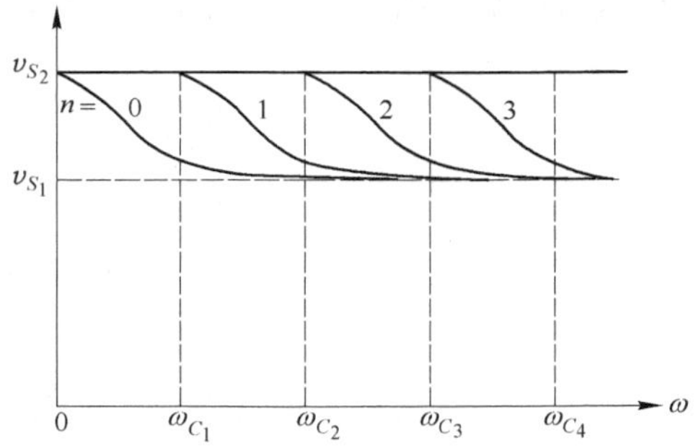

图 6-8　基阶模态和 3 个高阶模态面波的相速度随频率变化示意图

图 6-9 为实测面波地震记录的波数-频率（k-f）图，并标出某一频率（17.94Hz）所对应的高阶面波和基阶面波的相速度。

不同模态面波的能量大小和地层的速度结构有关。将不同模态面波分开的方法是在远距离处布置检波器排列，因为不同模态的波以不同的相速度传播，在远处的不同时间到达。图 6-10 是地面激发，在 10～480m 范围内接收的具有不同模态面波的记录。记录中 A 所指的部分为折射波或反射波；B 所指的部分为高阶面波；C 所指的部分为基阶面波。

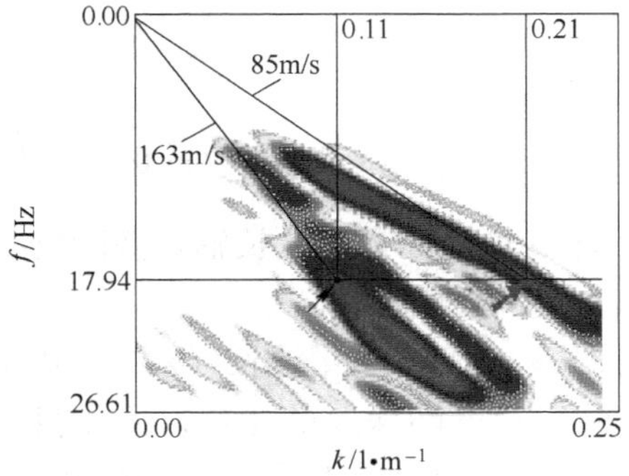

图 6-9　实测地震记录中的高阶和基阶面波

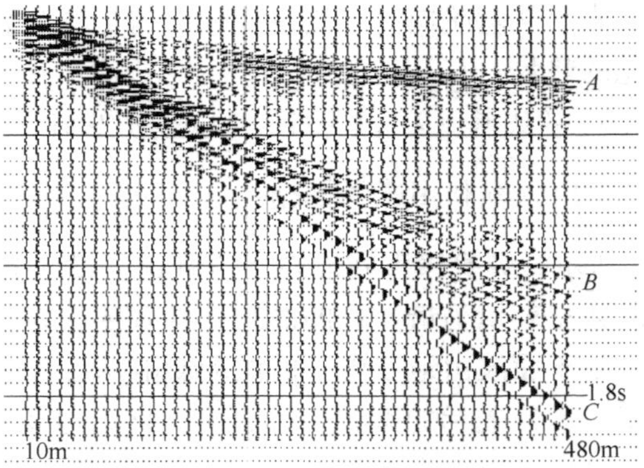

图 6-10　地震记录上的高阶面波和基阶面波

高阶模态面波的存在增大了基阶模态面波提取的误差，并且使问题复杂化。利用面波频散曲线详细研究地质结构时，由于高阶模态的干扰，使不确定性明显增高，所以进行面波勘探时必须注意面波类型的区分。理论研究和实际工作表明面波高阶模态的频散曲线在分辨地质结构的一些细致特征上具有相当的潜力。

五、水平层状大地面波频散曲线的图示方式

面波的频散规律可以用三种坐标方式表达：

1. 频率（f）-波数（k）坐标

面波频散数据在 k-f 坐标中的曲线如图 6-11 所示，图中纵坐标轴为频率 f 轴，正方向向下，横坐标为波数 k 轴。图 6-11 中同时绘出了面波多阶模态，相比其他高阶模态，基阶模态对应频散曲线图中最上面的那条频散曲线。

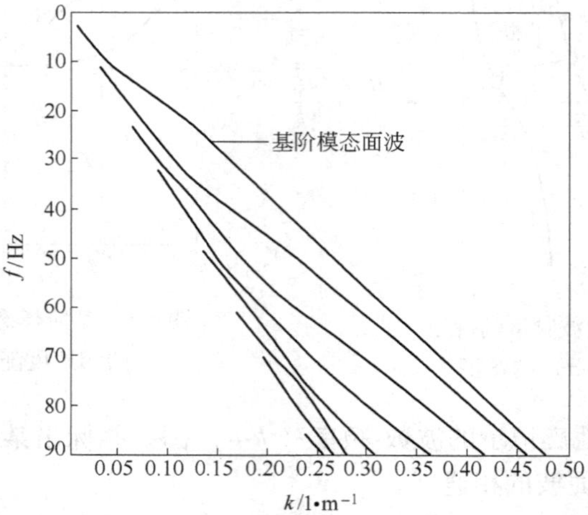

图 6-11　用 k-f 坐标显示的多阶模态面波频散曲线

2. 频率（f）-相速度（v_C）坐标

图 6-12 是面波频散数据在频率（f）-相速度（v_C）坐标中的图形。横坐标是频率轴，纵坐标是相速度轴。模型用横波速度和地层厚度表示，各个模态的正演频散数据从左至右，表示从基阶向高阶逐阶变化。这是频散数据最基本的图示方式，表现出相速度随频率变化的趋势。

3. 半波长（$\lambda/2$）-相速度（v_C）坐标

λ 由频率和相速度根据（$\lambda = v_C/f$）换算，频散曲线在 $\frac{\lambda}{2} - v_C$ 坐标中的曲线如图 6-13所示，计算模型在图左下方列出。横坐标是相速度轴，纵坐标是半波长轴。基阶模态频散数据表示为最左边的曲线，其余依次为各高阶模态的正演频散曲线。

由于面波由地表向下的波动影响深度和它的半波长关系密切，利用波长（$\lambda/2$）和相速度（v_C）表示的面波频散曲线，直观地反映出面波的相速度随深度的变化，由此根据频散数据可以找出地层断面的特征。基阶模态面波的相速度的变化与地层结构密切相关，频散曲线反映了地层沿深度弹性波速的变化，因此目前的面波资料解释主要利用基阶模态

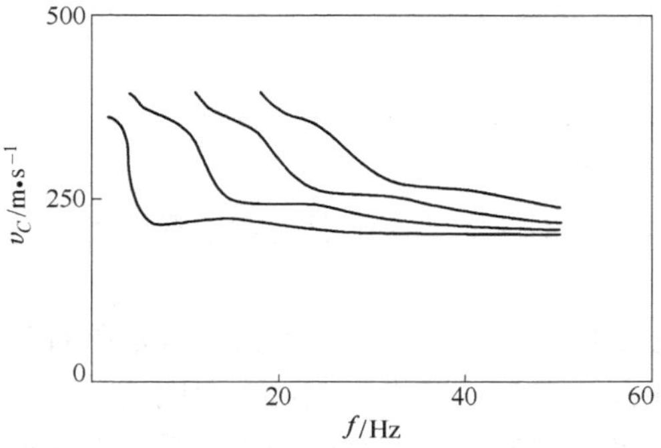

图 6-12　用频率（f）/相速度（v_C）表示的面波频散曲线

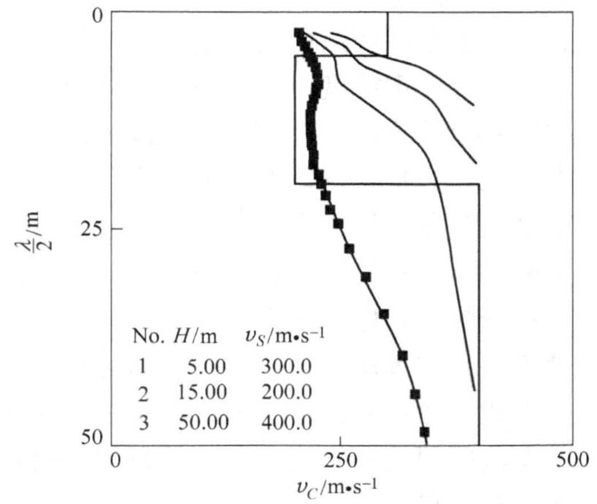

图 6-13　用半波长（$\lambda/2$）－相速度（v_C）坐标表示的面波频散曲线

面波。用 $\lambda/2$ 表示了近似的探测深度，当介质的泊松比不同时，瑞利面波的实际探测深度也随之变化。

然而，在层状大地上，面波的频散曲线中包含可以区分的多个模态，各模态面波特征表现在以下三方面：各模态面波的相速度随频率的变化规律；各模态面波所传播弹性能量随频率的变化规律；各模态面波沿地表传播的规律。这些变化规律，与地层的速度结构有密切关系，是值得研究和探索的。

第二节　稳态面波法

一、面波勘探原理

面波沿地表由震源向外传播，其波阵面是圆柱面。面波勘探的核心问题是准确地获得不同频率面波的相速度 v_C，同一频率的 v_C 在水平方向上的变化反映出地质条件的横向不均匀性，不同频率的面波速度 v_C 的变化则反映出介质在深度方向上的不均匀性。由于面波相对于体波而言，其能量较强，速度较低，频率较低，容易分辨，因此在揭示地下地层结构的物探方法中具有一定的优越性。在面波勘探中由于震源、接收方式和资料处理方法不同分为稳态面波法和瞬态面波法。

二、稳态面波法

稳态面波勘探是在地面使用稳态震源以一固定频率激发垂向简谐振动，瑞利面波以单频谐波的方式传播，在地面用检波器接收面波，根据相位差或时间差法计算这一频率面波的速度 v_C。改变震源的频率，重复测量和计算，即可得到不同频率的面波速度，从而获得 v_C-f 曲线，或者根据波速、频率和波长的关系，换算成 v_C-λ 曲线。

1. 稳态面波法的工作原理

稳态面波法主要的工作步骤是产生不同频率的瑞利波。这里以日本的佐藤式 GR-810 为例，说明稳态面波法的工作方法。GR-810 全自动面波勘探仪设计了各种频率的震源，改变瑞利波的穿透深度，探测深度 0 ~50m。测量参数是面波速度。

GR-810 型仪器的工作原理如图 6-14 所示。仪器的主要部分如下：

发电机：为整个仪器的供电电源，一般为 5kW，装有空气缓冲器减少噪声。

调制振荡器：控制震源发生的信号频率、振幅及波形等。

多频震源：配备有 7 种不同类型的震源，可以根据不同的地基情况任意选择使用，并且可以任选频率和振幅起震。

地震仪：放大从两个检波器来的地震信号，记录波至时间，并配有滤波器以消除背景噪声的干扰。然后将信号送入计算机进行处理，由显示器显示结果，或送入绘图仪。

稳态法所用的频率较宽，可从数赫兹到数千赫兹，因此不可能用单一固有频率的检波器完成所有频点的测试工作。

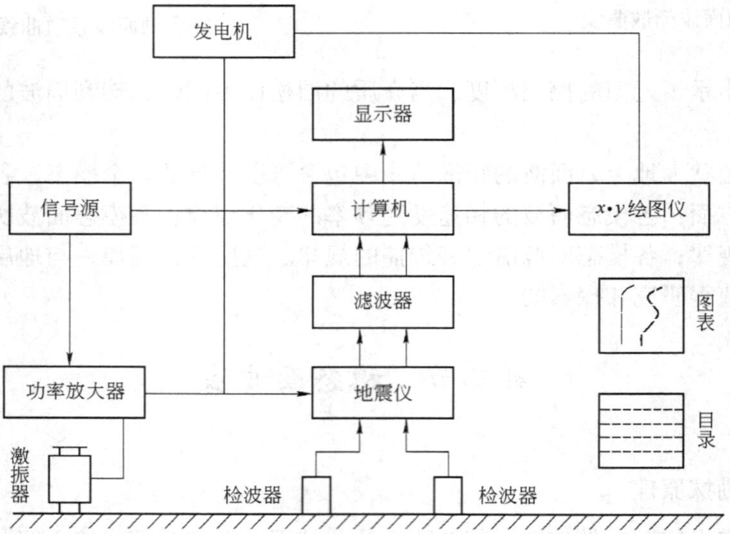

图 6-14　GR-810 型仪器的工作原理

2. 面波速度的计算方法

A　时间差法

在最简单的情况下，面波以单频 f 的谐波形式传播，距震源为 x 处的垂向位移可表示为

$$D_z = A_0 \sin\omega\left(t - \frac{x}{v_R}\right) \tag{6-46}$$

式中，$\omega = 2\pi f$ 是角频率。沿面波的传播方向，在地面放置距离为 Δx 的两个检波器 1 和 2，见图 6-14，在 2 个检波器得到的两条曲线的第一个峰值代表该波的同一个相位，测出它到达两个检波器的时差 Δt 后，由同相含义有

$$\omega\left[(t + \Delta t) - \frac{x + \Delta x}{v_C}\right] = \omega\left(t - \frac{x}{v_C}\right) \tag{6-47}$$

这样，

$$v_C = \frac{\Delta x}{\Delta t} \tag{6-48}$$

一般把 Δx 调整为小于一个波长的长度。

B　相位差法

若同一时刻 t 观测到单频谐波在两个检波器处的相位差 $\Delta\varphi$，则根据位移表达式(6-46)，有

$$\Delta\varphi = \omega\left(t - \frac{x}{v_C}\right) - \omega\left(t - \frac{x + \Delta x}{v_C}\right) = \frac{\omega\Delta x}{v_C} \tag{6-49}$$

则

$$v_C = \frac{\omega\Delta x}{\Delta\varphi} = 2\pi f\frac{\Delta x}{\Delta\varphi} \tag{6-50}$$

3. 稳态面波法的特点

稳态面波法资料处理简单直观，观测结果准确，受其他类型地震波的干扰较小。

但对震源的要求较高，需要能产生稳定的、可调控频率的、激发时仅发射单一频率的机械震源。

第三节　瞬态面波法

瞬态面波法勘探利用瞬态冲击力作震源激发面波，地表在脉冲荷载作用下，产生波动。在离震源稍远处，用传感器记录面波的垂直分量。对记录的面波信号作频谱分析和处理，计算并绘制 v_R-λ 频散曲线，根据频散曲线特征分析解决地质问题。

瞬态面波法的数据采集方式与反射波或折射波法相似，以 SWS 型多功能瞬态面波仪为例，数据采集系统如图 6-15 所示。

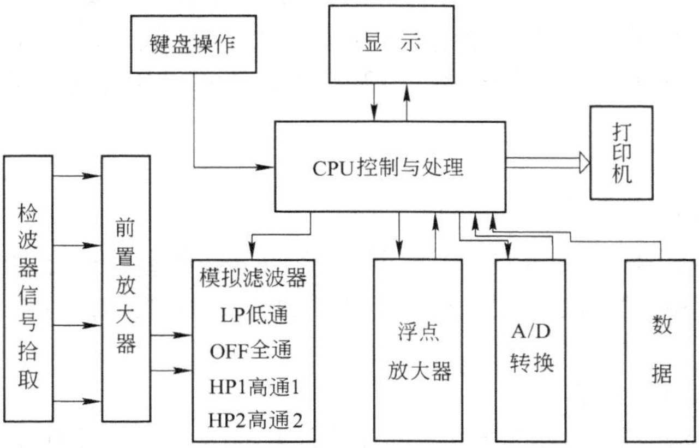

图 6-15　SWS 型多功能瞬态面波仪数据采集系统

一、瞬态面波法的观测系统

面波采集一般采用常规地震勘探中的共炮点排列，在要求的勘探深度较小的情况下

（小于 50m），可采用锤击震源，落重或炸药震源，野外工作方法方便简单。

共炮点排列一般选择 12 ~ 24 个地震道，用低频检波器接收面波的垂直分量，记录点设在整个排列的中点，由此排列获得的频散曲线实际上是整个排列下方、一定深度范围内介质面波速度的综合反映。在场地条件允许的情况下，尽量采用多个检波器采集数据。为了保证激振的频率成分能够满足需要的勘探的深度范围，要适当的设计偏移距、道间距及仪器的各种采集参数。这些采集参数，应根据野外现场试验工作选择，即在分析干扰波调查剖面的基础上，选取面波采集参数。

1. 偏移距的选择

采集数据的道间距和道数确定后，选择偏移距实际就是选择面波的最佳接收地段。根据试验剖面，应选取面波和反射波已经分离的接收地段。在基、高阶可能分离的情况下，选取基阶面波明显的接收地段。

2. 排列长度的选择

瞬态面波排列的长度主要考虑探测工作要求达到的深度，一般要求排列的长度达到 1/2 波长。探测深度较大时，检波排列与探测深度相当；反之，采用小排列。

3. 道间距的选择

道间距应小于最小勘探深度所需波长的二分之一。

4. 检波器的选择

一般土层中传播的面波频率较低，可采用 4Hz 或 10Hz 的低频检波器；在要求精度较高的浅地层探测中，可采用频率为 38Hz 的检波器。

5. 记录长度的选择

要使所有的面波记录道上有完整的面波波形，即有足够的记录长度。

二、面波的激发

瞬态面波法的震源多用锤击或落重，敲击置于地面的垫板。为了获得对应于不同深度的波速，要求震源能产生各种频率成分的波。测试浅地层时应激发高频率波，用小锤或较轻的大锤锤击地面的垫板获得高频信号并采用小道间距；测试深度大时则相反。

三、瞬态面波法资料处理

瞬态面波资料处理的主要步骤为：时间域-空间域提取面波；对面波信号进行二维傅里叶变换；建立频率-波数域振幅谱等值线；提取面波频散数据；计算 1/2 波长并绘制频散曲线。

1. 时间-空间域提取面波

在如图 6-16 所示的共炮点记录中，包含各种波的信息，但只有面波是有效波，利用干扰波与面波的视速度差异，用窗口提取面波，消除干扰波，如图 6-16 中虚线所围的范围。在面波窗口中，还有一些与面波重叠在一起的干扰波，无法用窗口消除。但窗口中所有的信号都被认为是面波进行处理。因此瞬态面波法中，窗口中的波对频散曲线有较大的影响。面波记录的一般情况可分为：

（1）同相轴清晰，相位少。由于地质条件的差异，面波的波形千差万别，较规则的、易于识别的面波记录如图 6-16 所示，面波群仅由 1 个或 2 个周期的波组成。其同相轴可以延长至原点，面波窗口也容易划分。如虚线所围的范围。

（2）同相轴清晰，相位多。由于面波的频散及含有多阶模态的特征，在面波记录中，面波群的相位数随距离增大逐渐增加，如图 6-17 所示的面波记录相位从 3 个增加至 5 个或 6 个。在这样的情况下，不但要注意用窗口分离记录中的折射波、反射波、声波、转换波，还要注意用窗口取全部面波信号（从原点开始，扫帚状分散）。

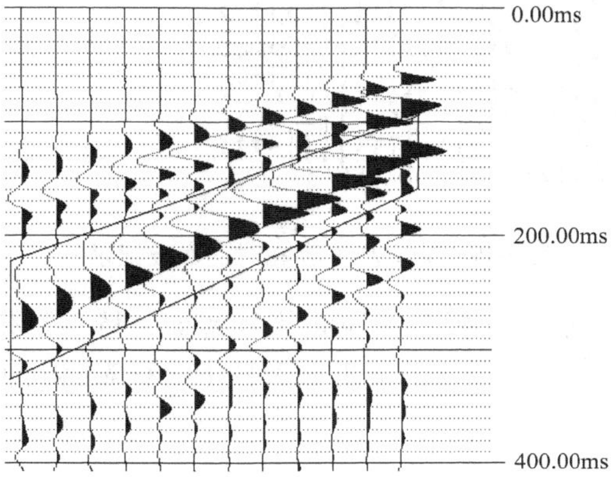

图 6-16　提取面波窗口（虚线框）

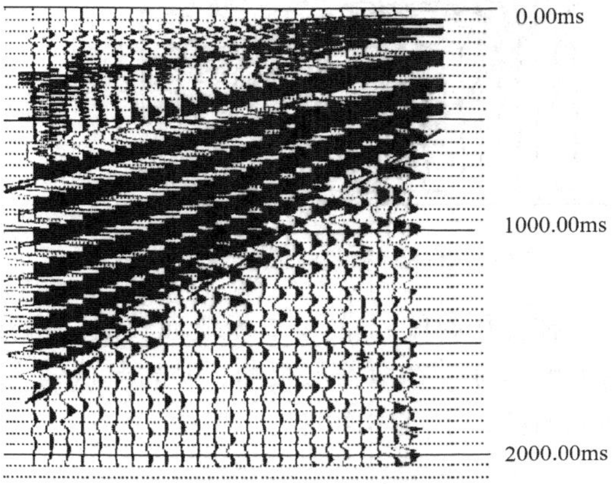

图 6-17　同相轴清晰，相位多的面波记录

在时间-空间域的面波窗口如图 6-17 虚线框所示。从图 6-17 中还可看出这些面波与其他类型的波在时间-空间域中干涉叠加的现象。在这样的记录上，无法分辨基阶或高阶面波。

（3）同相轴的斜率改变。引起面波的同相轴的斜率变化的原因有多种，最主要的原因有两种：

1）高阶面波存在。高阶面波在地震记录上的形态，在图 6-10 的远距离道上，可以明显的分开，而在实际工作中，无法采用很远的偏移距。一般存在的高阶面波如图 6-18 所示，面波记录偏移距 25m，道间距 1m。面波群在 34m 附近分成两支，同相轴斜率明显不同，其中箭头所指的面波为基阶面波。这表明在时间域中无法利用窗口完全分离高阶面波。这种记录的面波窗口设计应尽量取面波的基阶部分，不可分离的高阶干扰将在频率-波数域中进一步处理。

2）地下介质中有局部地质体或岩性突变面存在。在遇到岩性差异特别大的直立界面（如在直立边坡）时，在界面上将产生波的反射。如图 6-19 所示，在波形图中存在明显的面波的镜像波，在这种情况下，直立界面的位置在面波排列之外，可采用窗口消除干扰波。

如果直立界面在面波排列中，镜像波很快出现，面波的传播路径受直立界面的影响，无法利用全部的记录进行分析解释。

在地下介质为非水平层分布时，地质条件的变化，改变了面波的传播路径，使瞬态面波记录复杂化。如沿测线方向有垂直岩性接触面存在，面波窗口只能选在没有受接触面干扰的范围内。这时应改变接收排列方向，可能得到更好的面波记录。

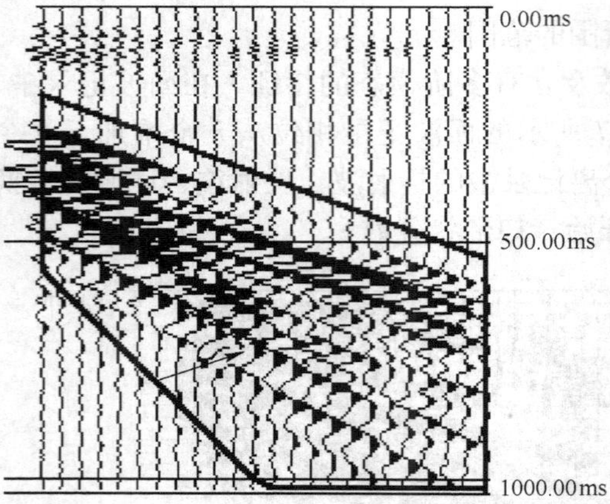

图 6-18　高阶和基阶面波共存的情况

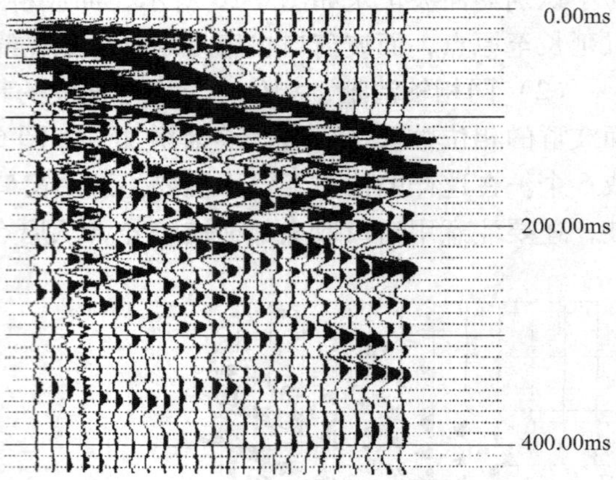

图 6-19　直立界面存在时的面波记录

在使用时间-空间窗口提取面波时，应注意识别和分析有效面波信号特征、特别是基阶面波特征。在覆盖层很薄、基岩起伏较大、横向严重不均匀等地质条件下，很难得到规则的面波，不宜用面波进行勘探。

2. *频散曲线的计算方法*

面波频散曲线的计算方法有傅里叶变换法、相关分析法等。这里主要介绍二维傅里叶变换法。面波窗口内的所有信号都被当为面波的有效信号进行分析，这些面波波动是时间和空间的二维函数 $g(t,x)$，对其进行二维傅里叶变换可得到其频率-波数谱 $G(\omega,k_x)$。二维傅里叶变换式为：

$$G(\omega,k_x) = \frac{1}{2\pi}\int_{-\infty}^{+\infty}\int_{-\infty}^{+\infty} g(t,x)e^{-i(\omega t-k_x x)}\mathrm{d}t\mathrm{d}x$$
$$g(t,x) = \int_{-\infty}^{+\infty}\int_{-\infty}^{+\infty} G(\omega,k_x)e^{i(\omega t-k_x x)}\mathrm{d}\omega\mathrm{d}k_x \tag{6-51}$$

时间-空间域与频率-波数域的变换原理如图 6-20 所示。

对图 6-16 窗口内的面波信号进行二维傅里叶变换得到频率-波数域信号如图 6-21 所示。图 6-21 的纵坐标为频率，横坐标为波数，用颜色的深浅表示波的振幅谱等值线（能量谱）。根据波数和频率的关系 $k = f/v$，计算面波的相速度。换算出波长 $\lambda = v_R/f$，乘以

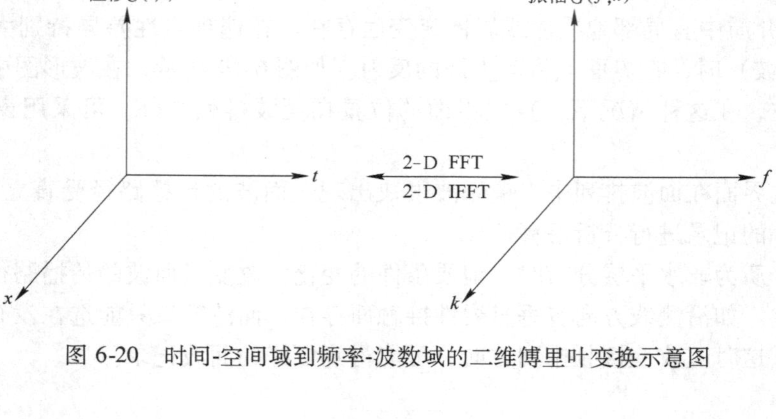

图 6-20　时间-空间域到频率-波数域的二维傅里叶变换示意图

深度系数 0.5，即得到此深度的面波速度。依次求出每一个频率的面波相速度和深度，绘制频散曲线如图 6-22 所示。

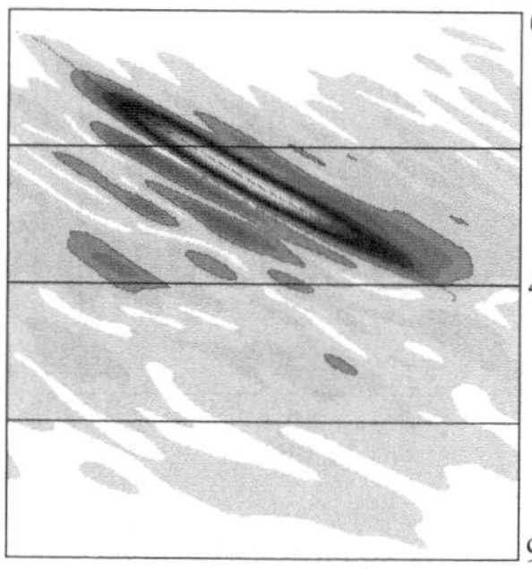

图 6-21　频率-波数域的面波信号

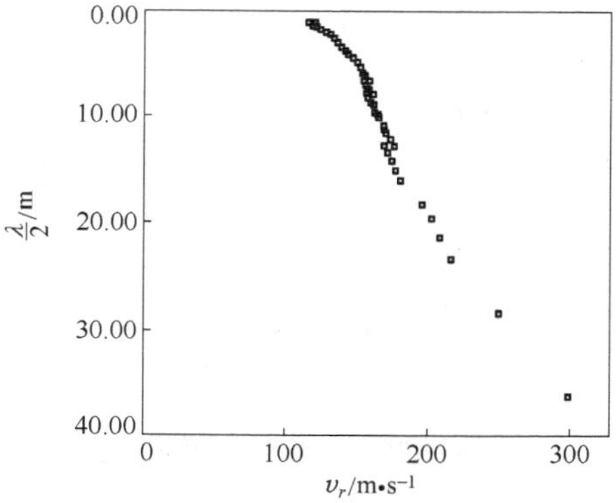

图 6-22　根据波长计算的面波频散曲线

从面波的基本理论可知，层状大地上的面波可分为不同视速度和不同能量分布的基阶面波和高阶面波，在时间-空间域中，不能完全分离高阶面波。各阶面波的能量分布与频率有关，在频率-波数域中，不同阶的面波显示出各自的能量团（参见图 6-9）。因此在频率-波数域中可进一步分离高阶面波。

在图 6-21 中面波的能量团只有一个，面波以基阶成分为主。而有高阶面波存在时，频率-波数域信号的特征发生变化。图 6-23 为时间-空间域的记录，在波形图中并没有表现出明显的基阶或高阶面波，但在频率-波数域（图 6-24）中可以看到，面波的能量团不止一个，除基阶面波外，还有一组高阶面波，两者有各自独立的能量中心。图 6-25 和图 6-26 分别为两组面波的频散曲线。

对比图 6-25 和图 6-26 可知，不同模态的面波速度差异明显，高阶面波和基阶面波的频散规律相差较大，如果用高阶面波进行资料解释，可能得出错误的结论。

四、频散曲线的解释

频散曲线反映了面波排列范围内面波相波速随深度的变化，因此，对于不同类型的频

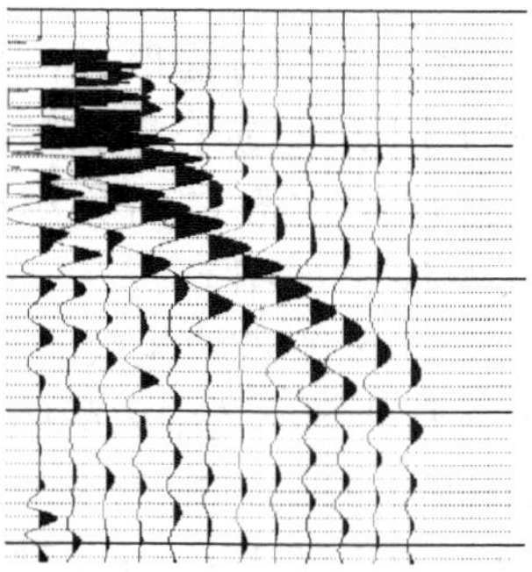

图 6-23　高阶与基阶面波同时存在

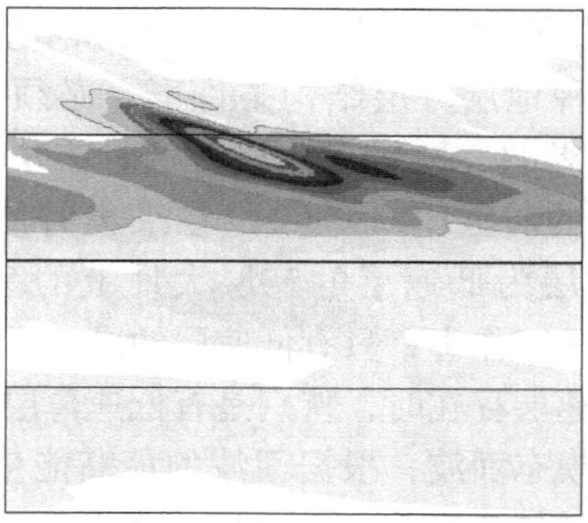

图 6-24　高阶与基阶面波在频率-波数域中的状态

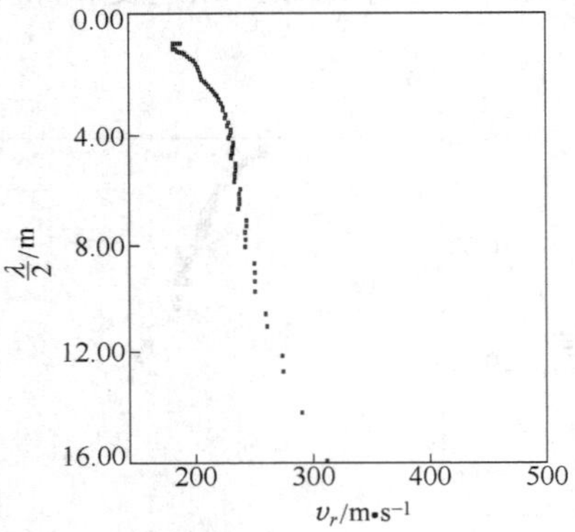

图 6-25　基阶面波频散曲线

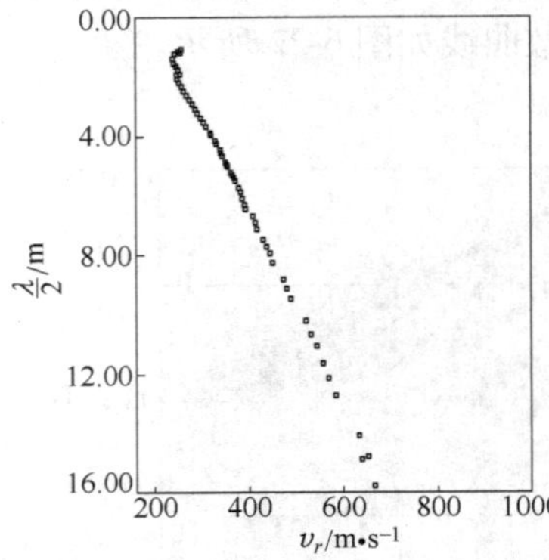

图 6-26　高阶面波频散曲线

散曲线进行分析解释，可推断其对应的层状大地模型。

1. 地层结构类型及其频散曲线特征

在利用面波描述地层结构的变化时，可以将地层归纳为 3 种类型，在不同类型的地层上激发的面波频散曲线，具有不同的特征。

A　横波速度逐层增高

当由表层向底层横波速度逐层增高的情况下，面波的大部分能量分布在基阶模态中，在时间空间域各道面波波形随距离增大而平缓衰减，不见明显的高阶模态面波（高视速度）干涉现象。在频率-波数谱中，主要能量都集中于基阶面波。随离震源的距离增大，面波能量中长波长（反映更大深度）的比重也增大。在这种地层分层结构情况下，时距窗口的设置和基阶模态数据的提取都比较容易，并可以得到稳定的结果。速度逐层增加的三层大地上的基阶模态面波理论频散曲线如图 6-27 所示。

B　底层横波速度最高，中间某层为低速层

当大地中某一中间层为低速层时，面波的能量分布不再集中于基阶模态，能量分布于各阶模态中，并随频率变化。在这样的地层结构上，时间-空间域各道面波波形随距离增大出现明显的高阶模态面波（高视速度）干涉现象。而频率-波数谱中会出现两个或多个很强的高阶模态面波能量峰。离震源的距离增大，长波长（反映更大深度）面波的能量比重增大，时间-空间域中高阶面波和基阶面波逐渐分离。

在这种地层分层结构条件下，必须更多地考虑到减少高阶面波能量对提取基阶频散数据的影响，一般采用以下两种方法：（1）在时间-空间域采用更适应于突出基阶模态面波的时距窗口。（2）在采集时使用更多的记录道，提高频率波数谱的分辨能力。中间层为低速层的三层大地上的基阶模态面波理论频散曲线，如图 6-28 所示。

在实际工作中，只有低速层的厚度足够大时，才能获得类似图 6-28 所示的频散曲线。一般有低速层存在时，特别是有低速薄层存在时，高阶模态面波在某些频率范围内的能量高于基阶模态面波，根据面波的最高能量提取的频散曲线不可能是纯粹的基阶面波。图 6-29 为在地层深度 15～20m 间，存在软弱夹层时的频散曲线，夹层厚度约 1m。在频散曲线出现“之”字形异常的深度上大致对应软弱夹层的深度位置。

有“之”字形异常存在时，无法应用基阶模态面波的理论解释频散曲线。但这一特

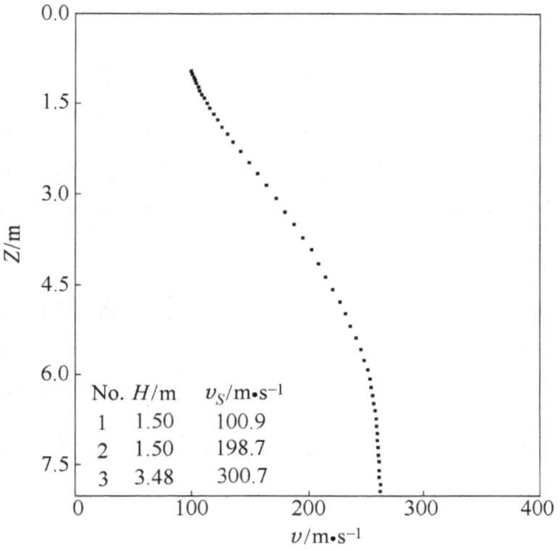

图 6-27 速度逐层增高的基阶面波频散曲线图

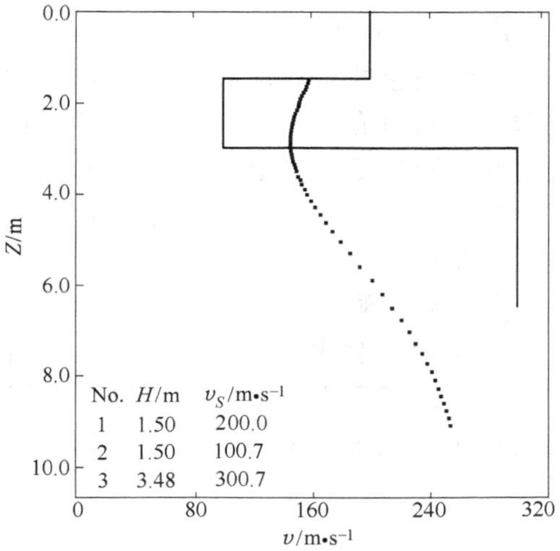

图 6-28 中间层为低速层的基阶面波频散曲线

征也反映出地下有低速薄层存在。可以应用频散曲线的“之”字形异常寻找低速薄层或软弱滑坡面。

C 表层为横波高速层，下部低速地层

当表层为横波高速层时，面波的能量分布也不再集中于基阶模态，能量分布于各阶模态中，能量的分布随频率变化。在这样的地层结构上，时间-空间域各道面波波形随距离增大出现明显的高阶模态面波（高视速度）干涉现象。而频率波数谱中的能量分布于所有各阶模态面波中。在频率-波数谱图上很难提取基阶模态面波。

图 6-30 为用跨模态拾取极大值方法得到的频散数据曲线。在长波长的范围内，主要是基阶模态面波的相速度，基本反映了高速覆盖层下土层的波速特征。在短波长范围内的相速度点，来自各个高阶面波。

对于高速覆盖型的地层，应该利用多模态的面波频散数据来研究地层断面。按图 6-30 拾取的跨模态面波频散数据，可以定性地反映地层波速断面，而定量的分层波速参数，还需要采用多模态频散数据的反演方法才能得到。目前的多道面波反演方法不适于解释这种

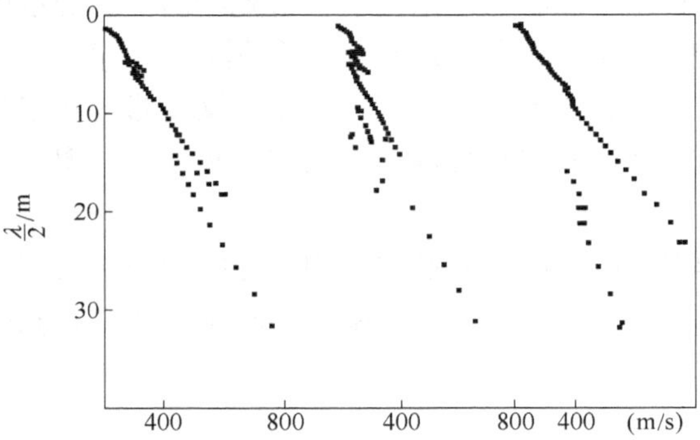

图 6-29 软弱夹层上的频散曲线

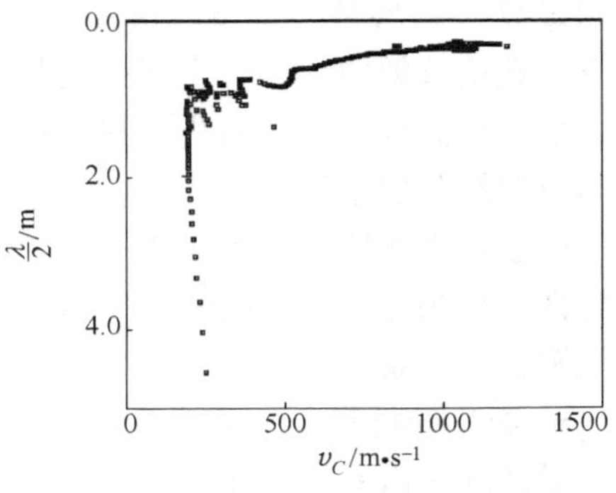

图 6-30 高速覆盖层上的跨模态频散曲线

地层结构问题。

D　非水平地层

面波波速的频散现象，反映了与其波长相应的深度范围内的地层弹性分布。地层的弹性参数分布越不均匀，面波频散的表现也越复杂。对于横向不均匀的地层，面波的频散数据更为复杂，并不容易定量解释，但在一些特定的地层条件下，如有局部地质体（空洞）存在，频散曲线出现可以识别的特殊频散特征，从而定性划分出地层的横向变化。

在存在空洞或软土层等的情况下，高阶面波能量增强，但又不能完全与基阶面波分离，从而频散曲线为高、基阶面波混合的形态。频散曲线上呈现出多次重复、曲线回折、深部无面波信号等现象。如图 6-31 可见测点未进入空洞上方范围时，频散曲线形态相当于水平地层情况，测点进入空洞上方范围后，频散曲线形态有明显的异常。

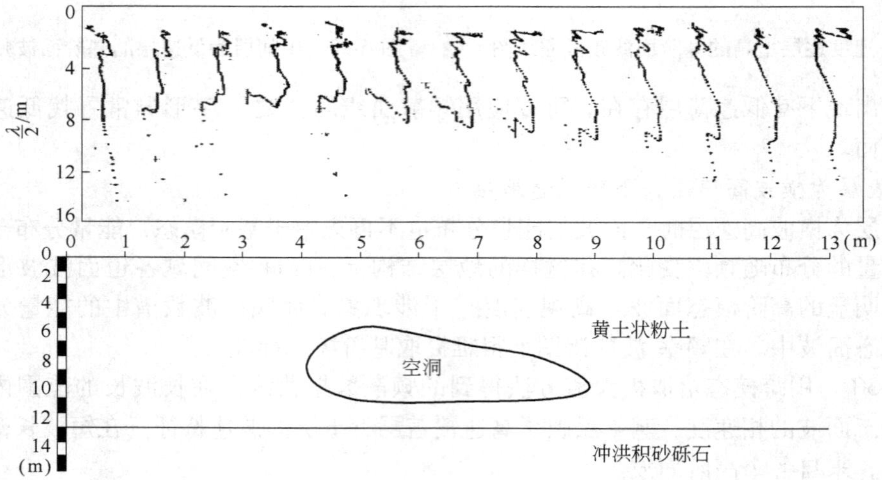

图 6-31　空洞存在时剖面上频散曲线的变化

2. 频散曲线的定量解释

基阶面波频散曲线的定量解释，是假定在水平层状大地条件下，首先给出一定的地层结构参数（如层数、厚度、层速度、弹性参数等）作为初始模型，利用正演计算方法，计算出理论频散曲线；与实测频散曲线进行对比，用最优化迭代等方法，反复修改各层参数，使实测曲线与理论曲线得到最好的拟合，从而获得较准确的地层结构和参数。图 6-32 为频散曲线分层定量解释实例。

由于计算方法、频散曲线的取点数量和误差等原因，频散曲线的定量解释一样也存在多解性，如果在解释中能够收集到一些钻孔或标贯资料则可最大限度的减少多解性，提高定量解释的精度。

3. 面波资料解释结果的图示

面波的频散曲线是面波勘探的重要成果，它较直观地显示出介质的波速沿深度方向的变化规律，对频散曲线的定性及定量解释后获得一个排列下地下介质的结构与性质的信

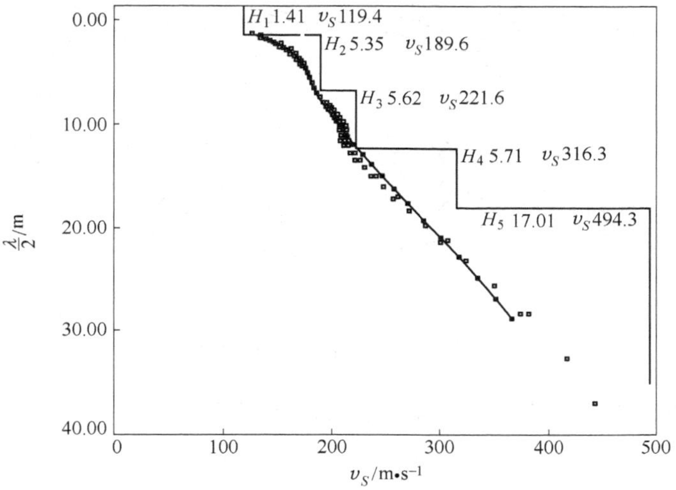

图 6-32 频散曲线分层解释实例

息。剖面图和平面图更直观反映了地质条件在剖面上或在平面上的变化。

A 频散曲线类型图

频散曲线类型图的做法是：按相应的工作比例尺在图纸上标明各测点的位置，绘出该点的频散曲线，纵坐标为二分之一波长，这样并不是意味着半波长就是深度，或者相速度就等于剪切波速。

这种频散数据显示方式，可以由频散数据预先估计地层波速断面的轮廓，并且在反演后和地层参数直观的对比，如图 6-33 所示。频散曲线的形态取决于地下介质层厚度和层速度，频散曲线形态的横向变化可以反映地下岩土层的变化特点。

B 频散曲线断面等值线图

为了反映测线通过的垂向断面中面波速度和地层厚度的变化情况，可绘制面波速度断面等值线图。从这种图件中可以看出地层起伏、构造变化和速度层沿测线的分布等信息。频散曲线断面等值线图的作法是：以测点为横坐标，以深度为纵坐标，把每个测点上各深度的面波速度值放在相应的位置上，绘制出面波速度等值线图，如图 6-34 所示。从图上，可以直观地看出面波速度沿测线方向和沿深度方向上的变化。

在有地形起伏的情况下，应考虑地形影响，将频散曲线绘制在地形线上，这样面波勘

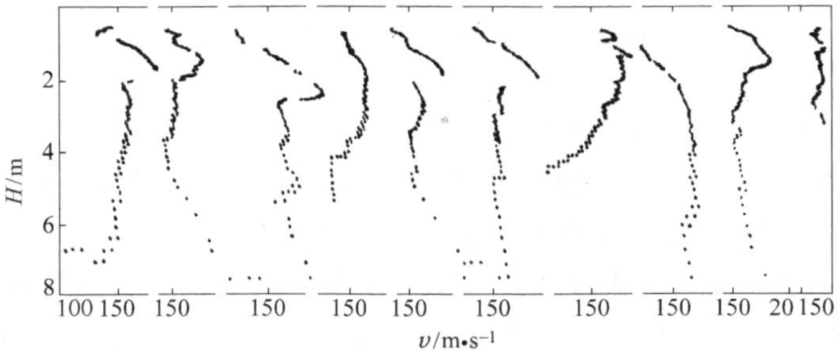

图 6-33 频散曲线类型

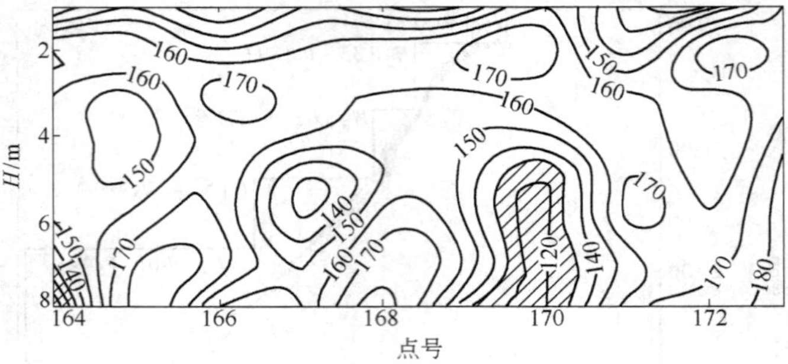

图 6-34　频散曲线断面等值线

探所达到的深度及范围更加清晰、明确，如图 6-35 所示。

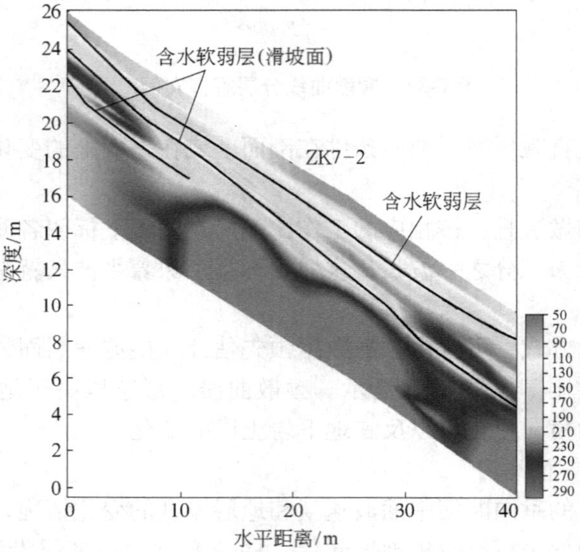

图 6-35　在存在地形影响的面波速度等值线图

另外，根据工程的要求，及在参考资料完整的情况下，可根据条件绘制一些能够更好地说明资料解释结果的图件，如根据面波速度与承载力、弹性模量的关系绘制的综合图。

第四节　面波法的应用

面波法可以解决的工程地质问题主要有：

（1）工程地质勘察。利用实测的面波频散曲线，通过定量解释，可以得到各地层的厚度及面波速度，速度的大小直接反映了地层的“软”“硬”程度。因此，可以对第四系地层分层、确定地基的持力层、确定地层中是否存在低速带或软弱夹层。

（2）地基加固处理效果评价。如软地基不能符合建筑要求，则需要进行加固处理，即采用强夯、挤密置换、化学处理等方法使软地基变“硬”。在加固处理后，土体的物理力学性质发生改变，通过实测加固处理前后的面波速度差异评价土体的改善程度，同时可对处理后场地在水平方向的均匀性作出评价，以及加固所影响的深度和范围。

（3）岩土的物理力学参数原位测试。波速的大小与介质的物理力学参数，如密度、剪切模量、压缩模量、泊松比密切相关。因此，通过对实测资料的反演拟合，得到横波、纵波速度等参数，进而计算出其他力学参数，也可以利用波速和力学参数的统计关系，计算弹性参数。

（4）地下土洞探测。有时需要准确地确定地下土洞、溶洞、矿区废弃矿井以及各种地下掩埋物的空间位置，用面波进行探测时，当面波的勘探深度与这些物体的深度相当时，频散曲线会出现异常跳跃，根据异常出现的位置，可确定其埋深和范围。

（5）饱和沙土层的液化判别。当较松散的饱和砂土层受到振动时，会被振实，体积减少。如果不排水，孔隙水的压力就会增高。在连续振动条件下，沙土层内的孔隙水压力增高到了某一水平，孔隙水压力等于上覆土层压力，在这样的情况下，沙土层就不在具有抗剪强度，而处于液化状态。可见，沙土层液化与否，与沙土层的密实度有关，土层越松散越容易液化。同时，土层的松散程度与波速有关，即波速越低越易液化。根据场地内饱和沙土层的埋深、地下水位的深浅等地质条件可以计算出该饱和沙土层的液化临界值。实测波速大于临界值，则为非液化层，否则为液化层。

（6）滑坡调查。滑坡是一种常见的地质灾害，也是边坡失稳破坏的主要形式之一。边坡的物质构造和结构是造成滑坡的内在因素，而重力和水的作用则是引起滑坡的外因，水有时起重要作用。为评价滑坡的危害，需了解滑坡体的构造和成分，各岩土层的状态和特征，如含水层、富水带的分布及埋藏深度，基岩面起伏及与滑坡有关的断裂带，滑坡面位置及形状等。

对滑坡的研究表明，滑坡体、滑动面（厚度大时形成滑动带），滑坡床在物质构成、物质结构、孔隙度、含水率方面均有明显差异，从而造成其密度、电性、弹性波速度等物理参数的差异。滑坡调查可以利用多种物探方法，主要有电阻率法、浅层地震法等。

面波法能够探测介质速度随深度的变化。如滑坡面在基岩上，则基岩面上下一般存在明显的密度差异，因此，可以用面波法确定滑坡面深度；沿滑坡轴线方向布置测线可确定滑坡面的形态。在滑坡面为软弱层（低速层）的情况下，面波频散曲线有明显的变化，使滑坡面特征更为明显。若滑动面厚度较小但滑面上下有一定的密度差异，则可以用面波法分层来探测滑坡面的位置。

第七章 地震映像法

第一节 地震映像方法及其原理

地震映像（又称高密度地震勘探和地震多波勘探），是基于反射波法中的最佳偏移距技术发展起来的一种常用浅地层勘探方法。这种方法可以利用多种波作为有效波来进行探测，也可以根据探测目的要求仅采用一种特定的波作为有效波。除常见的折射波、反射波、绕射波外，还可以利用有一定规律的面波、横波和转换波。在这种方法中，每一测点的波形记录都采用相同的偏移距激发和接收。在该偏移距处接收到的有效波具有较好的信噪比和分辨率，能够反映出地质体沿垂直方向和水平方向的变化。地震映像可以用波形图或彩色振幅图显示结果，同时进行运动学和动力学方面的解释分析，数据处理可以在空间、时间和频率域中进行，图示直观。目前一些地震仪器（如北京水电物探研究所的 SWS 系列等）已采用了特殊的数据采集技术，可以方便、快速地获得地震映像记录。

一、地震映像方法的特点

地震映像方法的特点为：

（1）地震映像法数据采集速度较快，但抗干扰能力弱，勘探深度有限。

（2）地震映像法在资料解释中可以利用多种波的信息，即有效波不但是反射波，还可以是折射波、面波、绕射波。或同时有 2 种或 3 种波能够反映地下地质条件的变化。

（3）在探测目的较单一、只需研究横向地质情况变化的情况下，地震映像法效果较好，而探测目的层较多时，不易确定最佳偏移距。

（4）由于每个记录道都采用了相同的偏移距，地震记录上的时间变化主要为地下地质异常体的反映，这给资料解释带来极大的方便，可直接对资料进行数字解释，如数字滤波、时频分析、相关分析等。

二、各种波在地震映像波形图上的反映

1. 折射波

设水平二层大地模型如图 7-1 所示，设偏移距 L 大于临界距离，则时距方程为：

$$T = \frac{2z\cos i}{v_1} + \frac{L}{v_2} \qquad (7\text{-}1)$$

式中各参数如图 7-1 地质模型所示，其中 i 为临界角；z 为 v_1 介质的厚度，偏移距 L 为常量。图

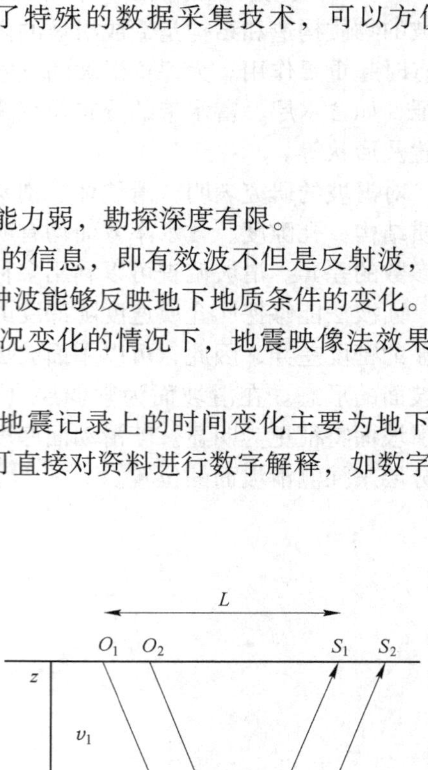

图 7-1 折射波的传播路径

7-1表示了当偏移距为 L 时，O_1、O_2点激发，S_1、S_2点接收的折射波传播路径。如果界面水平，不同激发点的折射波的传播路径长度相同，传播时间也相同。在地震映像波形图上，折射波的同相轴为水平直线。而当界面起伏时，同相轴的到达时间会发生增加或减小，据此探测折射界面的深度变化与形态。

在实际工作中，如选择折射波为有效波，则地震映像波形图上的第一个同相轴为折射波。折射波同相轴的变化，反映了折射界面深度和界面以上介质速度的变化。界面水平时，折射波到达时间反映激发点下界面深度，也是界面上各点的深度。而界面起伏时，折射波到达时间只能表示滑行波传播路径内界面的平均深度。一般情况下，可根据折射波同相轴的变化情况定性推断界面的起伏情况，只有已知界面倾角、界面速度和上覆介质速度的情况下，才能作出准确的界面深度定量解释。采用折射波为有效波适用于快速探测基岩面较浅、覆盖层速度稳定的情况。地质条件复杂或要求精度较高时，不宜仅采用折射波为有效波。

2. *反射波*

地质模型如图7-2所示，各参数的意义与图7-1相同，图中表示了当偏移距为 L 时，O_1、O_2点激发，S_1、S_2点接收的反射波传播路径，界面水平时，反射点在激发点和接收点中点下的界面上，反射波的传播时间与界面深度有关。反射波时距方程为：

$$T = \frac{\sqrt{4z^2 + L^2}}{v_1} \tag{7-2}$$

如图7-2所示，当界面水平时，每次激发的反射波传播时间不变，反射点的位置正好在记录点上，当界面深度发生变化时，反射波的传播时间会发生变化，如在断层两侧表现为突变；如果是倾斜界面，反射点的位置会偏离记录点向界面的上倾方向移动。同样可以根据反射波同相轴的变化情况定性推断界面的起伏情况。

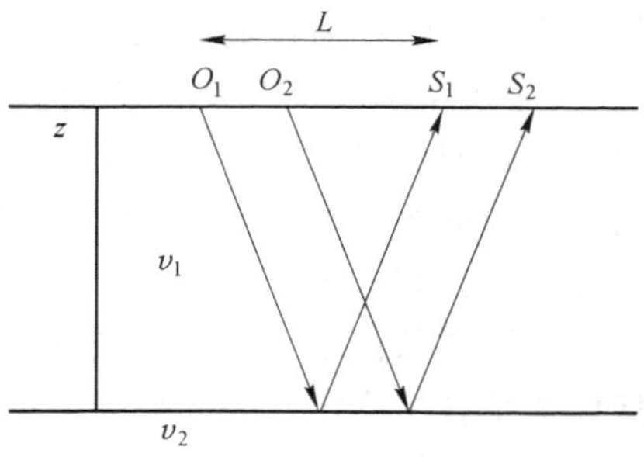

图7-2　反射波射线传播路径

3. *面波*

地震映像方法中利用的面波是在地下一定深度内从震源传播至接收点的含有多种频率成分的、有多个相位的面波群（即由多个相位组成的面波）。面波群的形态受偏移距范围内覆盖层介质密度、泊松比等因素的影响。面波群内的相位数与覆盖层的厚度、介质物性和偏移距有关，面波群振幅的大小与介质的松散情况有关，面波群的到达时间的变化与地层产状、地层中局部地质体的位置有关。因此，面波可利用的信息非常丰富。面波群的影响深度与面波的频谱成分有关。面波群的视速度、振幅、波形、到达时间以及频率都是判断地下介质变化的指示。图7-3为层状大地上的干扰波调查剖面，道间距1m，偏移距1m，记录长度400ms。从图中可以看到，随接收距离的增大，面波群的相位数增多，形态逐渐改变，反映了传播过程中面波的模态及频谱成分的变化。如果固定某一偏移距采集面波，地质条件改变，如岩性发生变化，则面波群的群速度和相位数也发生相应的变化。

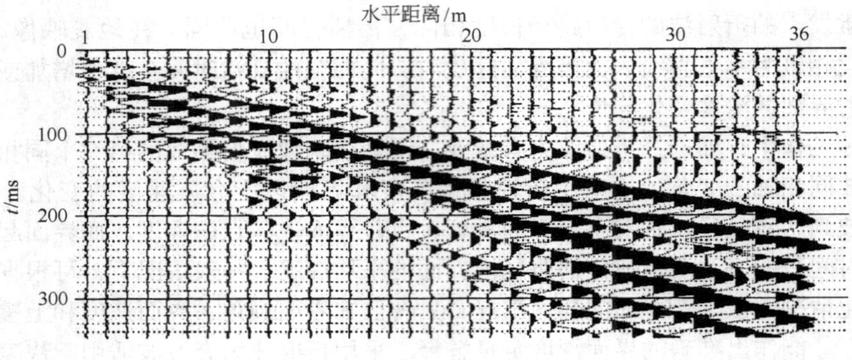

图 7-3　面波在层状大地上不同偏移距的形态

4. 绕射波

在介质中存在局部异常体或断层的断点、岩性分界面时会产生绕射波，在图 7-4 的地质模型条件下，在断层端点附近激发时，都可能产生绕射波，一般在反射波之后到达，只有绕射波和反射波传播路径相同时，两种波才会同时到达。

从图 7-4 可以看出在炮检距相同的条件下，随着激发点 O 到 D 点距离的改变，绕射波的传播路径发生变化，绕射波传播时间会逐渐增大，在地震映像记录上出现双曲线型同相轴。这也成为异常体、断层、岩性分界面的特有标志。

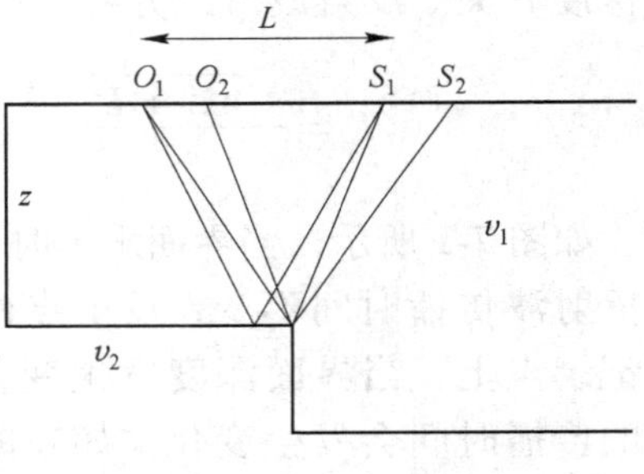

图 7-4　绕射波射线的传播路径

在简单地质条件下，如水平或倾斜层状大地条件下最佳偏移距容易确定，时间剖面或振幅剖面特征明显，容易分析解释。但地质条件复杂时，由于地震波传播路径的复杂化，使地震映像时间剖面复杂化，因此有必要了解复杂条件下时间剖面的形成。一般利用射线追踪法模拟地震映像时间剖面。

第二节　地震映像的野外工作方法

地震映像方法的野外工作方法在震源选择、测线设计等方面与其他地震方法相同。特别需要指出的是：

（1）测量方法。在测量过程中，每次激发，在接收点采用单个检波器接收。仪器记录后，激发点和接收点同时向前移动一定的距离（或称为点距），重复上述过程可获得测线上的一条或多条地震映像时间剖面。

（2）记录点的位置。这种装置的记录点位于激发和接收距离的中点，反映中点两侧射线传播范围内地下的岩层、岩性的变化。

（3）最佳偏移距。在地震映像数据采集中，最佳偏移距已不仅局限于纵波反射，而是扩展为对全波列而言。为了获得具有高信噪比和分辨率的地震映像记录，需要做试验剖面，进行干扰波调查，分析各种波的传播规律，确定能够最好地反映探测目标的有效波，以及该有效波在时间域和空间域的最佳时空段。在最佳偏移距处有效波在空间距离和时间上与其他干扰波分离，信号清晰。

第三节　地震映像方法的应用

一、人工洞穴的探测

兰州某机场地基为致密黄土，场地下有人工开采的砂洞、砂巷，这是机场扩建中重要的地质隐患。土洞的边缘处介质密度是突然变化的，存在较大的波阻抗差异。在固定的偏移距上会接收到来自震源的直达波、面波和来自土洞角点处的绕射波，洞顶和洞底的反射波。有空洞存在时，地震记录上最明显的特征就是被洞边缘影响而改变传播路径的面波和绕射波。在机场基础勘查中，探测到大量的土洞。图 7-5 为其中一条测线的地震映像振幅灰度图，由图可看到明显的空洞异常。经验证土洞高 3m，宽 7m，长 8m。

二、岩石中溶洞的探测

岩石中的岩溶通道或地下水的运移空间有时是破碎带，有时是较完整的石灰岩中的岩洞，在有溶洞存在的地质断面上探测时，所接收到的地震映像波形如图 7-6 所示。其中当激发-接收点距离岩洞较远时，仅接收到直达波，而靠近岩洞时则可能接收到反射波和绕射波，以及在洞中产生的多次反射波。

根据地质特征的分析，用地震映像法探测溶洞，可得到明显的异常，但各种技术参数的选择会影响探测效果。

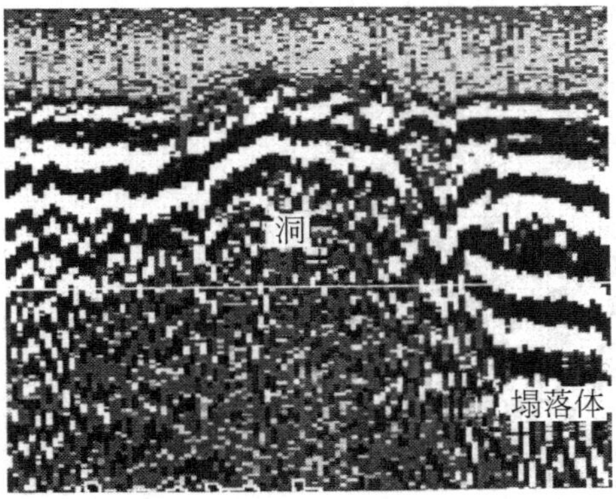

图 7-5　人工土洞上的地震映像图

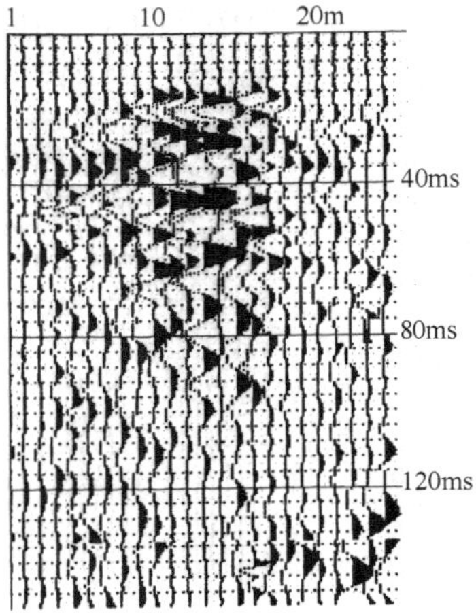

图 7-6　溶洞上的地震映像波形

三、岩溶塌陷的探测

岩溶塌陷是岩溶地区地下水作用形成的。隐伏的岩溶塌陷（或土洞）或已经塌落的岩溶塌陷处土质松散，在岩溶天窗处特别明显，寻找隐伏的岩溶天窗是在岩溶地区房屋建筑基础和路基探测中较为重要的任务。在地震映像波形图上，岩溶天窗处的波形有特殊的特征：折射波或反射波能量减小，波形不容易识别。面波能量突然增加，振幅增大，波形变宽。在岩溶天窗处还可能出现岩溶天窗边缘产生的绕射波。

图 7-7 为桂林市中心广场岩溶塌陷上的地震映像波形，面波同相轴较形象地反映了塌陷的位置。测量工作在开挖后深 7m 的基坑中进行，此时表层为砂卵石层，基岩为易溶灰岩。岩溶塌陷的地震映像异常主要特征为：塌陷处各种波速度降低，面波振幅突然增大，形成明显下凹的同相轴。

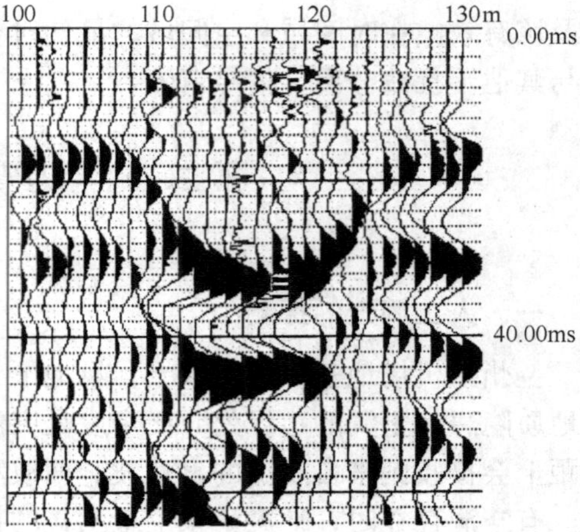

图 7-7　岩溶塌陷上的地震映像波形

四、基岩面起伏的探测

1. *利用反射波探测基岩起伏*

图 7-8 为广西某大楼的地震映像波形图。总体看来，左侧基岩面浅，右侧深，在局部面波同相轴起伏较大。右侧为基岩凹陷。反射波（第二个波至）准确地反映出基岩深度的变化。在测线左侧边缘，基岩深度为 10m，基岩凹陷处深度（面波同相轴下凹中心）约为 16m。

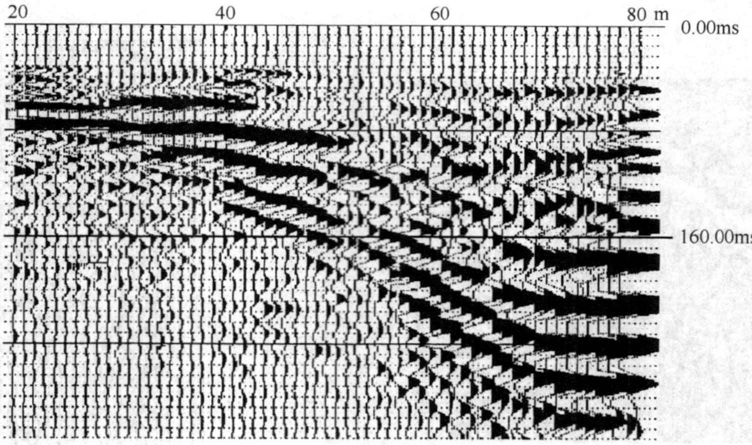

图 7-8　某办公楼地震映像波形

2. *利用折射波法探测基岩起伏*

图 7-9 为云南废弃物堆积场选址工作地震试验剖面（道间距为 1m），场地覆盖层为第四系冲积层，基岩为砂岩。基岩深度为 3 ~ 10m，工作任务为寻找基岩破碎带。从试验剖面可知，折射波的临界距离约为 28m，初至区内折射波为第一个波至，清晰并易于辨认。

因此选取偏移距 32m 进行地震映像法测量。当基岩无破碎时，折射波波形相似，同相轴连续性好。图 7-10 为测区的一段地震映像波形，折射波的波至时间反映出基岩面稍有起伏，但无破碎带存在。

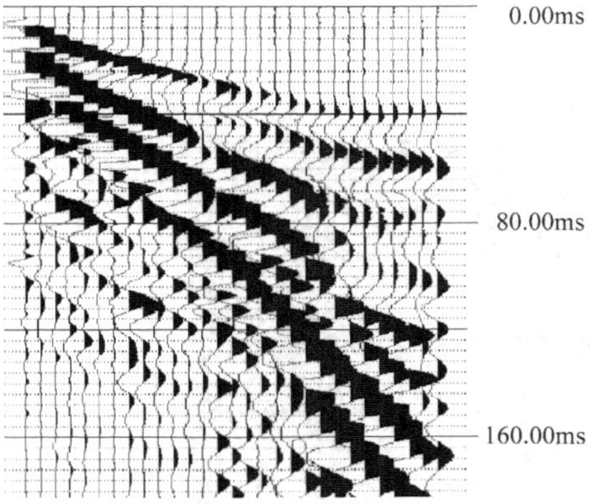

图 7-9　废弃物堆积场震试验剖面

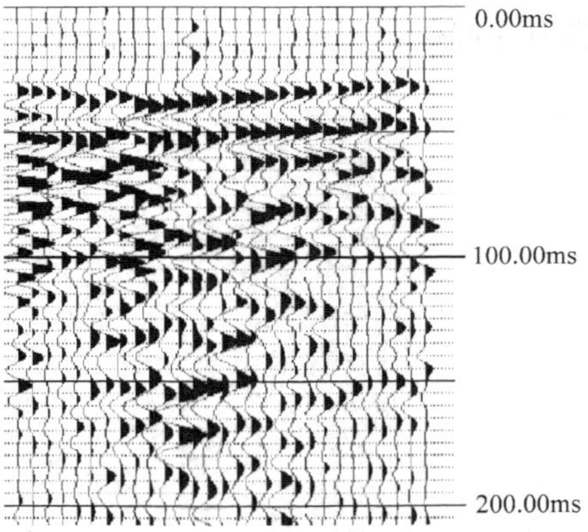

图 7-10　废弃物堆积场地震映像波形

五、大型混凝土构件的质量检测

高层建筑地下室的地梁、桩承台等许多钢筋混凝土构件,在施工过程中如振动不足或其他原因,则会在构件中形成空洞或蜂窝,或在构件结合部位造成离析,使混凝土构件强度下降。

用地震映像方法进行混凝土构件质量检测的基本原理是：混凝土构件内部如有蜂窝或空洞存在，则介质的密度及弹性波的传播速度也随之变化，形成不均匀异常体，在异常处地震波的传播时间及地震波的波形会发生变化，据此推断混凝土内部的不均匀体的空间位置。

图 7-11 为在混凝土预制板间裂缝上的试验剖面，偏移距 0. 6m，点距 0. 1m，在地震映像波形图上对应裂缝位置的 6 ~ 10 记录道上直达波明显延迟。

地梁中有不均匀体存在的情况如图 7-12 所示，从图中可以看到不均匀体处波至时间、波形宽度和振幅的明显变化。

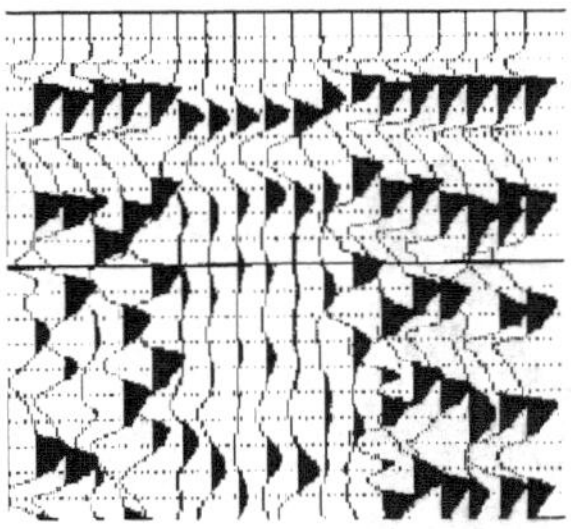

图 7-11　混凝土裂缝上的波形记录

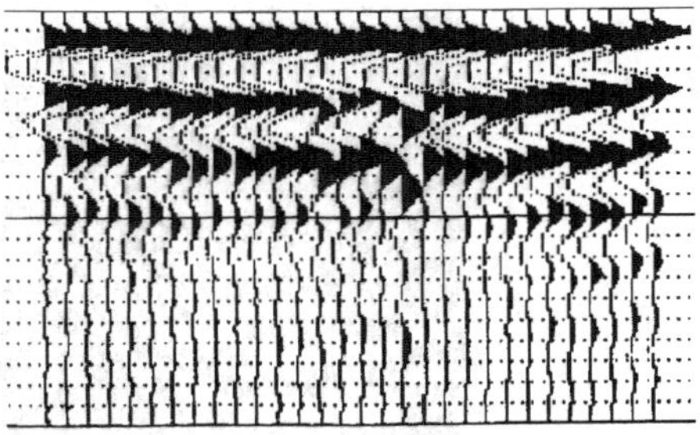

图 7-12　地梁中存在局部异常体的波形

六、水上探测

地震映像方法可用于水上探测。由于水为均匀介质，且不传播横波，水上地震映像往往可以取得较好的效果，可以快速、准确地探测水深及水底岩层的地质情况。水上地震映像需要采用特定的机械震源，约每秒激发一次，用悬挂在水面的压力检波器接收。

图 7-13 为福建平潭海峡大桥选址探测中一条测线的地震映像波形，从图上不仅可以看到海底起伏，还可以看出海底的岩性变化。

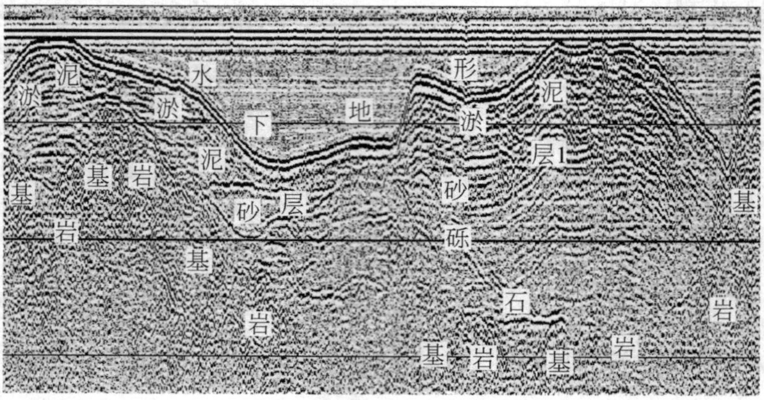

图 7-13　福建平潭海峡大桥某测线地震映像波形

七、断层的探测

断层或岩性接触带存在时，在断层的棱角点或岩性突变点产生绕射波，由于在地震映像波形图上的反射波同相轴基本为直线，绕射波产生的双曲线型同相轴，在波形记录上非常明显，尤其是浅部的局部地质体，如防空洞、隐伏的旧房屋基础以及前面讨论的人工土洞的边缘，混凝土管道等等。

图 7-14 为南宁某工地断层上的地震映像记录。在图上可以看到双曲线型同相轴，双曲线的顶点为断层在剖面上的端点位置。在断层两侧，地震波的波形特征有明显的差异，

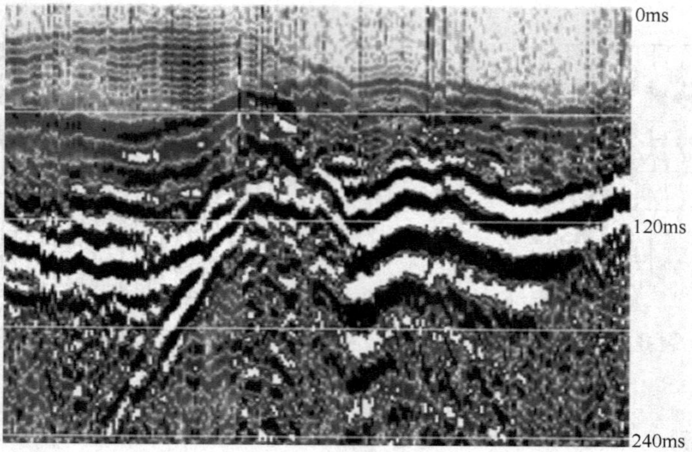

图 7-14　断层附近的地震映像彩色振幅记录

左侧的波组较多，为地层中多个泥岩薄层和煤层的反映，右侧为较厚的砂岩地层的反映。图 7-14 的工作参数为偏移距 16m，点距 0.5m，采样间隔 0.2ms。

综上所述，在地震映像方法中有多种有效波可供使用，所以又称为多波列地震勘探。折射波探测深度较小，且需要下伏高速层的条件；反射波勘探可以达到较大的深度，适应大多数勘探目的的要求；面波群在介质的波阻抗变化时会发生波的分解、合并以及波形的变化，有利于探测浅部覆盖层中的横向介质变化。在地震映像剖面中绕射波有不同于其他波的双曲线特征，对局部地质体反应灵敏。

地震映像方法的关键是根据干扰波调查剖面确定最佳偏移距，必要时在一个工地上，需要在具有不同地质条件的地方做多个试验剖面。

第四节　地震映像资料的时频分析方法

时间域和频率域信息结合的分析方法称为时频分析。

地震映像方法由于激发和接收的条件保持不变，如果地质条件不变，折射波、反射波和面波等的同相轴在地震时间记录剖面上均为直线，时间剖面波形直观，易于对比分析。但只利用了地震信号中的时间域信息，地震记录中还包含了各种地震波的频谱信息。如果能够同时利用时间域和频率域的信息，可以获得更多分析解释参数，使地震映像这种常用的浅层地震方法获得更好的地质效果。

地震映像资料的时频域解释分析方法能综合考虑时间分辨率和频率分辨率，改善了时间域和频率域分析方法的缺点和不足。时频域中的主频等值线图，浅显直观、异常区域的划分清晰，短时傅里叶变换处理简单易行。在实际工程资料处理中，可以结合正演模拟计算，使时频分析的结果更为准确。

一、地震映像数据频率域解释的基本原理

地震波的频谱中包含着关于地层、岩性或构造方面的信息，地质条件的改变同样对地震波的频谱产生影响。地震映像法采用相同的偏移距采集数据，如果岩性、介质密度、构造等地质条件不变，地震波的频谱特征不会改变，反之，频谱特征的变化，必然是有某种地质因素发生了改变。地震波在传播过程中，其频谱成分的变化与地震波的吸收衰减、介质的性质及地层结构等因素有关。

二、时频分析方法和图示

时频分析方法将地震波的频谱与地震波的到达时间联系在一起，分析不同性质的地震波频率沿水平方向或垂直方向的变化规律。

时频分析是以一定的时窗和步长进行傅里叶变换，所以每一个时窗的时频分析只是该时窗内的小段地层的总体反映，此时的傅里叶变换振幅谱的极值频率可近似看作该小段地层的主频率值，连同幅值大小共同反映这一小段地层的结构信息。若对一个地震道进行连续分析可以得到这一道记录中的各种波的主频信息，并得到对应的地层从浅到深的结构、构造、厚度变化规律；而把多个测点的地震映像资料的时频分析结果横向连接起来，对同一窗口（时、深相同）资料的分析则可以进行横向的资料解释。

时窗的长度，根据地震波的主频确定，一般大于地震波的一个周期。在时窗宽度的选择上，可以采用固定长度的时窗或变长度时窗。

对时间域的地震记录加上一个窗函数，提取一定长度的波形图进行短时傅里叶变换，并提取主频，按一定的时间步长计算各时窗中心时间的主频。根据不同测点的计算结果，以地震道为横坐标（*x* 轴），以时窗中心时间为纵坐标（*y* 轴），绘制出时频域（时间-主频）主频等值线图。图上可以直观的表现出异常频谱沿测线方向和沿时间（深度）的分布范围，而根据异常体的时间特征和频率特征推断出异常体的位置，并判断异常体的性质。

三、地震映像资料时频分析方法的应用

1. 利用有效波频谱划分和薄层分布范围

薄层是指地层厚度小于地震波波长的岩层。在地震波的传播过程中，由于薄层的滤波作用，地震波的主频变高；在厚度大的岩层中，地震波由于吸收的作用自然衰减，地震波的主频会逐渐降低。利用这个特点，可以根据地震波频率的变化判断地下的岩性、推测地层结构并划分薄层分布范围。

图 7-15*a* 是某地基勘察获得的地震映像记录，地下的地层依次为第四系人工填土、坡积粉质黏土、冲积圆砾、第三系砂岩、粉砂质泥岩、煤互层。各岩层厚度约 3 ~ 5m，各岩层相变明显，层面基本呈水平分布。在地震映像记录的 20 ~ 60ms 的范围内，为各岩层的反射波。时频分析的时窗中心时间从 16ms 开始，时窗的宽度为 16ms，步长 8ms。分析结果如图 7-15*b* 所示，图中等值线表示了各时窗的主频分布情况。从图上可以看到各波组的主频基本在 80Hz 以上。对分析的频谱数据进行的统计表明，在 16 ~ 64ms 时间段内的各反射波主频平均值为 101Hz，最小 39Hz，最大 166Hz，标准差为 24Hz。

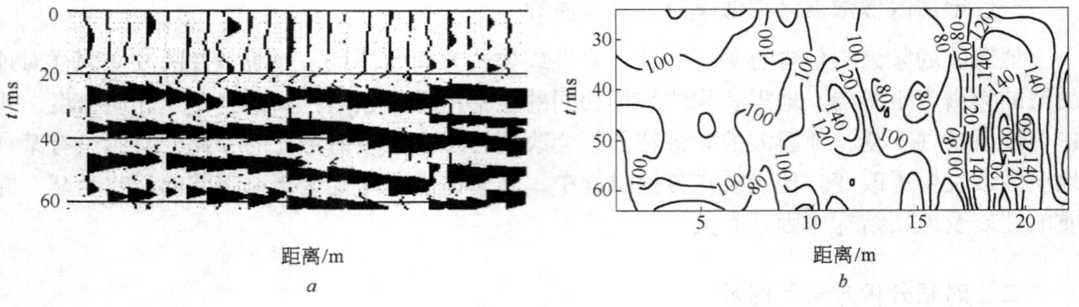

图 7-15　薄层上的波形记录及频谱

a—波形；*b*—频谱

在同一测区断层另一侧厚层砂岩地层上的地震记录如图 7-16*a* 所示，在这个记录中砂岩层中的也有夹层存在，但层数明显较少。图 7-16*b* 是频谱分析结果。时窗的中心时间从 22ms 开始，时窗的宽度为 22ms，步长 11ms。从图上可以看到各波组的主频基本在 50Hz 以上。对分析的频谱数据进行的统计表明，在 22 ~ 99ms 时间段内的各反射波主频平均值为 67Hz，最小 19Hz，最大 151Hz，标准差为 23Hz。

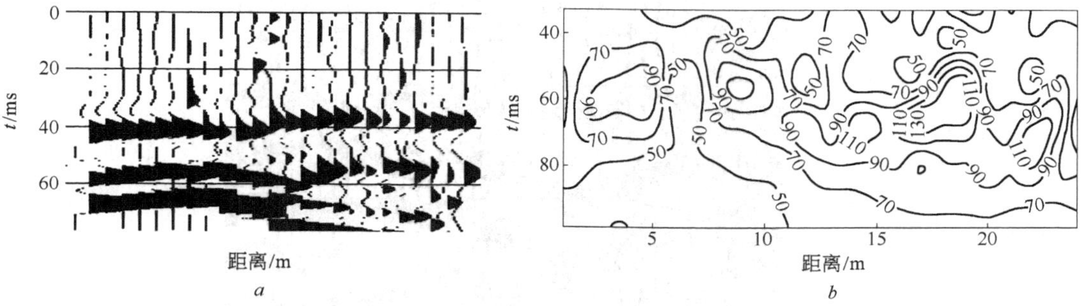

图 7-16　厚层上的波形记录及频谱

a—波形；b—频谱

对比图 7-16a 和图 7-16b 的频谱分析结果，可知两种不同岩性的地层和地层结构的地震波频谱有显著的区别。薄层泥岩夹煤层的反射波与厚层砂岩层反射波频谱有显著差异，薄层泥岩的反射波主频明显偏高约为 75～125Hz，厚层砂岩的主频约为 44～90Hz。利用这一信息在地表覆盖层相同的情况下判断薄层泥岩夹煤层的分布范围。

2. 利用地震波频谱特征判断介质密度的变化

隐伏岩溶塌陷处，由于地下水的作用土层逐渐疏松，严重时形成土洞。利用地震共偏移距法可以根据折射波、面波同相轴的变化圈定可能生成岩溶塌陷的位置。但是无法根据地震时间剖面的波形异常判断土层的疏松程度及是否已经形成了土洞。土洞形成受地下水位变化、岩溶通道的大小、土层的性质等因素的影响，在同一测区、地质条件相同的范围内，土洞的形成也不可能是同步的。土洞在形成的过程中，由于地下水的作用松散程度逐渐增加，介质密度逐渐减小。在数米范围内泊松比增大，松散土层的吸收作用增强，因此形成土洞后，土层泊松比和吸收系数大于正常的及刚开始疏松的土层。在相同的接收距离内，高频成分损失大于正常情况，地震波的主频降低。

图 7-17a 是岩溶塌陷调查的地震映像时间剖面，图 7-17b 是时频分析等值线，其中测线的 5m、12m、20m 处主频低于 35Hz，经验证为这些地方存在直径为 1m 以上的土洞。

根据岩溶塌陷调查的实例可知，地震映像法可以较好地反映浅部地下介质沿剖面方向的地质情况变化，时间域和频率域资料的结合解释，可以得到更多的信息。在此例中，低频异常反映的地质信息为：（1）在断裂破碎带、岩溶通道处会出现低频异常；（2）由岩溶作用形成和即将形成的土洞处也会出现低频异常。（3）同时存在折射波和面波主频异常，且主频低至 35Hz，近期可能产生岩溶塌陷。

3. 利用地震波频谱特征划分混凝土构件的缺陷

地震映像法可以检测混凝土构件的质量，但缺陷的几何尺度较小，对地震波的传播时间影响很小，不能准确的判断缺陷是否存在。尤其是在混凝土构件表面不平或构件形状不规则时，在时间域波形图上会出现绕射波、侧面反射波等，干扰缺陷的判断。构件的缺陷（如空洞、蜂窝等）一般为混凝土局部波速降低、密度突变，导致地震波高频损失。利用时频分析对缺陷处和完整构件频谱特征的对比，可以为确定缺陷是否存在提供依据。

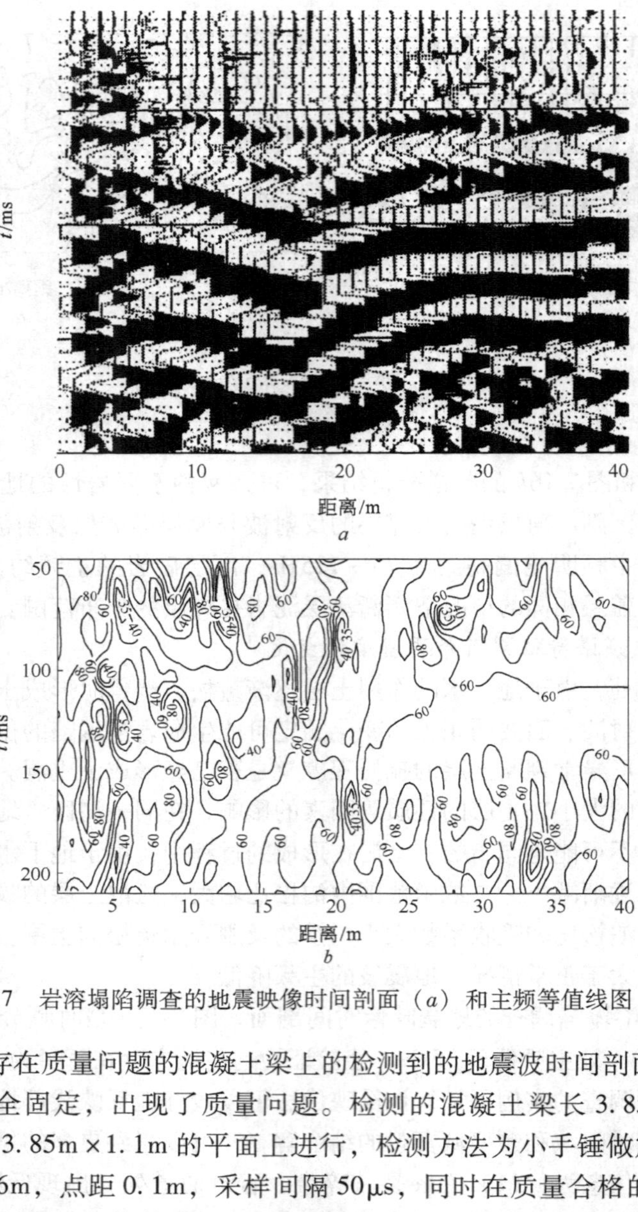

图 7-17　岩溶塌陷调查的地震映像时间剖面（a）和主频等值线图（b）

图 7-18a 是在存在质量问题的混凝土梁上的检测到的地震波时间剖面，混凝土梁在保养期间模板没有完全固定，出现了质量问题。检测的混凝土梁长 3.85m、宽 0.3m、高 1.1m。检测工作在 3.85m×1.1m 的平面上进行，检测方法为小手锤做震源，100Hz 检波器接收，偏移距 0.6m，点距 0.1m，采样间隔 50μs，同时在质量合格的构件上进行了对比检验。质量合格的混凝土构件检测的时间剖面整齐，时频分析的主频为 640Hz 以上。而在存在质量问题的检测时间剖面上，直达波的波至时间和振幅都出现明显的滞后和衰减，反射波波形出现明显的异常。

图 7-18b 是时频分析结果，从图上可以清楚看到低频异常出现的空间和时间范围。500Hz 以下的低频异常分布在测点 10、15、17～20、23、26～30 的不同时间段上，局部测点的地震波主频甚至降低至 100Hz，这说明混凝土已经严重松散。经检查这些部位的混凝土出现严重的疏松情况，需要返工重建。

从图 7-18a 和图 7-18b 可以看出，在时间域信号中，波形杂乱，仅能判断混凝土梁不均匀，但时间差异并不明显。在频率域上可以看到明显的与空间和时间有关的低频异常区，频

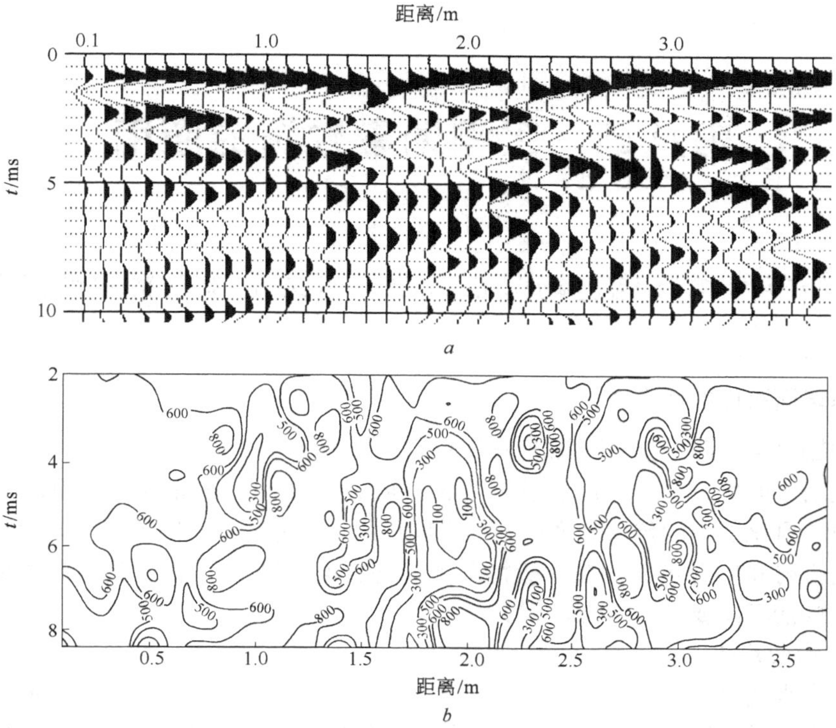

图 7-18　混凝土构件存在质量问题波形和频谱

a—波形；*b*—频谱

率降低的程度说明了混凝土梁的质量的变化。与时间域推断的结果相比较，异常区域不仅直观，而且分辨率明显提高，从时频分析图上可以得到更多的与混凝土质量有关的信息。

当构件表面凸凹不平时，时间域数据的直达波到达时间参差不齐，无法利用直达波在时间域进行分析。而应用时频分析方法，完全可以消除这种因凸凹不平的表面而造成的影响。图 7-19*a* 为直达波波至时间差异较大的时间域记录，其时频分析的结果如图7-19*b*所示，从图上可以看出，混凝土构件表面不平整，无法根据直达波波至时间判断混凝土质量，而时频分析的结果表明，构件质量合格。

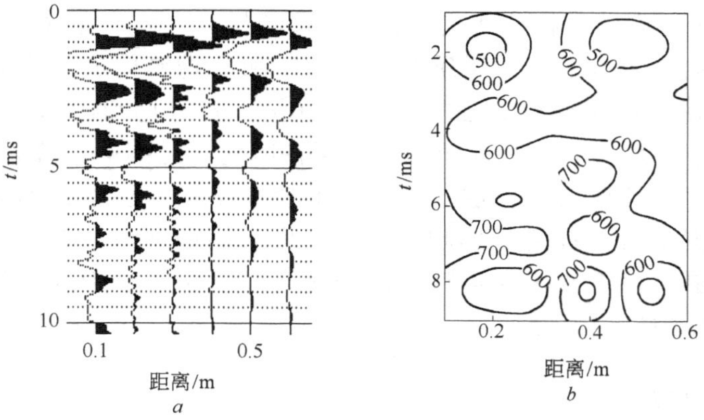

图 7-19　表面不平整构件上的波形（*a*）和频谱（*b*）

第八章　工程地震勘探的应用

第一节　工程地震勘探在工程、水文地质勘察中的应用

一、基岩面深度的确定

在工程勘察中，确定基岩面深度是最常见的勘探目的。

在地表附近的岩、土层，由于长期受到风吹、日晒、雨淋等风化作用，变得比较疏松，地震波在风化层中的传播速度比下部未风化的岩石低得多。因此，基岩面是一个速度差异较大的折射和反射界面，在一般情况下，基岩面深度可以采用折射波法或反射波获得。但有一些情况需要加以考虑。

1. 潜水面的影响

低速层含水使纵波速度发生较大的变化，因此低速层中的潜水面也是纵波速度差异较大的地震界面，是稳定的纵波折射和反射界面。如果基岩的纵波速度与含水层速度差异不大，则不利于用折射纵波探测基岩界面。但岩层含水并不影响地下水位以下分界面上的横波速度的差异，因此地下水位以下的那些界面能够用横波追踪。由于横波震源的能量限制，横波折射或反射法的勘探深度较小。

2. 冻土层的影响

岩层的冻结对地震波的速度有较大的影响。冻结的砂砾冲积层或碎屑层具有接近于坚硬岩石的速度。因此，无论是冻结的松散沉积层中的岩相界面，还是冻结的冲积盖层的顶面，都可能是速度差异很小的界面。岩层的冻结，可以缩小甚至消除覆盖层与基岩间的纵波和横波的速度差异。

3. 速度随深度逐渐增大的岩层

在各种地层中，有一种特殊情况，就是所谓的梯度介质，在这种介质中，速度很平稳地随深度增加。在原生土、泥质板岩、片岩和砂岩等构成的岩层中可观测到这种情况。尤其是在存在全风化、强风化、中风化、弱风化和微风化岩层的情况下，全风化层与上覆地层地震波速度差异很小，而各风化层之间的速度也是逐渐变化的，形成了速度随深度逐渐增大的岩层。在这样的速度结构地层上，不论是用折射波法还是反射波法探测基岩面都受到影响。此时，可采用面波法，对比钻孔资料，获得不同风化程度岩层的地震波速度资料，根据面波或横波速度确定工程建设中需要寻找的某种风化程度的岩层深度。

二、潜水面的确定

在为建筑、给水和改良土壤而进行的工程地质勘探和水文地质调查中，确定潜水面的

问题具有重要的意义。在未胶结的松散土层（沙、亚沙、细砾-卵石、碎屑沉积及其混合物）含水的情况下，用地震折射波法可相当简便而可靠地解决这个问题。与钻探相比，地震方法能够在地震勘探剖面上全程连续追索潜水面。

在松散沉积层中，决定能否用地震方法划分出潜水面的主要物理条件是，在水未饱和的土层与水饱和的土层之间是否存在着速度差异，这种差异能否被观测出来。

在大多数松散的未胶结土层和碎屑土中，潜水面上下的纵波传播速度差异极为明显，而且速度的变化是阶跃式的，因此，这一界面上产生的强折射波具有独特的运动学特征和动力学特征，根据这些特征能可靠地将它与其他速度相近的波区别开来。

折射波的强度以及它的追踪条件与含水层的类型有关，黏土含量越高，波的强度就越弱，反映的清晰度也就越差。试验表明，无法用地震观测区分透水性差的饱水土层与不饱水土层。这主要是因为，在潜水面之上的亚黏土岩中存在毛细管壁，地下水沿毛细管壁上升，致使潜水面上一定深度范围内都是水饱和的，而且，含水量沿深度的变化是渐变的，没有速度突变面。因此，不能形成强的折射波。

利用地震方法确定坚硬和半坚硬岩层中潜水面位置的可能性，是一个值得探讨的问题。其关键困难在于纵波在潜水面以上和潜水面以下的岩层中速度差异小（与裂隙度，即相当于松散土层中的孔隙度的值很小有关）。

三、滑坡研究

滑坡是一种灾害型地质问题，滑坡调查属于研究山坡地质结构和稳定性问题。地震勘探对解决滑坡问题有很大帮助：如确定滑坡体和倾斜风化带及卸载区的结构和厚度；测定滑坡体和未产生滑移岩层的物理性质及力学性质指标，以便进一步用它们来计算稳定性；确定滑坡面上岩石应力状态的一般指标，分析岩石应力随时间的变化。

1. 滑坡体总厚度及结构的研究

滑坡范围内的地震地质条件是很复杂的，且集中反映在滑坡物质的不均匀性及其松散性上。在滑坡体上的速度剖面变化剧烈，分界面不稳定，地震波在短距离内急剧变化。一般来说，在整个滑坡范围内，构成滑坡体的物质速度很低，在 200 ~ 600m/s 的范围内变化，滑坡体的厚度也极不均匀。

滑坡结构的特征是速度随深度的增大而增大，但在特定的层位上有时也存在低速层（滑坡面可能在低速层内），滑坡体的底部速度逐渐增大。速度变化的原因，一般是由于松散物质在自重作用下逐步压实所致。通常，滑坡体和滑床间的速度呈阶跃式变化。

滑坡体的另一个特点是在水平方向上速度既可以平稳变化，也可以阶跃式变化。这种速度变化可能取决于滑坡物质内粗碎屑粒级与亚黏土粒级比例的变化，也可能与滑坡滑移推力的不均匀性有关。

滑坡体在水平方向上的速度不均匀，可由布设的滑坡体表面的多个地震剖面测出。表 8-1 列出决定滑坡地段能否进行地震勘探的因素，可供滑坡探测时参考。

表 8-1 决定滑坡地段能否进行地震勘探的因素

有利于进行地震勘探的因素	不利于进行地震勘探的因素
滑动与未滑动岩体内的波速不同	地形复杂
滑坡面在低速层内	滑坡的范围太小
能够在山坡上进行观测	破碎岩层中弹性振动能衰减很大
滑坡体深度在勘探深度限度内	滑坡体内速度不均匀
	岩层内有速度与滑坡体相近的风化带

在滑坡体和滑床间存在明显速度差异的情况下，最佳观测方法是折射波法。由于简单时距曲线观测系统不能用来辨别水平分界面和垂直分界面，以及有无倾斜分界面和弯曲分界面，所以必须采用双重时距曲线观测系统。激发点间的距离，可根据滑坡的厚度及其速度组成的不均匀性来选定。激发点的最小距离可以为 10m，而最大距离定为 50 ~ 100m（在较厚的滑坡上）。最大检波距应根据震源的强度、滑坡的厚度和大小（即滑坡表面比较平坦地段的延伸长度）确定。

如果剖面中有若干个分界面，且层状结构与梯度结构相互交织，则对每一个界面将不能测出完整的时距曲线。因此，一般应尽量测得最深界面或滑坡底面的完整时距曲线。

在确定滑坡体总厚度时，如果厚度大于 15 ~ 20m，则滑坡体下部的松散物质在自重作用下压实，速度值可达到 1000m/s 左右或者更高。部分滑坡体可能形成多层结构，或横向速度变化很大。这种情况下，地震资料解释起来就可能很困难，要正确确定滑坡的厚度，需要钻孔资料辅助。

在滑坡面与低速层有关时，可以采用面波法进行探测。在低速薄层存在时频散曲线会出现明显的“之”字形特征，反映出地层的异常信息。

2. 滑坡稳定性的评价问题

在具有滑动趋势的滑坡区内，必定会产生不均匀的应力状态，沿滑坡轴方向以张应力占优势。同时，在地面形成了一些潜伏的小裂隙。这些裂隙的方向垂直于滑坡轴方向，即与张力方向垂直。从地震勘探的观点看，这种不均匀的应力状态具体反映在速度的各向异性上。垂直于滑坡轴向观测，速度值就大；顺滑坡轴方向观测，速度值就小。

在山坡地区，存在着某一优势方向的裂隙，这正是陡坡附近岩石不均匀应力状态作用的结果。环形图沿山坡等高线方向有较大的拉伸，根据环形速度图特征点的空间位置变化，可得出有关应力的分布情况。

速度各向异性问题，可用环形地震探测和面波法来解决。利用环形地震探测除了可解决有无速度各向异性问题外，还可以对各向异性随深度的变化进行估算。

四、岩溶塌陷调查

岩溶塌陷是喀斯特地区常见的地质灾害之一。塌陷的发生对民用和工业建筑的稳定和人民的安全造成威胁。

1. 岩溶塌陷的水文、地质特征

岩溶塌陷的孕育、发展和发生一般应具备以下 3 个水文地质条件：（1）基岩为易溶蚀岩石，一般为不含碳质的灰岩；（2）基岩中有地下水的运移通道，且地下水位较浅

（高于基岩面），并经常发生变化；（3）覆盖层渗透性较好。

岩溶塌陷的发育一般要经历如下4个阶段：（1）基岩中的地下水运移通道周围的岩石逐渐溶蚀，形成岩溶天窗，使覆盖层中的地下水与基岩中的地下水运移通道相连；（2）基岩上覆土层的物质颗粒在地下水涨落的过程中被浸泡并带走，上覆土体逐渐疏松；（3）岩溶天窗上方地下水对土层的进一步侵蚀，疏松土体向上、向外发展，体积不断扩大，形成土洞；（4）随着疏松土体、土洞继续发展土洞顶板逐渐变薄，在适当的外界因素作用下（如受外界振动作用）最终失稳垮落，产生地面塌陷。

2. 岩溶塌陷的地质和地球物理模型

通过上述对岩溶塌陷的发展过程分析，可以看出其中的第1个阶段为塌陷发生的预备期，第2、3个阶段为塌陷的隐伏阶段，第4个阶段岩溶塌陷已发生，在地面形成塌坑。由此可建立隐伏岩溶塌陷地质模型，它主要由基岩中的裂隙（破碎带）、疏松土体和土洞构成。

由于地下水带走靠近岩溶天窗上部的覆盖层，岩溶天窗附近为疏松土体，其横波、面波速度较低。地下水的存在时，纵波和横波的速度变化是不同的，在低速层中，土层含水后纵波速度升高，横波、面波速度不变，横波速度随泊松比增大而降低。在不含地下水的情况下，岩溶塌陷发生后，土壤结构松散，纵波、横波和面波速度都会降低，由于泊松比增大，纵横波速度比增大，面波速度更接近横波速度。因此，利用面波或横波的速度变化可以探测到岩溶塌陷的位置、影响范围。

3. 调查岩溶塌陷的方法

调查岩溶塌陷一般可采用地震映像和面波法。

（1）面波法。从地震波速分析可知，岩溶塌陷处疏松土体的面波速度有明显降低，用面波法可以较准确地了解疏松土体或土洞的深度，并大致圈定其平面分布范围，其深度定位精度约为1～2m。在进行岩溶塌陷探测工作中，利用面波测量获得的频散曲线可推断疏松土体和土洞的深度及其分布范围。疏松土体和土洞上方的面波频散曲线有明显的低速地质体特征。测量参数的选择会直接影响探测效果，偏移距和道间距的设计应根据预计的土洞大小及埋藏深度确定。

（2）地震映像。地震映像法采用固定偏移距测量，在地震记录波形图上观测反射波、折射波、绕射波和面波的波形和同相轴的变化，可确定疏松土体的位置、隐伏的土洞，并获得基岩起伏、岩溶天窗的信息。疏松土体和土洞的异常特征是下凹的面波同相轴。在岩溶天窗和凸出地质体处，则出现较清晰的绕射波同相轴，其平面定位精度可达1～2m。

五、隐伏断裂构造的探测

在工程地质勘察中，确定隐伏断层或断裂破碎带等构造是勘查的重要目的。按断层和断裂破碎带的岩性特征有几种不同的情况，探测的方法也不相同。

（1）断层上下盘的岩性相同，岩层面深度不同，断层面较陡，有明显的断层端点。参考图4-10或图5-7。在这种情况下，一般可以采用反射波法探测，断层的上升盘沉积地层少，地震时间剖面上反射波同相轴少；而在下降盘沉积了较厚较全的地层，因此在时间剖面上反射波同相轴多，如图7-14所示。在界面较浅时，可以用折射波法进行探测。在断层的端点处，会产生明显的绕射波，可以成为识别标志。

（2）断层上下盘的岩性相同，岩层面深度不同，断层面较缓，没有明显的断层端点。在这种情况下，一般采用反射波法探测，除接收到上下盘的反射波外，还可能接收到断面波。

（3）断裂破碎带两侧的岩性相同，中间有一定宽度的相同岩性的破碎带。破碎带中含有水、泥等。在这种情况下，可采用反射波法或折射波法探测，在断裂破碎带范围内地震波出现明显的振幅衰减和波形变化，用折射波法探测时，折射界面的速度降低。

第二节　地震波速度测定及其应用

一般地震勘探中利用的是纵波和面波，对横波的利用比较少，这是因为需要特殊的震源激发横波。另外横波是续至波，接收和识别的方法技术比较复杂。在工程勘查中，经常利用纵波、横波速度计算岩、土的弹性参数、评价岩体的稳定性、基底结构的振动特性等。因此，测定横波速度是工程勘查工作的一个重要部分。

一、测定弹性参数的基本原理

1. 地震波速度与弹性参数的关系

根据弹性理论得出纵波 v_P、横波速度 v_S 与各弹性参数间的关系为：

$$v_P=\sqrt{\frac{\lambda+2G}{\rho}}=\sqrt{\frac{E}{\rho}\frac{1-\mu}{(1+\mu)(1-2\mu)}}$$

$$v_S=\sqrt{\frac{G}{\rho}}=\sqrt{\frac{E}{2\rho(1+\mu)}}$$

由 v_P 和 v_S 的表达式，可以得到 v_P 和 v_S 与杨氏模量 E_m 和剪切模量 G_m 的关系，根据纵波速度 v_P 公式可得：

$$E_m=v_P^2\rho\frac{(1+\mu)(1-2\mu)}{(1-\mu)}\tag{8-1}$$

$$G_m=v_P^2\rho\frac{(1-2\mu)}{2(1-\mu)}\tag{8-2}$$

根据横波速度 v_S 公式可得：

$$E_m=2v_S^2\rho(1+\mu)\tag{8-3}$$

$$G_m=\rho v_S^2\tag{8-4}$$

根据纵波和横波速度可得：

$$\mu_m=\frac{v_P^2-2v_S^2}{2(v_P^2-v_S^2)}\tag{8-5}$$

式中，E_m 称为动杨氏模量；G_m 称为动剪切模量；μ_m 称为动泊松比。

根据式(8-1)～式(8-5)可知，当已知介质密度时，只要测出纵波和横波的速度就可以计算出弹性参数。

2. 动弹性参数和静弹性参数之间的关系

动弹性参数是在低应变、近似线性的条件下测量的。因此，称为**动弹性参数**。与之对应，还可以在实验室中测弹性参数，测量是在大应变、高压条件进行的，不可避免地会出现非线性情况，特别是对土体和软弱岩石非线性情况更加严重。在这种条件下测出的弹性参数，称为**静弹性参数**。在工程地质勘察中实际评价岩体或基础时，有时除了测定其动弹性参数数据之外，还会测定一部分静弹性参数的数据。由于两者测量条件和方法的不同，所得到的结果亦有一定差别。如果把动弹性参数测量数据推广到静弹性参数上去是不可靠的，甚至会产生错误的结果。如果能够根据动参数计算静参数，则可以快速地获得建筑设计需要的数据。

关于动、静弹性参数之间的定量关系，在国内、外都有不少人做过许多工作，得出过一些经验关系式。

中国科学院地质研究所采用的经验公式是：

$$E_S = 0.25E_m^{1.3}\text{（适合完整的岩石或岩体）}$$

$$E_S = 0.25E_m^{1.7}\text{（适合裂隙发育和破碎岩体）} \tag{8-6}$$

$$E_S = 0.25E_m^{2.0}\text{（适合破碎充水的岩体）}$$

一般来说，经验公式在一定范围内，性质相似的岩体可以借鉴使用。但不宜在大范围内推广。从目前国内、外的资料看，还不可能建立一种不同地区，不同地质情况的通用关系式。在一个新工作的地区，最好通过一定的试验工作，建立一个适合于本区的关系式，以求在定量换算中更符合实际情况。这种经验关系式可以是直线回归方程，也可以是曲线回归方程等，因地区条件不同而异。

表 8-2 中的数据是南方某一坝址的资料，表 8-2 中的 K 是该岩体的波速 $v_{岩}$ 和其完整新鲜岩石的波速 $v_{完}$ 之比值的平方，即 $K = (v_{岩}/v_{完})^2$，称为**完整性系数**，是用来衡量岩体破碎程度的一个参数。

表 8-2　动、静杨氏模量测量数据

点　号	1	2	3	4	5	6	7	8	9
E_m /kPa	158	195	219	239	249	283	557	780	739
E_S /kPa	26	27	57	35	63	65	426	655	725
K	0.51	0.56	0.59	0.59	0.61	0.65	0.87	0.91	0.92

从表 8-2 中的动、静杨氏模量的测试结果看，动杨氏模量随静杨氏模量的增大而增大，两者呈某种非线性关系，如图 8-1 所示。如果对这些数据取以 10 为底的对数，它们基本为线性关系，如图 8-2 所示。

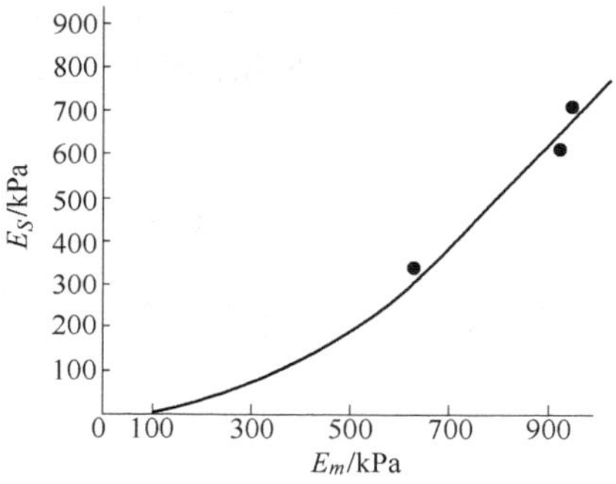

图 8-1　动、静弹模关系曲线

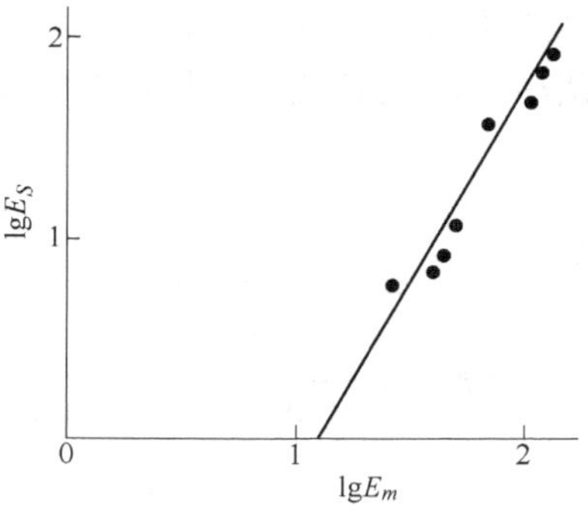

图 8-2　动、静弹模对数关系曲线

这表明 E_m 与 E_S 间的关系近似于幂函数的关系，因为对幂函数

$$y = cx^b \tag{8-7}$$

两边取以 10 为底的对数，则变成

$$\lg y = b\lg x + \lg c \tag{8-8}$$

的线性函数式，这样就可以利用一元线性回归建立关系式。假定所求的经验公式是

$$E_S = cE_m^b \tag{8-9}$$

将其线性化得：

$$\lg E_S = b\lg E_m + \lg c \tag{8-10}$$

并可求得：

$$b = 2.3 \qquad c = 0.00363$$

于是得到该区动、静模量换算的经验公式为

$$E_S = 0.00363E_S^{2.3} \tag{8-11}$$

对于不同地区可以用不同的方法求出相类似的关系式。

二、横波的测量方法及波速测井

关于岩体动弹性参数的测定问题，归结起来主要是测定岩体中纵波和横波速度。对于纵波的激发和测量比较容易，在前面已有较多的讨论。而横波的激发、接收和识别技术比较复杂。

1. 横波的激发

因为横波的振动方向和波的传播方向相垂直，所以激发和接收方向是非常重要的。为了突出横波，必须使检波器的最大灵敏方向和波的传播方向相垂直（也就是和振动方向相一致）。另外，横波在纵波之后到达，在记录中应尽量使纵波和其他干扰波的能量减少，以便于识别横波信号。根据以上所述，横波震源的振动方向须具有明显的方向性，且要有足够的能量。目前在地面露头和钻孔中进行横波观测时，常用的激发方法为敲板法。

用敲击木板激发横波的工作布置如图 8-3*a* 所示，使敲击木板的方向和剖面线相垂直。这种方法激发的横波是 SH 波，检波器的最大灵敏方向要和剖面线垂直以保证横波的接收，如图 8-3*b* 所示。

当增加激振木板上的负荷时，地震波的振幅将随负荷的增加而近似于线性的增大，但负荷增加到一定值之后，横波的振幅就不再增大了。另外激发的效果还和敲击力的大小，

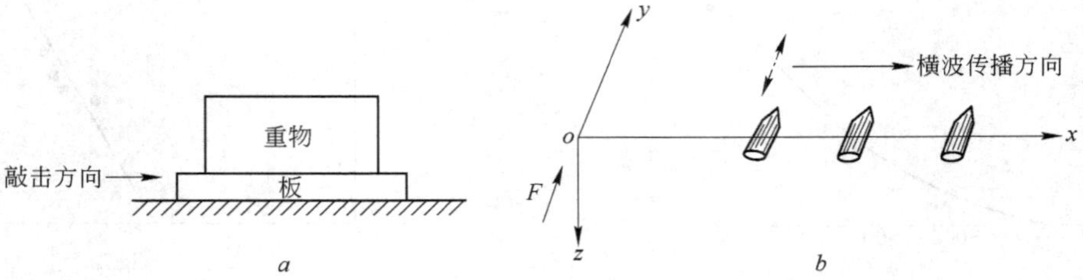

图 8-3　敲板法激发、观测横波示意图

激振木板的面积长度，重荷物与木板及地面间的摩擦系数大小等因素有关。

这种方法的优点是装置简单，工作方便。得到的波形记录也不会太凌乱。但其最大的弱点是激发能量小，传播距离短。除敲板法外，还可以采用弹簧激振法、爆炸式的横波震源以及跨孔锤等激发横波。

2. 纵、横波的接收和识别

A 纵、横波的接收

在表土或露头上进行激发和接收时，如前所述，采用不同的激发方向和接收方向，可以取得纵波和横波的记录。但由于地表条件和地下岩石所处的条件往往差别很大。所测得波速参数不能反映深处岩石的实际情况。目前多采用在钻孔中接收的测量方法，关于钻孔中的测量可分为单孔法和跨孔法两类，单孔法在井中测量需要专门的井下三分量检波器，在这种装置中有3个互相垂直的检波器，分别接收来自不同方向的振动，即可分别接收纵波和横波。其外壳要能承受钻孔深处的压力且密封性能好。在外壳的一侧附有一个可张开和收缩的气囊或卡锁，通过输气管向气囊进行充气或张开卡锁，使检波器能紧贴井壁，如图8-4所示。当排气或收拢卡锁可使接收器在孔内移动。观测横波时，在孔口用敲板法激发横波。测纵波时，在孔口附近垂直向下敲击垫板。当用多个接收器在孔内记录时，接收器间距一般为1～2m。

跨孔法在目的层埋藏较深而地下水位浅时采用。野外测量布置见图8-5。沿观测线布置若干钻孔，钻孔间距不宜太大，在一个孔中激发，在另一个孔中接收，记录直达波的传播时间。这种方法要求所测目的层具有一定的厚度。否则，当下伏层波速较高时，记录的波将不是目的层的直达波。此外，在浅处测量时，特别在无水的情况下，虽然同时接收到纵波和横波。但横波往往不容易辨认出来。而在深处，尤其在地下水面以下，纵波的衰减比较快，这时横波相对地比较明显。跨孔测量是取得地震波速度的较可靠的方法。

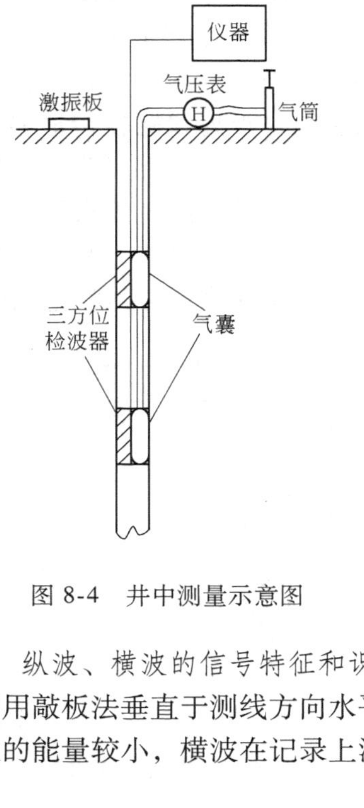

图8-4 井中测量示意图

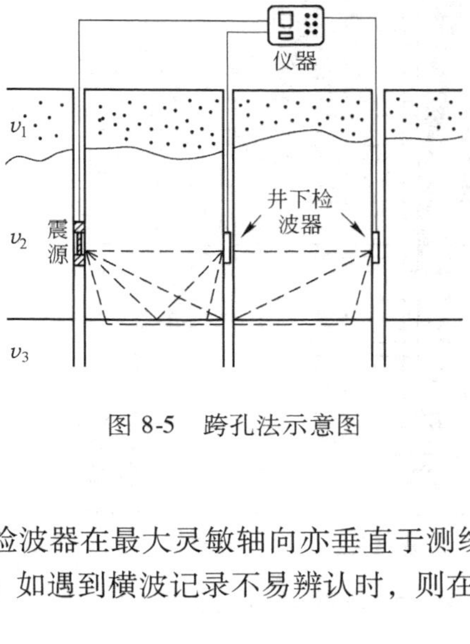

图8-5 跨孔法示意图

B 纵波、横波的信号特征和识别

当用敲板法垂直于测线方向水平敲击时（检波器在最大灵敏轴向亦垂直于测线），这时纵波的能量较小，横波在记录上清晰地出现。如遇到横波记录不易辨认时，则在木板两端进行正、反两次敲击，分别记录纵波和横波。由于两次敲击力的方向不同，横波将呈现相位倒转的现象，而纵波的相位一般是不变的，从而可以将纵波和横波区分开来，如图 8-6 所示。

当有断层、裂隙等不连续介质存在的时候，横波的振幅衰减特别快，如不注意其振幅变化规律，将可能在分析信号上产生错误。

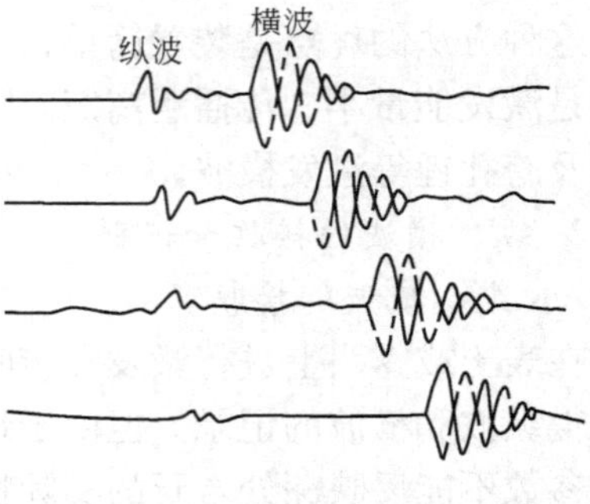

图 8-6　正、反向敲击横波相位倒转示意图
实线—正方向敲击；虚线—反方向敲击

C　单孔法波速测量及资料整理

单孔法波速测量的震源设置在离井口 1～2m 处。敲板震源的木板下应有铁制的尖齿。插入地面，增大摩擦力，木板上压上重物，增大负荷。木板的长轴方向应与以钻孔为圆心的圆相切，并精确测量震源至井口的距离和方位。测量装置见图 8-4。

测量时先将井中三分量检波器（探头）放到井底，以 0.5～1m 的点距，由深到浅逐点测量。检波器定位后给井中检波器的橡皮囊充气，使检波器与井壁紧密耦合。可以轻提井中检波器电缆，判断探头是否与井壁紧密耦合。对于信号增强型仪器可通过增加锤击次数来提高信噪比，在可以分辨信号的条件下，锤击次数越少越好。测完一点后，放掉井中检波器橡皮囊中的气，将井中检波器提升到下一个测点，如此测定全井。

资料处理一般有以下几个步骤：

(1) 整理 P 波和 S 波测井记录。对于 P 波要确认初至并注意追踪各测点的同一相位，对于 S 波要根据两个方向激发波形相位有无反转来进行波的识别，同样要确认各测点的同一相位，读取该相位的传播时间，图 8-7 为单孔法波速测量的纵波和横波记录。

(2) 绘制垂直时距曲线。在井中检波器接收到的纵波或横波是沿射线路径传播的，如图 8-8 所示，设地震波沿 L_1、L_2 路径直线传播，在 Z_1、Z_2 点接收到地震波的初至时间分别为 T_1、T_2。T_1、T_2 并不是沿钻孔壁（即垂直于地层）的传播时间，为了计算平均速度，必须将记录时间换

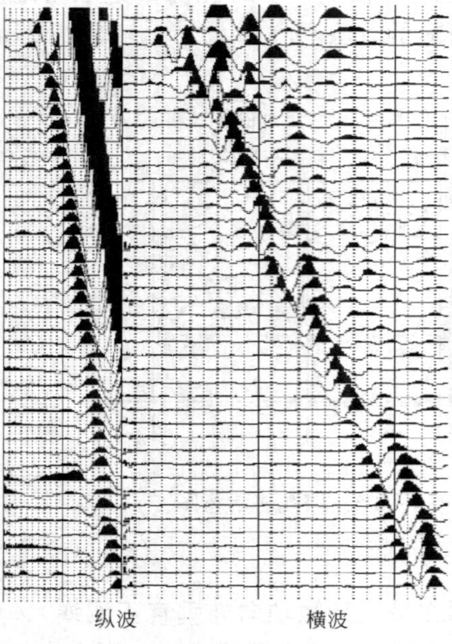

图 8-7　井中纵波和横波记录

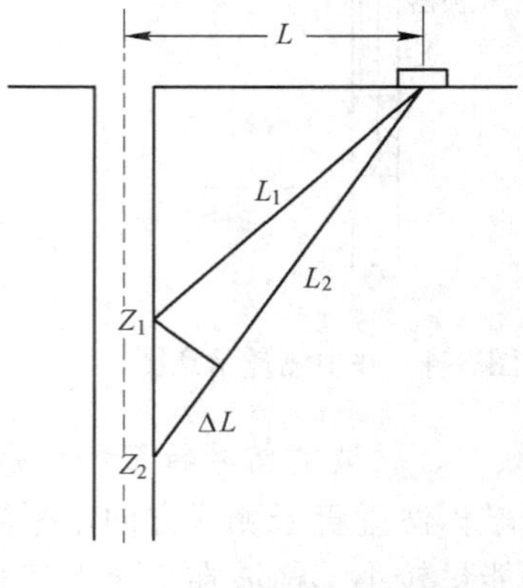

图 8-8　单孔法测井原理示意图

算为垂直入射时间。设 Z_1、Z_2之间的波速为 v，地震波从 Z_1 到 Z_2 的垂直传播时间为 Δt，则 Δt 与在 Z_1、Z_2深度所实测的初至时间 T_1、T_2的关系为

$$v = \frac{Z_2 - Z_1}{\Delta t} = \frac{L_2 - L_1}{T_2 - T_1} \tag{8-12}$$

则

$$\Delta t = \frac{Z_2 - Z_1}{L_2 - L_1}(T_2 - T_1) \tag{8-13}$$

根据式（8-13）可知，沿射线路径 L 传播至深度 Z 的初至时间 T 与沿井壁传播的垂直时间 T_Z 的关系为：

$$T_Z = \frac{Z}{L}T \tag{8-14}$$

其中

$$L = \sqrt{Z^2 + d^2}$$

式中，d 为震源至井口的距离。利用式（8-14）换算纵波或横波的垂直传播时间，并绘制 T_Z-Z 垂直时距曲线，如图 8-9 右下方所示。

（3）计算层速度。当地层分层明显时，垂直时距曲线表现为斜率不同的线性段，每一斜率相同的线性段反映了一种速度的地层，其斜率为这层的层速度，如图 8-9 左下方所示。

$$v_n = \frac{\Delta Z}{\Delta t} \tag{8-15}$$

（4）计算平均速度。地下某一深度 Z_i 的平均速度为：

$$\bar{v} = \frac{Z_i}{t_i} \tag{8-16}$$

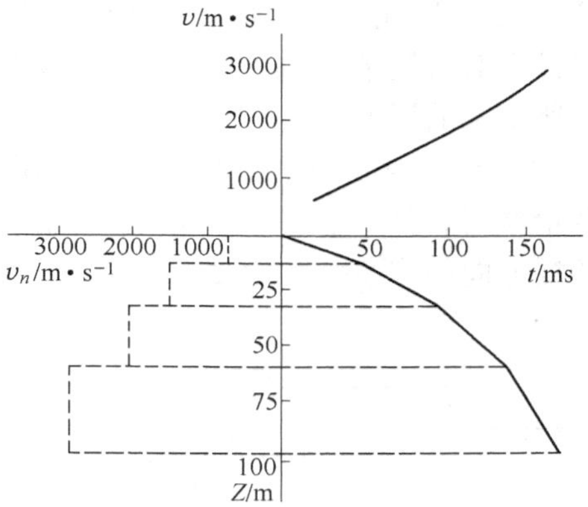

图 8-9　测井综合速度示意图

式中，t_i 为从井口传播至深度 Z_i的总的垂直传播时间。用不同的 t_i和 Z_i可计算出平均速度与地震波传播时间（深度）的关系，如图 8-9 右上方所示。

三、介质内部波速的观测方法

1. 坑道纵剖面法

在坑道平硐中进行弹性波速度测量的主要方法是用相遇时距曲线和追逐时距曲线观测系统。测线布设在距坑道底面 1 ~ 1.5m 的坑道壁上。坑道壁上岩石较完整，无松散覆盖物，比在底面上观测效果更好。

激发点位置应选择在没有裂缝的块状岩石上，激发声音响亮时激发质量较好。如果在观测过程进行了一定数量冲击后冲击声变哑了，则应将冲击点向旁边（向上向下，甚至沿剖面方向）移动 0.5 ~ 1m。冲击声变哑说明在冲击点上岩石已出现裂纹，会使记录到的振动频率降低，振幅减小。

地震检波器安置需注意波的最灵敏方向，并用黏土或石膏固定在坑道壁上改善接收有效波的条件。检波器最好布设在没有裂缝切割的整块岩石段上。

在坑道中观测，横波的激发和追踪是一个相当复杂的问题。一方面横波在有裂缝的岩石内传播有一定的特殊性；另一方面，要激发纯 SH 型横波也很困难。因此，为了确定横波速度，可以利用瑞利面波。在坚硬介质中沿圆柱形孔眼传播的面波的相速度与横波在相同介质中的传播速度很接近。

2. *地震透视法*

透视法观测适用于孔间的跨孔测量、钻孔与地面测量以及密集平行分布或呈小角度交叉的硐室与平巷间透视测量，或适用于交叉坑道的夹角部位测量。

这些测量方法利用透射波研究岩体的速度结构，岩体内部的岩石状态；根据波速评定岩石的各向异性；估算岩体内的裂隙度或内部应力；在空间上划分岩石弱化区等。

根据各勘探坑道的相互位置，可以采用平行射线测量和交叉射线测量。

（1）平行射线测量。当有两条相互靠近、大体平行的平巷时，可进行这种测量。在这种情况下，冲击点和检波器同时沿各自所在坑道按一个方向和相同的间距来设置（图 8-10）。平行射线测量透视法的特点是测定某一方向上岩石从一点到另一点的性质，消除各向异性对观测结果的影响。观测产生误差的主要原因是测量激发点与检波器间的真实距离时所带来的误差。

（2）交叉射线测量。如图 8-11 所示，在勘探平巷间的测量工作中，激发点固定不动，地震检波器沿另一条平巷移动。改变激发点的位置，重新沿另一条平巷测量。由此获得不同传播方向的多条交叉射线。

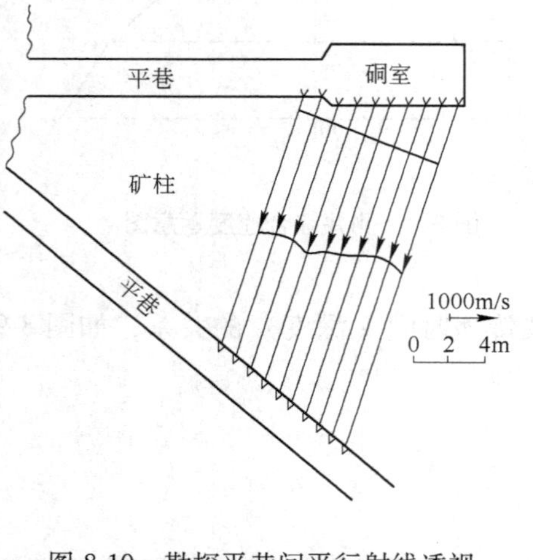

图 8-10 勘探平巷间平行射线透视

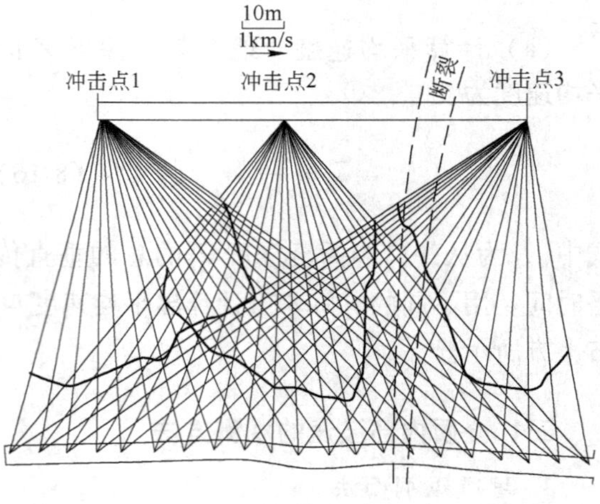

图 8-11 勘探平巷间交叉射线测量

根据观测结果，可画出各种速度矢量图，图的数量与实际振动源的点数相等。在该情况下，无论是岩体的各向异性，还是岩石状态随着坑道壁距离的不同而产生的变化，均对速度值有影响。用上述透视系统进行观测时，一般应力争测得尽可能多的射线方向上的速度值，以便最充分地反映所研究岩块内的状态，并可以用层析成像方法分析解释。在对弱化区岩块内部进行分析时，这种透视法是很有效的。

地震透视法同样可用一个钻孔对另一个钻孔的观测来完成。透视距离的最小值取决于已知的测量精度，而最大值则取决于能够测得清晰初至的距离。

四、地震层析成像技术简介

地震层析成像技术是近十几年发展起来的地球物理数据处理方法。这种方法借鉴了医学上 X 射线断面扫描诊断的基本原理，利用大量的地震波信息进行特殊的反演计算，从而得到被测区域内岩体波速分布规律。与常规的地震波速测定相比，地震层析技术具有很高的分辨率，更有助于全面细致地对岩体进行质量评价，圈闭地质异常体。如解决地质断层、岩溶、地质破碎带等工程问题。

层析成像与其他物探方法的最主要区别是要求有各种不同方向的入射射线通过探测目标，因此要求震源和接收器或者可以旋转，或者可以沿两条平行线移动。跨孔方式的层析成像可以利用两条大致平行的平巷或两个钻孔进行施工观测，其中一边安放震源，另一边移动检波器，探测范围在两者之间。

1. 地震层析成像的基本原理

跨孔测量通常使用两个或多个钻孔、或根据工程岩体平硐之间的地质情况合理布置观测系统，采用一发多收的扇形穿透方式（见图 8-12），经过数点激发后，在被测区域内形成致密的射线交叉网络。按激发与接收时间的互换原理，每条射线地震波传播时间将被唯一确定，并为层析成像提供信息。然后再根据射线的疏密程度及成像的精度要求在施测范围内划分若干规则的成像单元。当认为每个成像单元的介质是均匀的，波速是单一的，那么就为数学物理方法解决复杂的工程地质问题提供了基础。

一般而言，致密完整的岩体地震波速度较高，而疏松破碎岩体波速较低，岩体中的低速单元对围岩来讲是异常体。当某条射线穿过它时，将产生地震波传播时间差，但难以仅从一条射线产生的时间差来判断异常体的位置，因为它可能位于射线路径的任何一处；假如再利用另一条与该射线在异常体部位相交的射线传播时间，就可以对前一条射线在异常位置上进行必要的约束，当采用相互交叉的致密射线穿透网络就会对异常地质体在空间上产生强有力的制约。运用适当的反演算法即可精确获得异常体的展布形态。

最常用的反演算法是级数展开法，即利用大量的地震波传播时间与其相应的射线在成像单元内所经过的路径以及待求速度的关系建立大型线性方程组。方程组的求解方法通常有代数重建法，共轭梯度法，阻尼最小二乘法及奇异值分解法等。求解方程组将使每个成像单元得到地震波速度值，然后再采用适当的平滑插值技术绘制地震波速等值线图，也可以采用色谱和像素表示波速图像。

2. 反演计算和图像生成

这里介绍的反演计算方法是近十几年来才发展起来的代数重建法（ART）。这种算法在用于解大型稀疏线性方程组及生成线性方程组方面具有节省计算机内存和运算速度快等显著特点，用 ART 算法解奇异和病态方程组，可以获得满意的结果。

所谓图像重建就是用不同方向上的大量地震波信息去得到被测区域内岩体的波速分布规律，可采用网格化方法来解决这个问题，即将被测区域化分成许多规则的小矩形。

$$T_i = \int_{l_{ij}} \frac{1}{v_j(x,y)} \mathrm{d}l = \int_{l_{ij}} S_j(x,y)\,\mathrm{d}l \tag{8-17}$$

式中，i 为射线数，$i=1, 2, \cdots, n$，n 为射线的总条数；j 为划分成规则的小矩形单元的个数，$j=1,2,\cdots m$，m 为小矩形单元的总个数；T_i 为第 i 条射线的接收时间；$v_j(x,y)$ 为坐标为 x，y 的第 j 块小矩形单元的速度值（待求）；$S_j(x,y)$ 为坐标为 x，y 的第 j 块小矩形单元的慢度值；l_{ij} 为第 i 条射线通过第 j 块单元内的长度；$v_j(x,y)=1/S_j(x,y)$。网格化方法及观测方式如图 8-12 所示。

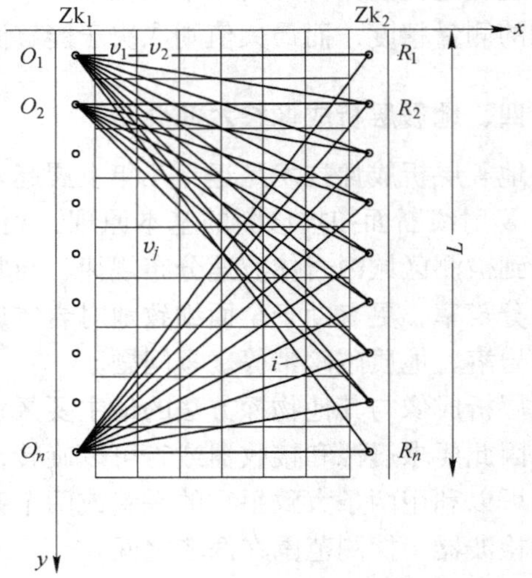

图 8-12　网格化方法及观测方式

由于划分的单元较小，可将每个单元中的 $v_j(x,y)$，$S_j(x,y)$ 看成一个常数，这样式（8-17）可以表示为：

$$T_i \approx \sum_{j=1}^{m} l_{ij} S_j(x,y) \tag{8-18}$$

从数学角度看，式（8-18）实际上是一个线性方程组。如果考虑到不同方向上的几个投影关系，则可建立一个线性方程组

$$\begin{aligned} T_1 &= l_{11}S_1 + l_{12}S_2 + \cdots + l_{1m}S_m \\ T_2 &= l_{21}S_1 + l_{22}S_2 + \cdots + l_{2m}S_m \\ &\cdots \\ T_n &= l_{n1}S_1 + l_{n2}S_2 + \cdots + l_{nm}S_m \end{aligned} \tag{8-19}$$

它的矩阵表达式为：

$$\underset{n\times 1}{T} = \underset{n\times m}{L}\ \underset{m\times 1}{S} \tag{8-20}$$

在实际计算中分块很细，射线很多，但每一条射线穿过的单元个数都小于 $2\sqrt{m}$，所以式（8-19）中的许多 $l_{ij}=0$，于是式（8-20）中的 L 成为庞大的疏稀矩阵。

ART 算法的基本思想是先给被重建区域中的 v 或 S 赋一个初值，然后将所得到的投影值残差一个一个沿其射线方向均匀地反投影过去，同时，不断地对重建图像进行校正，一直到满足精度为止。

上述过程用数学公式表示出来，即：

$$S^{(0)} = 初始值$$

$$S^{(k+1)} = S^{(k)} + \frac{T_i - \langle l_i, S^{(k)} \rangle}{\langle l_i, l_i \rangle} l_i^T \qquad (i=1,2,\cdots,n) \tag{8-21}$$

式中，$S(k)$ 为式（8-20）中未知向量 S 的第 K 次近似值；T_i 为第 i 条射线的实测时间即式（8-21）中 T 的第 i 个元素；l_i 为第 i 条射线在各块中的长度向量，即式（8-20）中 L 的第 i 行向量。l_i^T 为 l_i 的转置向量；$\langle l_i, S^{(k)} \rangle$ 为 l_i 与 $S^{(k)}$ 的内积，也就是第 K 次迭代的投影值。

公式（8-21）即为一般的 ART 计算公式。

从数学上讲，式（8-21）就是在逐次计算中产生一系列向量 $S^{(0)}, S^{(1)}, S^{(2)}$，…，使

得当 K 足够大时，这个向量序列收敛于所要求的估计值 S^* 。对于不同的实际问题，发展了一系列的 ART 算法，但用得最普遍的是阻尼 ART 算法。

$$S^{(0)} = \text{初始值}$$

$$S^{(k+1)} = S^{(k)} + \lambda \frac{T_i - \langle l_i, S^{(k)} \rangle}{\langle l_i, l_i \rangle} l_i^T \qquad (i = 1,2,\cdots,n) \tag{8-22}$$

式（8-22）中的 λ 为阻尼因子。当 $0 < \lambda < 2$ 时，式（8-22）是收敛的。从表面上看，式（8-22）只比式（8-21）多一个 λ 阻尼因子，但这个阻尼因子对加快收敛速度，提高计算精度和压制噪声起着极其重要的作用。

ART 算法，具有以下几个特点：

（1）计算过程是在 $S^{(k)}$ 的基础上算出 $S^{(k+1)}$ ，最终得到满意的结果。因此，ART 是一种逐次逼近的迭加算法。当经过一个循环计算后（$i = n$），称为一次全迭代。

（2）在每个迭代步（$K, K+1$）的计算中，只用到了一条射线的信息，亦即只用 L 矩阵中的一行元素，无论其他行的元素是否存在，对这个迭代步的计算都没有影响。这样，对于现生成型线性方程组（这类线性方程组的向量元素的值可以按需要随时求出），采用 ART 算法来求解就可以大幅度地节省计算机内存。例如，对 i 行的迭代计算，只需将算出的第 i 行元素的值参加运算就可以了，对 $i+1$ 行的迭代计算，也只需要用到第 $i+1$ 行的元素的值。

（3）ART 算法可以直接对超定线性方程组求解而不需要把超定方程组转为正则方程。如果方程组是相容的，它最终可以得到精确解。

（4）ART 算法不仅将投影值均匀的反投影，同时也将观测误差均匀的反投影，这样就不致使误差集中在一处造成解的畸变。实际计算证明，ART 算法对压制噪声是有效的。

在实际计算中，ART 算法一般只采用有限的迭代次数。计算不同的实际问题可选择不同的收敛标准，常用的标准为：

选定判定指标 ε，当 $| S^{(k+1)} - S^{(k)} | < \varepsilon$ 时，停止计算。最后将慢度 S_j 转换为 v_j ，得到所要求单元的速度值。

上面仅介绍了一种常用的计算方法原理。在地震层析成像技术的图像生成方面，不仅可以采用地震波速等值线图，还可以利用色谱，像素，立体网格来表示波速图像，直观地反映出施测区域内地震波速度变化的趋势。

五、地震波速度的实际应用

利用原位测定的 P 波和 S 波速度，能有效地解决许多工程地质问题。例如评价地层的固结特性、软硬程度；计算动剪切模量、动泊松比、动杨氏模量等工程力学参数；进行填土密实度的控制与检查，评价地基的改良效果；测定因隧道开挖而造成的基岩松动圈；为计算地基响应，提供地震波速度、层厚度和衰减常数等参数；用 P 波和 S 波波速比来评价岩石质量和地基的各向异性等。

1. 利用波速划分建筑场地

纵波、横波速度的大小，代表岩、土的力学性质。因此，人们用纵波或横波速度来划分建筑场地。如在 1985 年的工业与民用抗震设计规范中提出了用 v_S 对建筑场地分类的标准，见表 8-3，表中 d_s 为层厚度。

表 8-3 v_S 波建筑场地分类

场地岩土类别		横波速度 v_S 的平均值/m·s^{-1}	场地类别			
			Ⅰ	Ⅱ	Ⅲ	Ⅳ
坚硬场地		$v_S>500$	$d_s=0$			
中等	中硬	$500\geqslant v_S>270$	$0<d_s<8$	$d_s>8$		
	中软	$270\geqslant v_S>140$	$0<d_s\leqslant 2$	$2<d_s\leqslant 60$	$d_s>60$	
软弱场地		$v_S\leqslant 140$	$0<d_s\leqslant 2$	$2<d_s\leqslant 8$	$8<d_s\leqslant 60$	$d_s>60$

表 8-3 中的横波速度，在多层情况下，采用土层厚度的加权平均速度：

$$\bar{v}_S = \frac{1}{H}\sum_{i=1}^{n} v_i h_i \tag{8-23}$$

另外，为了合理地设计工程结构和选择施工方案，在工程地质工作中必须对围岩的工程力学性质进行正确的分类。除了按传统的地质方法分类外，还可以用地震波（或声波）的波速来分类。表 8-4 为工程兵某部和铁道部门某些单位的分类法，以供参考。

表 8-4 工程兵某部利用 v_P 和 K 对岩体分类

v_P/km·s^{-1}	好的	比较好的	差的
	$K>0.75$	K 为 0.75～0.45	$K<0.45$
坚硬岩石 >5.5	Ⅰ 坚硬完整岩体	Ⅱ$_1$ 坚硬而比较完整的岩体	Ⅲ$_1$ 坚硬而完整性差的岩体
比较坚硬的岩石 3.5～5.5	Ⅱ$_2$ 比较坚硬完整	Ⅲ$_2$ 比较坚硬，完整性较好的岩体	Ⅳ$_1$ 比较坚硬，完整性差的岩体
软岩石 1.5～3.5	Ⅲ$_3$ 软岩石，完整性好的岩体	Ⅳ$_1$ 软岩石，完整性较好的岩体	Ⅴ 软岩石，完整性差的岩体

2. *人为改变岩石土壤性质的质量检验*

有些天然状态下的岩石或土层的破碎松散，或孔隙度、裂隙度很高。因而有必要人为改善这些岩石或土层性质。人为改变岩石性质的质量指标可以用纵波、横波或面波速度表示。因为对于坚硬和半坚硬岩石，在用水泥灰浆填空隙与裂隙的加固过程中，水泥代替了缝隙中的空气，因此胶结岩石内的速度加大；加固后的松散砂孔隙度减小，密度增大，地震波速度随之增大。

天然产状下土体加固质量的评价内容有：圈定加固区的边界；对加固后岩、土体性能的改善进行定量评价。

求加固土的速度值可用跨孔法、单孔法或面波法测量。一般应在加固前测量一次，获得初始速度资料，然后在加固处理后对加固效果进行检查性测量。图 8-13 为某软地基采用夯实处理前后的面波速度测量结果。从图 8-13 中可看到加固处理后面波速度出现明显的增高。

3. *波速在岩土开挖工程中的应用*

开挖隧道之前，为搞清岩石的软硬程度，断层的位置和产状，以及破碎带的情况。在

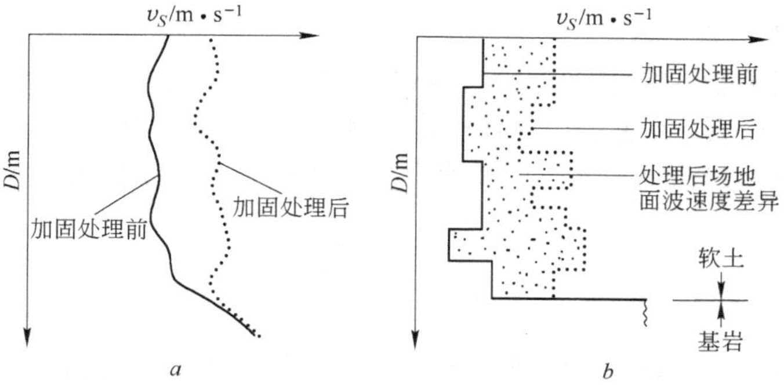

图 8-13　软土夯实前后的面波速度变化

a—实测频散曲线；*b*—定量分层结果

正常情况下，质量较好的岩石纵、横波速比是 1.7 左右。比值增大，说明岩石的性质发生了变异，一旦增大到某一量值，就意味着岩石已经成为破碎带。例如，某种岩石的纵波速度为 5.1km/s，横波速度为 3km/s，其比值正好是 1.7。从工程角度考虑，这种岩石的质量是良好的。另一种岩石的纵、横波速同时下降，分别为 3km/s 和 1km/s，其比值为 3，那么这种岩层很可能已经变成破碎带了。实践证明，用波速比（即用泊松比 μ）来衡量岩石的质量即简便又可靠。从岩石开挖的施工角度来划分，$\mu=0.25$ 或稍大一点的岩石归为硬的一类；而 $\mu=0.35-0.4$ 的归为中等的一类；$\mu>0.4$ 到接近于 0.5 的归为软的一类；接近于 0.5 意味着岩质接近于流质，属于含水的松软地层。

概括岩体或岩石试样的各种物理性质与地震波传播速度的关系，可以发现，地震波速度小的岩石，可能存在下列问题：

（1）岩质比较差；

（2）孔隙率较大，密度较小；

（3）弹性模量较小；

（4）抗压强度小；

（5）隐含缺陷，如裂隙或破碎等。

基于以上分析，人们研究了岩土纵波速度、地质调查岩土分类和开挖机械的挖掘效率之间的关系，进而判别开挖难易程度并确定开挖形式，供施工部门参考。

各类岩土的纵波速度范围是：

土砂 1：$v_P<500$m/s

土砂 2：$v_P\approx500\sim800$m/s

软岩 1：$v_P\approx800\sim1100$m/s

软岩 2：$v_P\approx1100\sim1400$m/s

硬岩 1：$v_P\approx1400\sim1800$m/s

硬岩 2：$v_P\approx1800\sim2500$m/s

硬岩 3：$v_P>2500$m/s

一般土砂类适于推土板开挖，软岩类适于锯齿机械开挖，硬岩类适于炸药爆破进行开挖。因此，对拟开挖的岩土进行地震波测量，得到有关岩土的类型和波速资料，就可以经济有效地制定开挖施工计划。

4. 场地卓越周期的计算

地震工程中场地勘察的目的是为工程场地设计地震动参数以及场地评价的数据。其中场地卓越周期是一个划分地基种类和评价建筑物抗震性能的重要依据。

卓越周期和地基覆盖层厚度及横波速度有关。利用1/4波长法计算卓越周期的公式为：

$$T_0 = 4\sum_{i=1}^{n} \frac{h_i}{v_{Si}} \tag{8-24}$$

式中，T_0为基岩以上地层的卓越周期，单位为s，一般计算至$v_S \geqslant 500$m/s的深度或坚硬基岩面；h_i为第i层的厚度；v_{Si}为第i层的横波的速度。

卓越周期可用单孔法或跨孔法的层厚度和横波速度资料计算，也可以利用面波勘探获得层厚度，将面波速度换算为横波速度后计算。

在抗震设计规范中，场地土按条件由硬到软被划分为Ⅰ～Ⅳ类，可以采用卓越周期来评定场地类别，见表8-5。

表8-5　场地类别的划分

场地卓越周期/s	场地类型	场地卓越周期/s	场地类型
$0.1 < T \leqslant 0.2$	Ⅰ	$0.4 < T \leqslant 0.65$	Ⅲ
$0.2 < T \leqslant 0.4$	Ⅱ	$T > 0.65$	Ⅳ

附　　录

附录 1　工程地震仪器的主要组成部分

工程地震仪是在地震勘探中采集地震信号的仪器。地震仪的类别和型号很多，结构和记录方式各不相同，但主要组成部分是非常类似的。一般说来，各种不同的地震仪都包括3个主要组成部分：检波器，放大器，记录显示装置。一个检波器、放大器和记录装置组合在一起称为一个地震道。一台地震仪可以用多个地震道同时进行工作。如12道、24道、48道等。

一、地震检波器

检波器是安置在地面、水中或井下以拾取大地振动的地震探测器或接收器。检波器是将地震波到达引起的质点微弱振动转换成电信号的换能装置。常用的地震检波器一般分为动圈电磁式（用于陆地工作）和压电式（用于海洋和沼泽工作）两种。根据不同的用途，检波器分为纵波检波器、横波检波器、三分量检波器。根据检波器输出信号与质点运动速度的关系又可分为速度检波器或加速度检波器。

1. 动圈式地震检波器

常用的动圈式地震检波器结构如附图1所示。检波器主要由线圈、弹簧片、永久性磁钢架和外壳组成。线圈和线框由弹簧系统支撑在永久磁钢的磁极间隙内，组成一个振动系统。当线圈在磁极间隙中运动时切割磁力线，便在线圈两端产生感应电动势，感应电动势的大小与线圈切割磁通量的速度成正比，也相当于同地面运动速度成正比。因此，动圈式检波器也称为速度检波器。大地做垂直运动时，磁钢随之运动，但线圈由于其惯性而趋于保持固定，使线圈和磁场之间有相对运动。对于水平方向的运动，线圈相对磁钢是不动的，所以检波器的输出为零。为了接收横波，则需要设计水平方向灵敏的检波器。

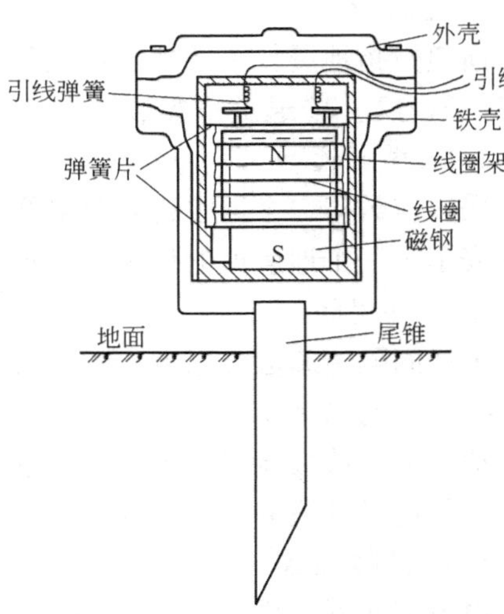

附图1　动圈式检波器结构示意图

2. 检波器的固有频率

不同的速度检波器对地震波有频率选择作用。速度检波器对频率的响应主要取决于速度检波器的固有频率。不同检波器的频率特性见附图2。

从附图2可知，检波器的固有频率对应于

最大输出响应的 0.707 倍。如果地震波信号频率高于固有频率，则全部通过，而低于固有频率的信号将不能通过或被压制。因此，在地震勘探工作中，需要根据探测目的要求的分辨率、地震波的种类等因素选择检波器。在浅部工程地震勘探中，有效反射波的频谱约为 100～150Hz，干扰面波的频谱约为 10～40Hz，因此可以选用 100Hz 的检波器。

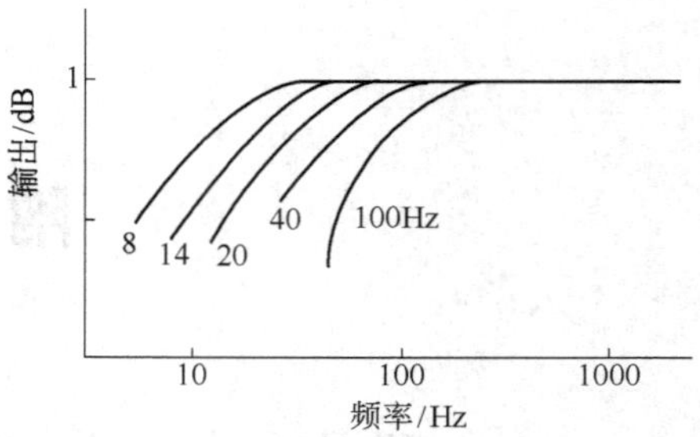

附图 2 检波器的频率特性

二、放大器

由检波器接收到的微弱地震信号，输送到放大器进行放大（放大倍数可达 10 万倍左右）。为了把浅、中、深层能量相差特别悬殊的地震信号同时记录下来，并在波形图上显示出来。在放大器中装有自动调整放大倍数的增益控制装置，使得放大器的放大倍数能随着地震信号能量的强弱而自动调节。当浅层的能量很强的地震信号输入时，放大器自动将放大倍数减小；当深层的能量很弱的地震信号输入到放大器时，放大器自动使放大倍数加大。

为了更好地记录有效波，减少干扰波的成分，在放大器中装有专门的滤波器，利用干扰波和有效波的频率差异，可以在一定程度上压制干扰波，突出有效波。

三、记录显示装置

目前的数字增强型地震仪，一般都可以直接将地震信号记录在磁盘上，并同时显示在监视屏幕上。地震记录已经是数字信号，便于进一步进行资料处理和解释。

四、数字增强型地震仪的主要技术参数

1. 通道数

通道数指地震仪总的地震道数和可以选择使用的道数。如 24 通道的地震仪可以选择 1、4、6、12、24 通道采集数据。

2. 采样点数

采样点数指一个地震道离散采样的个数，如 1024 等。采样间隔确定之后，采样点数实际表示了一个地震道的记录时间长度。

3. 采样间隔

采样间隔指离散数据点之间的时间间隔。

4. 瞬时浮点放大器

瞬时浮点放大器可在采样瞬间进行增益调整，并将增益调整情况记录下来。增益调整的目的是选择合适的放大倍数，使输出的模拟子样达到一定的电平。

5. 模数转换器

模数转换器又称 A/D 转换器，它的作用是将经放大器放大后的离散模拟信号转换为用二进制码表示的数字信号。

附录2　地震波的吸收

一、岩石对地震波的吸收现象

实际地层并非是一种理想的完全弹性介质，它的弹性性能有一种非常明显的特点，就是在持久的外力作用下，其形变随时间逐渐改变，这种现象称为弹性黏滞性。一种介质的弹性黏滞性既决定于外力的作用大小和时间长短，而且也决定于岩石本身的性质，例如疏松的岩石一般比致密的岩石黏滞性能要明显。随着传播距离的增加，地震波的振幅按指数规律衰减，其高频成分消失等，这些现象统称为岩石对弹性波的吸收。

地震波产生吸收衰减的原因是：地震波在介质中传播时，质点的振动使介质产生形变，由于介质的弹性黏滞性质，有一部分能量转换为热能，由振动产生的弹性能逐渐被介质吸收，最后都转换成热能。弹性能转换成热能的过程称为吸收。波动最终彻底消失，完全是由吸收作用造成的。目前地球物理学界对吸收的物理机制还不完全清楚。文献中列举的引起吸收的物理原因有跨微裂纹的滑动摩擦、内摩擦、非弹性、压电效应、热电效应、孔隙流体的黏滞性等等。

岩石吸收作用的测定非常困难。吸收造成波的衰减，而其他因素（如几何扩散、透射、反射、散射）也会造成波的衰减。所以，很难从地震波的衰减测定中把吸收分离出来。另外，吸收还随着频率而变化，如何把理论研究和实验室测定的结果应用于实践，还需要做大量的工作。

但研究工作和实践证明在致密的固结岩石中，地震波的吸收系数小，地震波衰减慢。而在近地表的非固结岩石中，孔隙率高，介质密度低，吸收作用相当强烈，对地震波的影响明显。在工程地震勘探中，吸收作用对近地表波场的影响，是一个特别需要研究的问题。

二、吸收系数

在理想弹性介质中，应力与应变的关系为：

$$\sigma_{xx} = \lambda\theta + 2Ge_{xx}, \quad \sigma_{yy} = \lambda\theta + 2Ge_{yy}, \quad \sigma_{zz} = \lambda\theta + 2Ge_{zz}$$

$$\sigma_{yz} = Ge_{yz}, \quad \sigma_{zx} = Ge_{zx}, \sigma_{xy} = Ge_{xy}$$

其中

$$\theta = e_{xx} + e_{yy} + e_{zz} \tag{附 2-1}$$

在弹性黏滞介质中地震波的传播，应力与应变关系中要加上应变随时间变化的部分，这时式（附 2-1）变成：

$$\begin{aligned}
\sigma_{xx} &= \lambda\theta + 2Ge_{xx} + \eta\left(2\frac{\partial e_{xx}}{\partial t} - \frac{2}{3}\frac{\partial\theta}{\partial t}\right) \\
\sigma_{yy} &= \lambda\theta + 2Ge_{yy} + \eta\left(2\frac{\partial e_{yy}}{\partial t} - \frac{2}{3}\frac{\partial\theta}{\partial t}\right) \\
\sigma_{zz} &= \lambda\theta + 2Ge_{zz} + \eta\left(2\frac{\partial e_{zz}}{\partial t} - \frac{2}{3}\frac{\partial\theta}{\partial t}\right)
\end{aligned} \tag{附 2-2}$$

$$\sigma_{xy} = 2Ge_{xy} + 2\eta \frac{\partial e_{xy}}{\partial t}$$

$$\sigma_{yz} = 2Ge_{yz} + 2\eta \frac{\partial e_{yz}}{\partial t} \quad (附 2\text{-}2)$$

$$\sigma_{zx} = 2Ge_{zx} + 2\eta \frac{\partial e_{zx}}{\partial t}$$

式中，η 称为介质的弹性黏滞系数。

在无外力作用下，将上式代入用位移表示的运动方程式（参考式 1-29）得到：

$$\rho \frac{\partial^2 \boldsymbol{D}}{\partial t^2} = (\lambda + G)\ \nabla\theta + G\,\nabla^2 \boldsymbol{D} + \frac{1}{3}\eta\ \nabla\frac{\partial\theta}{\partial t} + \eta\ \nabla^2 \frac{\partial \boldsymbol{D}}{\partial t} \quad (附 2\text{-}3)$$

对上式两边取散度得到

$$\rho \frac{\partial^2 \theta}{\partial t^2} = \left[(\lambda + 2G) + \eta' \frac{\partial}{\partial t}\right] \nabla^2 \theta \quad (附 2\text{-}4)$$

式中，$\eta' = \frac{4}{3}\eta$。

对式（附 2-3）两边取旋度得到

$$\rho \frac{\partial^2}{\partial t^2}(\nabla \times \boldsymbol{D}) = \left(G + \eta \frac{\partial}{\partial t}\right) \nabla^2 (\nabla \times \boldsymbol{D}) \quad (附 2\text{-}5)$$

式（附 2-4）和式（附 2-5）说明在弹性黏滞介质中同样存在两种独立扰动，纵波和横波，但是它们的波动方程中都多了一项随时间变化的附加项。为了研究这个附加项的影响，分析一个沿 x 方向传播的平面简谐纵波来说明。用 $\varphi(x,t)$ 表示纵波的位移位。平面谐波的位可写成：

$$\varphi(x,t) = \varphi_0 e^{i(\omega t - kx)} \quad (附 2\text{-}6)$$

由于沿 x 方向传播，则

$$\theta = \frac{\partial \boldsymbol{D}}{\partial x} = \frac{\partial^2 \varphi}{\partial x^2} = -K\varphi \quad (附 2\text{-}7)$$

把它代入式（附 2-4）得到

$$\rho\omega^2 = (\lambda + 2G)K^2 + i\eta'\omega K^2 \quad (附 2\text{-}8)$$

并由式（附 2-8）得到

$$K^2 = \frac{\rho\omega^2}{\sqrt{(\lambda + 2G)^2 + \eta'^2\omega^2}}\left(\frac{\lambda + 2G}{\sqrt{(\lambda + 2G)^2 + \eta'^2\omega^2}} - i\frac{\eta'\omega}{\sqrt{(\lambda + 2G)^2 + \eta'^2\omega^2}}\right)$$

$$= \frac{\rho\omega^2}{\sqrt{(\lambda + 2G)^2 + \eta'^2\omega^2}} \cdot e^{-i\arctan\frac{\eta'\omega}{\lambda + 2G}}$$

因而

$$K = \left[\frac{\rho^2\omega^4}{(\lambda + 2G)^2 + \eta'^2\omega^2}\right]^{1/4} \cdot e^{-i\frac{1}{2}\arctan\frac{\eta^2\omega}{\lambda + 2G}}$$

$$=\left[\frac{\rho^2\omega^4}{(\lambda+2G)^2+\eta'^2\omega^2}\right]^{1/4}\left(\cos\frac{1}{2}\arctan\frac{\eta'\omega}{\lambda+2G}-i\sin\frac{1}{2}\arctan\frac{\eta'\omega}{\lambda+2G}\right)$$

若令

$$K=k-i\alpha$$

其中

$$\left.\begin{aligned}k&=\left[\frac{\rho^2\omega^4}{(\lambda+2G)^2+\eta'^2\omega^2}\right]^{1/4}\cdot\cos\left(\frac{1}{2}\arctan\frac{\eta'\omega}{\lambda+2G}\right)\\\alpha&=\left[\frac{\rho^2\omega^4}{(\lambda+2G)^2+\eta'^2\omega^2}\right]^{1/4}\cdot\sin\left(\frac{1}{2}\arctan\frac{\eta'\omega}{\lambda+2G}\right)\end{aligned}\right\}\tag{附2-9}$$

因此，式（附2-6）变为

$$\varphi(x,t)=\varphi_0e^{-\alpha x}\cdot e^{i(\omega t-kx)}\tag{附2-10}$$

由于波传播速度 v 为

$$v=\frac{\omega}{k}=\frac{1}{\left[\frac{\rho^2}{(\lambda+2G)^2+\eta'^2\omega^2}\right]^{1/4}\cdot\cos\left(\frac{1}{2}\arctan\frac{\eta'\omega}{\lambda+2G}\right)}\tag{附2-11}$$

根据式（附2-9）及式（附2-10）可以看出，在黏滞介质中，平面谐波的振幅随着传播距离 x 的增大而呈指数衰减，其衰减的快慢由吸收系数 α 的大小来决定，而且吸收系数 α 和频率有关。

当弹性黏滞系数 η 是一个常数，在地震波频率很低时，即 $\eta'\omega\ll\lambda+2G$，于是

$$\alpha\approx\frac{1}{2}\frac{\eta'\omega^2\rho^{1/2}}{(\lambda+2G)^{3/2}}\tag{附2-12}$$

这时吸收系数与频率的平方成正比。由式（附2-11）得到 $v=v_P$，这时波速与圆频率无关。而当地震波频率很高时，$\eta'\omega\gg\lambda+2G$，

于是 $\qquad\alpha\approx\left(\frac{\rho\omega}{2\eta'}\right)^{\frac{1}{2}}\qquad v\approx\left(\frac{2\eta'\omega}{\rho}\right)^{\frac{1}{2}}$

这时吸收系数和波速两者都与圆频率的平方根成正比。

当弹性黏滞系数 $\eta'=\frac{c}{\omega}$，其中 c 是介质的一个常数，把 $\eta'=\frac{c}{\omega}$ 代入式（附2-9）和式（附2-11），得到吸收系数 α 和波速 v 分别为

$$\begin{aligned}\alpha&=\left[\frac{\rho^2\omega^4}{(\lambda+2G)^2+c^2}\right]^{1/4}\sin\left(\frac{1}{2}\arctan\frac{c}{\lambda+2G}\right)\\v&=\left[\frac{\rho^2}{(\lambda+2G)^2+c^2}\right]^{1/4}\cos\left(\frac{1}{2}\arctan\frac{c}{\lambda+2G}\right)\end{aligned}\tag{附2-13}$$

此时吸收系数 α 与圆频率成正比，同时波速 v 与圆频率无关。

综上所述，不论弹性介质采用何种弹性黏滞理论，都说明吸收系数 α 同频率成正比。但在不同的频率条件下，大地的吸收作用是不相同的。

在工程地震勘探工作中，勘探的目的层，一般在风化层或低速层中密度小；纵波、横波或面波的速度较低；介质中的泊松比较大，吸收作用对波形有很大的影响。

参 考 文 献

1 长春地质学院．成都地质学院，武汉地质学院合编．地震勘探．北京：地质出版社，1980

2 陈仲侯，付唯一．浅层地震勘探．成都：成都地质学院出版发行组，1986

3 何樵登，熊维纲．应用地球物理教程-地震勘探．北京：地质出版社，1991

4 丁绪荣．普通物探教程——地震附声波探测．北京：地质出版社，1984

5 钱绍瑚．地震勘探．武汉：中国地质大学出版社，1989

6 周鸿秋．水工环地震勘探．武汉：中国地质大学（武汉）自编教材，1995

7 尼基金 B H．工程地震勘探原理．北京：地震出版社，1987

8 王庆海，徐明才．抗干扰高分辨率浅层地震勘探．北京：地质出版社，1991

9 首培休，刘曾武，朱镜清．地震波在工程中的应用．北京：地震出版社，1982

10 徐果明，周惠兰．地震学原理．北京：地震出版社，1982

11 戈革．地震波动力学基础．北京：石油工业出版社，1980

12 安艺敬一，理查兹 P G．定量地震学．北京：地质出版社，1986

13 陆基孟．地震勘探原理．北京：石油工业出版社，1984

14 杨文采．地震层析成像在工程勘测中的应用．物探与化探，1993，17（3）

15 徐宏波．地震层析技术的实现及其应用．物探化探计算技术，1991，13（4）

16 王振东．浅层地震勘探应用技术．北京：地质出版社，1994

17 陈仲候，王兴泰，杜世汉．工程与环境物探教程．北京：地质出版社，1999

18 谢里夫 R E，吉尔达特 L P．勘探地震学．北京：石油工业出版社，1999

19 覃政教等．岩溶地区浅层地震反射法．北京：地质出版社，1993

20 陈昌礼．工程物探（原位测定技术）．芮仲清等译．北京：地质出版社，1987

21 熊章强，方根显．浅层地震勘探．北京：地震出版社，2002

22 刘云祯，王振东．瞬态面波法的数据采集处理系统及其应用实例．物探与化探，1996，20（1）

23 杨学林，吴世明．考虑高阶模态时 SASW 法的反演．浙江大学学报（自然科学版），1996，20：151 ~ 155

24 张碧星，鲁来玉，鲍光淑．瑞利面波勘探中“之”字形频散曲线研究．地球物理学报，2002，45（2）：263 ~ 272

25 丁志俊．浅层地震探测方法与技术．北京：地质出版社，1985

26 Don. W. Steeples，Richard. D. Miller，Seismic reflection methods applied to engineering，Environmental，and groundwater problems，选自 Stanley H. Ward 主编的《Geotechnical and Environmental Geophysics》，1990

27 Robert. W. Lankston．High-resolution refraction seismic data acquisition and interpretation，选自 Stanley H. Ward 主编的《Geotechnical and Environmental Geophysics》，1990

28 程志平，单娜琳，甘伏平．瑞雷面波法评价公路路基质量．桂林工学院学报，1997，17（增刊）37 ~ 39

29 单娜琳，黄英娣，喻立平．软土地基强夯加固效果评价．桂林工学院学报，1997，17（增刊）：43 ~ 46

30 单娜琳，程志平．高阶模态面波在软弱薄层探测中的应用．桂林工学院学报，2004，24（2）：155 ~ 158

31 单娜琳，黄锡柳，朱德兵．利用高频地震波检测混凝土构件完整性．CT 理论与应用研究，2002，11（2）：1 ~ 5

32 单娜琳．地震映像方法及应用．桂林工学院学报，2003，23（1）：36 ~ 40

33 单娜琳，丁彦礼．检测混凝土构件质量的时频分析方法．桂林工学院学报，2005，25（3）：304 ~ 307